物联网开发与应用丛书

U0267406

物联网

长距离无线通信技术

应用与开发

廖建尚　巴音查汗　苏红富　编著

电子工业出版社
Publishing House of Electronics Industry
北京·BEIJING

内 容 简 介

本书由浅入深地分析 LoRa、NB-IoT 和 LTE 长距离无线通信技术，并利用这三种长距离无线通信技术进行应用开发。本书先进行理论学习，在学习完理论知识之后再进行案例开发；针对每个案例，本书均给出了贴近社会和生活的开发场景、详细的软/硬件设计和功能实现过程；最后将理论学习和开发实践结合起来。本书配有完整的开发代码，读者可以在代码的基础上快速地进行二次开发。

本书既可作为高等院校相关专业的教材或教学参考书，也可供相关领域的工程技术人员参考。对物联网系统开发的爱好者来说，本书也是一本深入浅出、贴近应用的技术读物。

本书配有完整的开发代码和 PPT 课件，读者可登录华信教育资源网（www.hxedu.com.cn）免费注册后下载。

未经许可，不得以任何方式复制或抄袭本书之部分或全部内容。
版权所有，侵权必究。

图书在版编目（CIP）数据

物联网长距离无线通信技术应用与开发 / 廖建尚，巴音查汗，苏红富编著. —北京：电子工业出版社，2019.9
（物联网开发与应用丛书）
ISBN 978-7-121-37032-8

Ⅰ. ①物…　Ⅱ. ①廖…　②巴…　③苏…　Ⅲ. ①互联网络－应用－无线电通信－通信技术②智能技术－应用－无线电通信－通信技术　Ⅳ. ①TP393.409②TP18③TN92

中国版本图书馆 CIP 数据核字（2019）第 138061 号

责任编辑：田宏峰
印　　刷：北京捷迅佳彩印刷有限公司
装　　订：北京捷迅佳彩印刷有限公司
出版发行：电子工业出版社
　　　　　北京市海淀区万寿路 173 信箱　邮编：100036
开　　本：787×1 092　1/16　印张：22.75　字数：582 千字
版　　次：2019 年 9 月第 1 版
印　　次：2024 年 8 月第 8 次印刷
定　　价：88.00 元

FOREWORD 前言

　　近年来，物联网、移动互联网、大数据和云计算的迅猛发展，逐步改变了社会的生产方式，大大提高了生产效率和社会生产力。工业和信息化部发布的《物联网发展规划（2016—2020 年）》总结了"十二五"规划中物联网发展所获得的成就，并分析了"十三五"期间面临的形势，明确了物联网的发展思路和目标，提出了物联网发展的 6 大任务，分别是强化产业生态布局、完善技术创新体系、推动物联网规模应用、构建完善标准体系、完善公共服务体系、提升安全保障能力；提出了 4 大关键技术，分别是传感器技术、体系架构共性技术、操作系统，以及物联网与移动互联网、大数据融合关键技术；提出了 6 大重点领域应用示范工程，分别是智能制造、智慧农业、智能家居、智能交通和车联网、智慧医疗和健康养老，以及智慧节能环保；指出要健全多层次多类型的物联网人才培养和服务体系，支持高校、科研院所加强跨学科交叉整合，加强物联网学科建设，培养物联网复合型专业人才。该发展规划为物联网发展指出了一条鲜明的道路，同时也表明了我国在推动物联网应用方面的坚定决心，相信物联网规模会越来越大。本书详细阐述了 LoRa、NB-IoT 和 LTE 长距离无线通信技术，提出了案例式和任务式驱动的开发方法，旨在大力推动物联网人才的培养。

　　物联网系统涉及的长距离无线通信技术有很多，包括 LoRa、NB-IoT 和 LTE 长距离无线通信技术。本书将详细分析这三种长距离无线通信技术，理论知识点清晰，每个知识点均附上实践案例，带领读者掌握长距离无线通信技术的原理与应用。

　　全书采用在学习长距离无线通信技术的基础上，每个知识点都附上 1 个开发案例，利用贴近社会和生活的案例，由浅入深地介绍各种长距离无线通信技术。每个案例均有完整的理论知识和开发过程实践，分别是深入浅出的原理学习、详细的软硬件设计和功能实现过程，以及总结拓展。每个案例均附上完整的源代码，在源代码的基础上可以进行快速二次开发，能方便地将其转化为各种比赛和创新创业的案例，不仅为高等院校相关专业师生提供教学案例，也可以为工程技术开发人员和科研工作人员进行科研项目开发提供较好的参考资料。

　　第 1 章引导读者初步认识物联网和长距离无线通信技术，了解物联网的概念和常用技术，分析物联网重点发展领域，概述了物联网长距离无线通信技术，并进一步了解 LoRa、NB-IoT 和 LTE 长距离无线通信技术的应用和基本特征。

　　第 2 章学习 LoRa 长距离无线通信技术，先学习 LoRa 长距离无线通信技术开发基础，分析了 LoRa 网络的特征、应用、架构，并且学习 LoRa 开发平台和开发工具，接着学习 STM32 微处理器的基本知识和 LoRa 协议栈解析与应用开发，通过分析源代码学习物联网开发框架，最后给出了三个开发案例：LoRa 气体采集系统、LoRa 排风系统和 LoRa 电子围栏系统。

第 3 章学习 NB-IoT 长距离无线通信技术，先学习 NB-IoT 长距离无线通信技术开发基础，分析了 NB-IoT 网络的特点、应用、架构，并且学习 NB-IoT 开发平台和开发工具，接着学习 NB-IoT 协议栈解析与应用开发，通过分析源代码学习物联网开发框架，最后给出了三个开发案例：NB-IoT 扬尘监测系统、NB-IoT 防空报警系统和 NB-IoT 火灾监测系统。

第 4 章学习 LTE 长距离无线通信技术，先学习 LTE 长距离无线通信技术开发基础，分析了 LTE 网络的特点、应用、架构，并且学习 LTE 开发平台和开发工具，接着学习 LTE 协议栈解析与应用开发，通过分析源代码学习物联网开发框架，最后给出了三个开发案例：LTE 路网气象监测系统、LTE 交通灯控制系统和 LTE 道路安全报警系统。

第 5 章进行物联网综合应用开发，先学习物联网综合项目开发平台，介绍物联网开发平台架构、物联网虚拟化技术，掌握物联网平台线上应用项目发布，接着学习物联网通信协议，掌握基础通信协议的使用与分析，最后学习物联网应用开发接口，分析物联网平台应用程序编程接口，了解传感器的硬件 SensorHAL 层、Android 库、Web JavaScript 库等 API，并且通过城市环境采集系统开发案例，实现物联网的驱动程序开发、Android 应用开发和 Web 应用开发。

本书特色有：

（1）理论知识和案例实践相结合。将常见长距离无线通信技术和生活中实际案例结合起来，边学习理论知识边开发，快速深刻掌握长距离无线通信技术。

（2）案例开发。抛去传统的理论学习方法，选取生动的案例将理论与实践结合起来，通过理论学习和开发实践，快速入门，提供配套 PPT，由浅入深掌握各种长距离无线通信技术。

（3）提供综合性项目。综合性项目为读者提供软硬件系统的开发方法，有需求分析、项目架构、软硬件设计等方法，在提供案例的基础可以进行快速二次开发，并可很方便地将其转化为各种比赛和创新创业的案例，也可以为工程技术开发人员和科研工作人员进行工程设计和科研项目开发提供较好的参考资料。

本书在编写过程中，借鉴和参考了国内外专家、学者、技术人员的相关研究成果。我们尽可能按学术规范予以说明，但难免有疏漏之处，在此谨向有关作者表示深深的敬意和谢意，如有疏漏，请及时通过出版社与我们联系。

本书得到了广东省自然科学基金项目（2018A030313195）、广东省高校省级重大科研项目（2017GKTSCX021）、广东省科技计划项目（2017ZC0358）和广州市科技计划项目（201804010262）的资助。感谢中智讯（武汉）科技有限公司在本书编写过程中提供的帮助，特别感谢电子工业出版社在本书出版过程中给予的大力支持。

由于本书涉及的知识面广，时间仓促，限于笔者的水平和经验，疏漏之处在所难免，恳请专家和读者批评指正。

作　者
2019 年 7 月

CONTENTS 目录

第1章

物联网项目认知与应用

本章作为长距离无线通信技术的前导内容，重点讲述物联网、无线传感网络、各种长距离无线通信技术的概念、架构及应用，同时结合物联网学习平台了解学习路线、开发环境和应用场景。

1.1 物联网概述及重点发展领域

物联网是多学科高度交叉的、知识高度集成的前沿热点研究领域。长距离无线通信技术涉及纳米与微电子技术、新型微型传感器技术、微机电系统技术、片上系统技术、移动互联网技术、微功耗嵌入式技术、云计算、大数据、人工智能等多个领域，它融合通信技术、计算机技术和自动控制技术，共同构成物联网的技术基础。通过无线传感器网络的部署和采集，可以扩展人们获取信息的能力，将客观世界的物理信息同传输网络连接在一起，改变人类自古以来仅仅依靠自身的感觉等来感知信息的现状，极大地提高了人类获取数据和信息的准确性、灵敏度。通过网络技术对获取的信息进行汇总与运用，通过云计算、大数据、人工智能等对数据进行分析，最终为人们提供服务。

物联网在众多领域都拥有着广泛的应用，由于物联网的技术分散性和特殊性，使得物联网无处不在，例如智慧城市（见图1.1）。

图 1.1 智慧城市

本节主要讲述物联网、长距离无线通信技术概念，以及物联网长距离无线通信技术主流架构，同时介绍各种主流的无线传感器网络、相关学习路线、开发平台等。

1.1.1　物联网概述

物联网（Internet of Things，IoT）的概念最早于 1999 年由美国麻省理工学院首次提出，2009 年年初，IBM 提出了"智慧地球"概念，使得物联网成为时下热门话题。2009 年 8 月，我国启动"感知中国"建设，随后物联网在我国进一步升温，得到了政府、科研院校、电信运营商以及设备提供商等的高度重视。

物联网是指利用各种信息传感设备，如射频识别（RFID）装置、无线传感器、红外感应器、全球定位系统、激光扫描器等，对现有物体信息进行感知、采集，通过网络支撑下的可靠传输技术，将各种物体的信息汇入互联网，并进行基于海量信息资源进行智能决策、安全保障及管理技术与服务的全球公共的信息综合服务平台。物联网如图 1.2 所示。

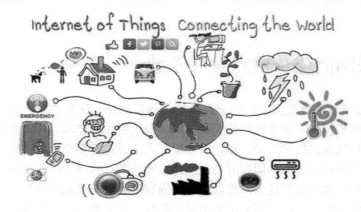

图 1.2　物联网

物联网有两层意思：第一，物联网的核心和基础仍然是互联网，是在互联网基础上延伸和扩展的网络；第二，其用户端延伸和扩展到了任何物体，并在物体之间进行信息交换和通信。因此，物联网是指运用传感器、射频识别（RFID）、智能嵌入式等技术，使信息传感设备感知任何需要的信息，按照约定的协议，通过可能的网络（如基于 Wi-Fi 等无线局域网、3G、4G）接入方式，把任何物体与互联网相连接，进行信息交换，在进行物与物、物与人泛在连接的基础上，实现对物体的智能识别、定位、跟踪、控制和管理。物联网分为感知层、网络层、平台层和应用层。

以控制和采集设备为主的设备或网络，统称为感知层；以数据汇总和将数据通过网络上传至服务器的设备或网络，统称为网络层；服务器在系统中虽然没有展现，但在系统中承担着重要的工作，服务器主要承担数据管理和数据服务，这一层统称为平台层；最终接入网络的方式就是使用移动终端，移动终端完成人对整个物联网的接入，这一层称为应用层。传统的物联网也是由这四层构成的，物联网架构如图 1.3 所示。

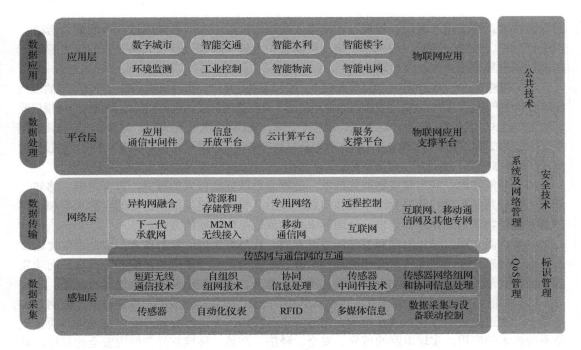

图 1.3　物联网的架构

1.1.2　物联网重点发展领域

《物联网"十二五"发展规划》明确提出了物联网的九大重点发展领域（见图 1.4），分别为智能工业、智能农业、智能物流、智能交通、智能环保、智能安防、智能医疗、智能电网和智能家居，物联网已经深入社会生活的方方面面。

图 1.4　物联网的九大重点发展领域

（1）智能工业：信息技术、网络技术和智能技术应用于工业领域，给工业注入"智慧"

的综合技术。它突出了采用计算机技术模拟人在制造过程中和产品使用过程中的智力活动，以进行分析、推理、判断、构思和决策，从而去扩大延伸和部分替代人类专家的脑力劳动，实现知识密集型生产和决策自动化。

（2）智能农业：在相对可控的环境条件下，采用工业化生产，实现集约高效可持续发展的现代超前农业生产方式，即农业先进设施与露地相配套、具有高度的技术规范和高效益的集约化规模经营的生产方式。它集科研、生产、加工、销售于一体，实现周年性、全天候、反季节的企业化规模生产；它集成现代生物技术、农业工程、农用新材料等学科，以现代化农业设施为依托，科技含量高，产品附加值高，土地产出率高和劳动生产率高，是我国农业新技术革命的跨世纪工程。

（3）智能物流：利用集成智能化技术，使物流系统能模仿人的智能，具有思维、感知、学习、推理判断和自行解决物流中某些问题的能力。智能物流能根据自身的实际水平和客户需求对智能物流信息化进行定位，是国际未来物流信息化发展的方向。

（4）智能交通：是未来交通系统的发展方向，它是将先进的信息技术、数据通信传输技术、电子传感技术、控制技术及计算机技术有效地集成运用于整个地面交通管理系统而建立的一种在大范围内、全方位发挥作用的，实时、准确、高效的综合交通运输管理系统。

（5）智能电网：电网的智能化，也被称为电网 2.0，建立在集成的、高速双向通信网络的基础上，通过先进的传感和测量技术、先进的设备技术、先进的控制方法以及先进的决策支持系统技术的应用，实现电网的可靠、安全、经济、高效、环境友好和使用安全的目标，其主要特征包括自愈、激励和包括用户、抵御攻击、提供满足 21 世纪用户需求的电能质量、容许各种不同发电形式的接入、启动电力市场以及资产的优化高效运行。

（6）智能环保：在原有"数字环保"的基础上，借助物联网技术，把感应器和装备嵌入到各种环境监控对象（物体）中，通过超级计算机和云计算将环保领域物联网整合起来，实现人类社会与环境业务系统的整合，以更加精细和动态的方式实现环境管理和决策的"智慧"，是"数字环保"概念的延伸和拓展，是信息技术进步的必然趋势。

（7）智能安防：通过相关内容和服务的信息化、图像的传输和存储、数据的存储和处理等，实现企业或住宅、社会治安、基础设施及重要目标的智能化安全防范。

（8）智能医疗：通过打造健康档案区域医疗信息平台，利用最先进的物联网技术，实现患者与医务人员、医疗机构、医疗设备之间的互动，逐步达到信息化。在不久的将来，医疗行业将融入更多人工智能、传感技术等高科技，使医疗服务走向真正意义的智能化，推动医疗事业的繁荣发展。在中国新医改的大背景下，智能医疗正在走进寻常百姓的生活。

（9）智能家居：以住宅为平台，利用综合布线技术、网络通信技术、智能家居系统设计方案安全防范技术、自动控制技术、音/视频技术将家居生活有关的设施集成，构建高效的住宅设施与家庭日程事务的管理系统，提升家居安全性、便利性、舒适性、艺术性，并实现环保节能的居住环境。

1.2　长距离无线通信技术

1.2.1　长距离无线通信技术概述

物联网系统广泛应用了长距离无线通信技术，也称为无线传感器网络。无线传感器网络最初是 1978 年由美国国防部高级研究计划署于提出，其雏形是卡耐基梅隆大学研究的分布式传感器网络。在之后的几十年内，随着处微理器技术、嵌入式系统、无线电技术、存储技术、互联网技术、人工智能和自动化控制技术的巨大进步，无线传感器网络也得到了快速发展。目前，无线传感器网络项目应用广泛，涵盖了电力、交通、建筑、安防、林业、农业和工业等诸多领域。

无线传感器网络主要应用于大气监测、农作物监控、害虫监控、森林火灾、水位监测、环境保护、自然栖息地监测、安防监控等。传感器节点往往部署在环境恶劣的区域中，如遥远荒芜的区域、有毒的地区、大型工业建筑或航空器内部。

无线传感器网络还广泛应用在管道管沟监测领域、井盖、消防栓监控领域、液位水位监测领域、农业大棚监测领域、水产养殖监测领域、大气环境监测领域，另外在军事、科学考察等方面也有广泛的应用。

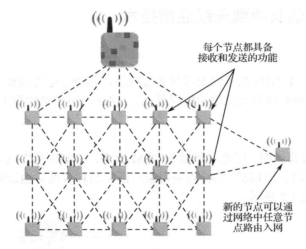

图 1.5　无线传感器网络

无线传感器网络一般包括汇聚节点、管理节点和传感器节点。传感器节点按项目需求部署在被监控的区域内，传感器节点通过各种网络协议构建无线传感器网络。当网络中某一个传感器节点上传监测数据时，数据会沿着由其他传感器节点构成的无线传输路径进行数据传输，最后汇聚到汇聚节点，并通过互联网传输到服务器中。

一个无线传感器网络中的终端嵌入式传感器节点，一般由传感器、微处理器、无线通信模块和电源四个模块组成，电源一般由能量有限的电池提供，因此终端传感器节点的存储、处理、通信等能力有限。在一个无线传感器节点中，传感器用于采集和转换被监测区域内的信息；电源为传感器节点正常工作提供能量；无线通信模块实现无线网络中的数据传输；微处理器模块主要用于对传感器模块、无线通信模块、电源模块统一管理控制，对传感器采集的数据进行处理。

目前的无线传感器网络中的要求每个传感器节点需具有路由功能和终端功能，每一个节点不仅能完成本地节点信息采集和数据处理，还能够转发网络中其他节点转发来的数据到其他节点。无线传感器网络的特点如下：

（1）网络自组织性。一般来说，无线传感器网络构建前可能无法提前精确设定，也无法提前确定各节点之间的相对位置。因此，传感器节点需要具备自动配置和自我管理功能，具备自我组织能力，自动构建无线传感器网络。

（2）网络规模大。为了准确监测各类数据，以便精确感知环境的变化，在在被监测区域部署大量传感器节点，从而获取完整和准备的环境信息。

（3）网络具有动态性。在实际应用中，无线传感器网络的拓扑结构会发生动态改变，比如无线通信链路带宽的变化；单个或多个传感器节点出现故障或失效；传感器和感知对象地理位置产生相对变化等。因此无线传感器网络需要具有重构特性，能够根据实际情况的变化，动态地改变网络的拓扑结构。

（4）网络可靠性高。很多应用场景，无线传感器网络有时可能部署环境比较恶劣的区域或人类难以到达的高危区域，如高温、高原、低温和强辐射等区域，因此，无线传感器网络中所使用的传感器节点能适应各种恶劣环境。

1.2.2　常用的长距离无线通信技术

1．LoRa

LoRa 是一种基于 1 GHz 技术的无线传感器网络，其特点是传输距离远，易于建设和部署，功耗和成本低，适合进行大范围的数据采集。LoRa 应用示意如图 1.6 所示。

2．NB-IoT

NB-IoT 构建于蜂窝网络，可直接部署于 GSM 网络、UMTS 网络或 LTE 网络，以降低部署成本、实现平滑升级。NB-IoT 的特点是覆盖广泛，功耗极低，由运营商提供连接服务。NB-IoT 应用示意如图 1.7 所示。

图 1.6　LoRa 应用示意

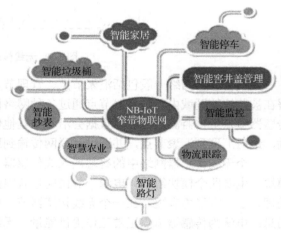

图 1.7　NB-IoT 应用示意

3．LTE

LTE 采用 FDD 和 TDD 技术，其特点是传输速度快、容量大、覆盖范围广、移动性好，有一定的空间定位功能。LTE 应用示意如图 1.8 所示。

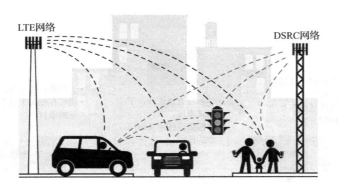

图 1.8　LTE 应用示意

　　长距离无线通信技术的应用系统中大量采用了具有智能感测和无线传输的微型传感设备或微型传感器，通过这些设备来监测周遭环境，如温度、湿度、光照度、气体浓度、PM2.5、PM10、甲醛、电磁辐射、振动幅度等物理信息，并由长距离无线通信技术将收集到的信息传输给管理中心。管理中心获取监测信息后，便可掌握现场状况，进而维护、调整相关系统。长距离无线通信技术已成为军事侦察、环境保护、建筑监测、安全作业、工业控制、家庭、船舶和运输系统自动化等应用中重要的技术手段。物联网长距离无线通信技术的部分应用领域如图 1.9 所示。

图 1.9　物联网长距离无线通信技术的部分应用领域

1.2.3　长距离无线通信技术的学习路线、开发平台和开发环境

1. 长距离无线通信技术的学习路线

长距离无线通信技术的学习路线如图 1.10 所示。

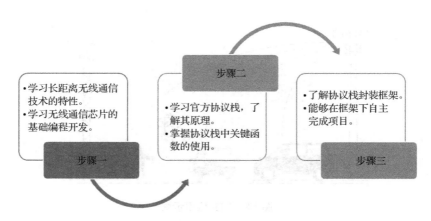

图 1.10　长距离无线通信技术的学习路线

本书中长距离无线通信技术的学习内容如表 1.1 所示。

表 1.1　长距离无线通信技术的学习内容

长距离无线通信技术	芯　　片	协　议　栈	云平台框架
LoRa	STM32 + SX1278	协议栈 + AT 指令	智云框架
NB-IoT	STM32 + WH-NB71	协议栈 + AT 指令	智云框架
LTE	STM32 + EC20	协议栈 + AT 指令	智云框架

表 1.1 中的 LoRa、NB-IoT、LTE 使用的均是射频模块，本身并不具备数据逻辑处理能力，需要外接 STM32 微处理器来对射频芯片进行操作。另外，为了方便使用这三种长距离无线通信技术，本书开发了更具网络特征的协议栈，便于读者学习和使用。

2．长距离无线通信技术的开发平台

本书采用的开发平台为 xLab 未来开发平台，该平台提供了两种类型的智能节点（经典型节点 ZXBeeLite-B 和增强型节点 ZXBeePlus-B），集成了锂电池供电接口、调试接口、外设控制电路、RJ45 传感器接口等。本书所使用的节点类型为增强型节点 ZXBeePlus-B，该节点集成了 STM32 微处理器、2.8 英寸真彩 LCD 液晶屏、HTU21D 型高精度数字温湿度传感器、RGB 三色高亮 LED 指示灯（RGB 灯）、两路继电器、蜂鸣器、摄像头接口、USB 接口、Ti 仿真器接口、ARM 仿真器接口、以太网等。xLab 未来开发平台如图 1.11 所示。

本书使用 xLab 未来开发平台进行学习和应用开发，该平台支持多种无线传感器网络，包括 CC2530 ZigBee 无线传感器网络、CC2540 蓝牙 BLE 无线传感器网络、CC3200 Wi-Fi 无线传感器网络、SX1278 LoRa 无线传感器网络、WH-NB71 NB-IoT 无线传感器网络、EC20 4G LTE 无线传感器网络，本书主要使用的有 SX1278 LoRa 无线模组、WH-NB71 NB-IoT 无线模组、EC20 4G LTE 无线模组，其功能描述如表 1.2 所示。

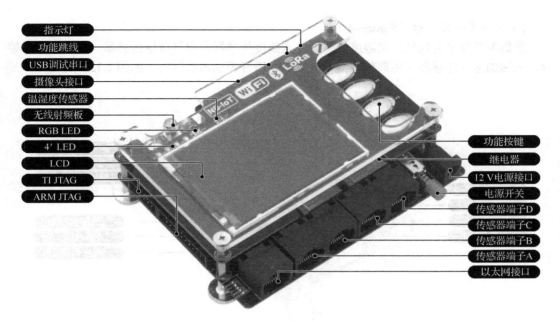

指示灯
功能跳线
USB调试串口
摄像头接口
温湿度传感器
无线射频板
RGB LED
4' LED
LCD
TI JTAG
ARM JTAG

功能按键
继电器
12 V电源接口
电源开关
传感器端子D
传感器端子C
传感器端子B
传感器端子A
以太网接口

图 1.11　xLab 未来开发平台

表 1.2　无线模组功能一览表

无 线 模 组	产 品 图 片	功 能 描 述
SX1278 LoRa 无线模组		（1）采用 Semtech 公司的 SX1278 LoRa 无线芯片和 LoRa 扩频调制技术，工作频率为 410～525 MHz，高灵敏度为-148 dBm，输出功率为+20 dBm。 （2）集成 STM32 微处理器。 （3）集成 SMA 胶棒天线，通信距离较大，可达 3 km
WH-NB71 NB-IoT 无线模组		（1）采用华为 Hi2110 芯片组，支持电信网络，频段为 850 MHz，支持 3GPP R13 以及增强型 AT 指令，通信速率可达 100 kbps，灵敏度为-129 dBm，输出功率为+23 dBm。 （2）集成 STM32 微处理器。 （3）集成 SMA 胶棒天线和标准 SIM 卡槽
EC20 4G LTE 无线模组		（1）支持 LTE、WCDMA、GPRS 数据传输，支持联通网络，频段为 GSM900/DCS1800、HSUPA、HSDPA 3GPP R5、WCDMA 3GPP R99 EDGE EGPRS Class12、TDD-LTE Band38/39/40/41、FDD-LTE Band1/3/7、TDS Band34/39、GSM Band2/3/8。 （2）集成 STM32 微处理器。 （3）集成 SMA 胶棒天线和标准 SIM 卡槽

　　为深化无线传感器网络中节点的使用，本书的实例均需要使用传感器和控制设备。xLab 未来开发平台按照传感器类别设计了丰富的传感设备，涉及采集类、控制类、安防类、显示类、识别类、创意类等。本书使用到采集类开发平台（Sensor-A）、控制类开发平台（Sensor-B）和安防类开发平台（Sensor-C）。

1）采集类开发平台（Sensor-A）

采集类开发平台包括：温湿度传感器、光照度传感器、空气质量传感器、气压海拔传感器、三轴加速度传感器、距离传感器、继电器、语音识别传感器等，如图 1.12 所示。

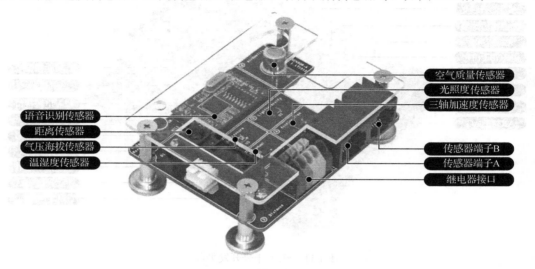

图 1.12　采集类开发平台

- 两路 RJ45 工业接口，包含 I/O、DC 3.3 V、DC 5 V、UART、RS-485、两路继电器输出等功能，提供两路 3.3 V、5 V、12 V 电源输出。
- 采用磁吸附设计，可通过磁力吸附并通过 RJ45 工业接口接入节点进行数据通信。
- 温湿度传感器的型号为 HTU21D，采用数字信号输出和 IIC 通信接口，测量范围为 -40～125℃，以及 5%RH～95%RH。
- 光照度传感器的型号为 BH1750，采用数字信号输出和 IIC 通信接口，对应广泛的输入光范围，相当于 1～65535 lx。
- 空气质量传感器的型号为 MP503，采用模拟信号输出，可以检测气体酒精、烟雾、异丁烷、甲醛，检测浓度为 10～1000 ppm（酒精）。
- 气压海拔传感器的型号为 FBM320，采用数字信号输出和 IIC 通信接口，测量范围为 300～1100 hPa。
- 三轴加速度传感器的型号为 LIS3DH，采用数字信号输出和 IIC 通信接口，量程可设置为±2g、±4g、±8g、±16g（g 为重力加速度），16 位数据输出。
- 距离传感器的型号为 GP2D12，采用模拟信号输出，测量范围为 10～80 cm，更新频率为 40 ms。
- 采用继电器控制，输出节点有两路继电器接口，支持 5 V 电源开关控制。
- 语音识别传感器的型号为 LD3320，支持非特定人识别，具有 50 条识别容量，返回形式丰富，采用串口通信。

2）控制类开发平台（Sensor-B）

控制类开发平台包括：风扇、步进电机、蜂鸣器、LED、RGB 灯、继电器接口，如图 1.13 所示。

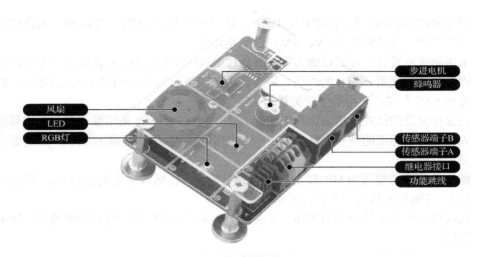

图 1.13　控制类开发平台

- 两路 RJ45 工业接口，包含 IO、DC 3.3 V、DC 5 V、UART、RS-485、两路继电器输出等功能，提供两路 3.3 V、5 V、12 V 电源输出。
- 采用磁吸附设计，可通过磁力吸附并通过 RJ45 工业接口接入节点进行数据通信。
- 风扇为小型风扇，采用低电平驱动。
- 步进电机为小型 42 步进电机，驱动芯片为 A3967SLB，逻辑电源电压范围为 3.0～5.5 V。
- 使用小型蜂鸣器，采用低电平驱动。
- 两路高亮 LED 灯，采用低电平驱动。
- RGB 灯采用低电平驱动，可组合出任何颜色。
- 采用继电器控制，输出节点有两路继电器接口，支持 5 V 电源开关控制。

3）安防类开发平台（Sensor-C）

安防类开发平台包括：火焰传感器、光栅传感器、人体红外传感器、燃气传感器、触摸传感器、振动传感器、霍尔传感器、继电器接口、语音合成传感器等，如图 1.14 所示。

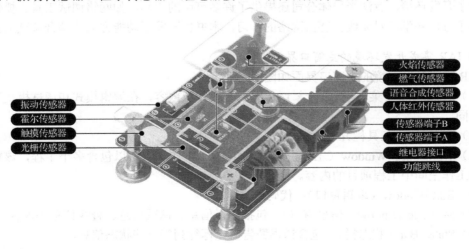

图 1.14　安防类开发平台

- 两路 RJ45 工业接口，包含 IO、DC 3.3 V、DC 5 V、UART、RS-485、两路继电器输出等功能，提供两路 3.3 V、5 V、12 V 电源输出。
- 采用磁吸附设计，可通过磁力吸附并通过 RJ45 工业接口接入节点进行数据通信。
- 火焰传感器采用 5 mm 的探头，可检测火焰或波长为 760～1100 nm 的光源，探测温度为 60℃左右，采用数字开关量输出。
- 光栅传感器的槽式光耦槽宽为 10 mm，工作电压为 5 V，采用数字开关量信号输出。
- 人体红外传感器的型号为 AS312，电源电压为 3 V，感应距离为 12 m，采用数字开关量信号输出。
- 燃气传感器的型号为 MP-4，采用模拟信号输出，传感器加热电压为 5 V，供电电压为 5 V，可测量天然气、甲烷、瓦斯气、沼气等。
- 触摸传感器的型号为 SOT23-6，采用数字开关量信号输出，检测到触摸时，输出电平翻转。
- 振动传感器在低电平时有效，采用数字开关量信号输出。
- 霍尔传感器的型号为 AH3144，电源电压为 5 V，采用数字开关量输出，工作频率宽（0～100 kHz）。
- 采用继电器控制，输出节点有两路继电器接口，支持 5 V 电源开关控制。
- 语音合成传感器的型号为 SYN6288，采用串口通信，支持 GB2312、GBK、UNICODE 等编码，可设置音量、背景音乐等。

3. 长距离无线通信技术的开发环境

为了避免多个开发和编译环境给初学者在学习无线传感器网络时造成的困扰，本书在选择芯片时选用了 TI 开发平台，LoRa、NB-IoT 和 LTE 都使用 TI 公司研发的芯片。这三种芯片的协议栈开发环境均为 IAR 集成开发环境。另外，这三种网络选用的是射频模块加控制芯片的组合，在程序开发时只需要对控制芯片进行操作即可。控制芯片选用的是意法半导体公司生产的 STM32 微处理器，IAR 集成开发环境对 STM32 微处理器也有很好的支持。因此，无线传感器网络程序的开发均使用 IAR 集成开发环境。

除了开发环境，意法半导体公司还提供了许多可用的工具，如网络调试工具、抓包工具等，为了方便初学者对无线传感器网络的学习，本书也开发了功能强大的综合调试工具。

1）IAR 集成开发环境的主窗口界面

IAR 集成开发环境的主窗口界面如图 1.15 所示。

（1）Menu Bar（菜单栏）：包含 IAR 的所有操作及内容，在编辑模式和调试模式下存在一些不同。

（2）Tool Bar（工具栏）：包含一些常见的快捷按钮。

（3）Workspace Window（工作空间窗口）：一个工作空间可以包含多个工程，该窗口主要显示工作空间中工程项目的内容。

（4）Edit Window（编辑窗口）：代码编辑区域。

（5）Message Window（信息窗口）：包括编译信息、调试信息、查找信息等内容。

（6）Status Bar（状态栏）：包含错误警告、光标行列等一些状态信息。

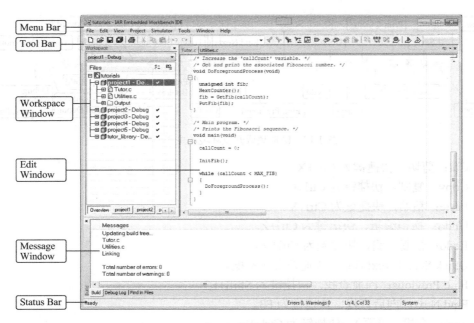

图 1.15　IAR 集成开发环境的主窗口界面

2）IAR 集成开发环境的工具栏

工具栏上是主菜单部分功能的快捷按钮，这些快捷按钮之所以放置在工具栏上，是因为它们的使用频率较高。例如，编译按钮，这个按钮在编程时使用的频率相当高，这些按钮大部分也有对应的快捷键。

IAR 的工具栏共有两个：主工具栏和调试工具栏。编辑（默认）模式下只显示主工具栏，进入调试模式后会显示调试工具栏。

主工具栏可以通过菜单打开，即"View→Toolbars→Main"，如图 1.16 所示。

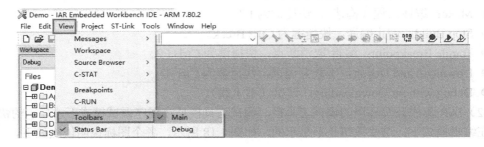

图 1.16　IAR 集成开发环境的工具栏

（1）IAR 集成开发环境的主工具栏。在编辑模式下，只显示主工具栏，其中的内容也是编辑模式下常用的快捷按钮，如图 1.17 所示。

- New Document：新建文件，快捷键为 Ctrl+N。
- Open：打开文件，快捷键为 Ctrl+O。
- Save：保存文件，快捷键为 Ctrl+S。
- Save All：保存所有文件。
- Print：打印文件，快捷键为 Ctrl+P。

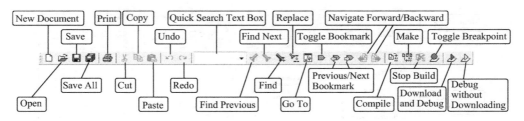

图 1.17　IAR 集成开发环境的主工具栏

- Cut：剪切，快捷键为 Ctrl+X。
- Copy：复制，快捷键为 Ctrl+C。
- Paste：粘贴，快捷键为 Ctrl+V。
- Undo：撤销编辑，快捷键为 Ctrl+Z。
- Redo：恢复编辑，快捷键为 Ctrl+Y。
- Quick Search Text Box：快速搜索文本框。
- Find Previous：向前查找，快捷键为 Shift+F3。
- Find Next：向后查找，快捷键为 F3。
- Find：查找（增强），快捷键为 Ctrl+F。
- Replace：替换，快捷键为 Ctrl+H。
- Go To：前往行列，快捷键为 Ctrl+G。
- Toggle Bookmark：标记/取消书签，快捷键为 Ctrl+F2。
- Previous Bookmark：跳转到上一个书签，快捷键为 Shift+F2。
- Next Bookmark：跳转到下一个书签，快捷键为 F2。
- Navigate Forward：跳转到下一步，快捷键为 Alt+右箭头。
- Navigate Backward：跳转到上一步，快捷键为 Alt+左箭头。
- Compile：编译，快捷键为 Ctrl+F7。
- Make：编译工程（构建），快捷键为 F7。
- Stop Build：停止编译，快捷键为 Ctrl+Break。
- Toggle Breakpoint：编辑/取消断点，快捷键为 Ctrl+F9。
- Download and Debug：下载并调试，快捷键为 Ctrl+D。
- Debug without Downloading：调试（不下载）。

（2）IAR 集成开发环境的调试工具栏。调试工具栏是在程序调试模式下才显示的快捷按钮，在编辑模式下，这些按钮是不显示的，如图 1.18 所示，各个图标说明依次如下。

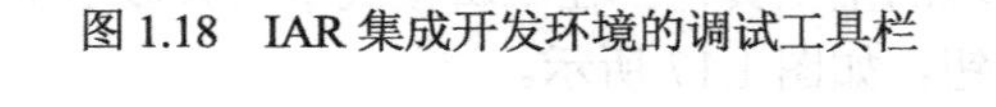

图 1.18　IAR 集成开发环境的调试工具栏

- Reset：复位。
- Break：停止运行。
- Step Over：逐行运行，快捷键为 F10。
- Step Into：跳入运行，快捷键为 F11。
- Step Out：跳出运行，快捷键为 F11。

- Next Statement：运行到下一语句。
- Run to Cursor：运行到光标行。
- Go：全速运行，快捷键为 F5。
- Stop Debugging：停止调试，快捷键为 Ctrl+Shift+D。

逐行运行也称为逐步运行，跳入运行也称为单步运行，运行到下一语句和逐行运行类似。

1.3　小结

本章介绍物联网的概念、网络架构，以及 LoRa、NB-IoT、LTE 长距离无线通信技术的开发平台和芯片，并介绍了 IAR 集成开发环境。

1.4　思考与拓展

（1）无线传感器网络有哪些主要特征？
（2）分析无线传感器网络的体系架构。
（3）讨论无线传感器网络在实际生活中还有哪些潜在的应用。

第 2 章

LoRa 长距离无线通信技术开发

由于 LoRa 长距离无线通信技术（简称 LoRa 技术）具有低功耗、广覆盖、易部署等优势，因此非常适用于功耗低、距离远、大量连接以及定位跟踪等的物联网应用，如智能抄表、智能停车、车辆追踪、宠物跟踪、智慧畜牧、智慧工业、智慧城市、智慧社区等。

本章通过 LoRa 技术在智慧畜牧中的应用，学习 LoRa 的开发平台、开发工具、协议栈等内容，使读者能够设计智慧畜牧的一些基本应用场景。本章主要包括以下内容：

（1）LoRa 长距离无线通信技术开发基础：学习 LoRa 无线传感器网络（简称 LoRa 网络）的特点、应用、架构。

（2）LoRa 开发平台和开发工具：学习 LoRa 网络的射频芯片 SX1278、Contiki 操作系统的安装使用、常用工具的使用，以及 LoRa 网络的构建。

（3）LoRa 协议栈解析与应用开发：学习基于 Contiki 操作系统工作流程，学习基于 Contiki 操作系统与智云开发框架，构建 LoRa 智慧畜牧系统。

（4）LoRa 气体采集系统开发与实现，学习基于 LoRa 的采集类程序逻辑和采集类程序开发接口，并进行气体采集系统开发。

（5）LoRa 排风系统开发与实现，学习基于 LoRa 的控制类程序逻辑和控制类程序开发接口，并进行 LoRa 排风系统开发。

（6）LoRa 电子围栏系统开发与实现，学习基于 LoRa 的安防类程序逻辑和安防类程序开发接口，并进行 LoRa 电子围栏系统开发。

2.1 LoRa 长距离无线通信技术开发基础

LoRa 具备低功耗、广覆盖、易部署等优势，在开放式畜牧应用场景中具有良好的适应性，能够实现数据的无线采集和传输；可对畜牧进行管控，如环境监测、设施控制、电子围栏等；可时刻对畜牧业环境的变化及动物状况进行监测。基于 LoRa 技术的智慧畜牧有着广泛的应用和发展。

为了降低畜牧业的管理成本并提高质量，可以通过引入智慧畜牧系统对畜牧养殖进行管理。智慧畜牧系统可有效降低管理成本，提高管理效率。传统牧场如图 2.1 所示。

图 2.1　传统牧场

本节主要学习 LoRa 概念、LoRa 网络架构、LoRa 网络组网过程，最后构建 LoRa 智慧畜牧系统。

2.1.1　学习与开发目标

（1）知识目标：LoRa 技术特征；LoRa 技术架构；LoRa 网络结构。

（2）技能目标：了解 LoRa 技术特征；了解 LoRa 技术的应用场景。

（3）开发目标：以 LoRa 智慧畜牧的设计为例，学习和了解 LoRa 技术特征、网络配置参数，以及 LoRa 技术的应用场景。

2.1.2　原理学习：LoRa 技术与 LoRa 网络

1. LoRa 技术

2013 年，Semtech 公司发布了长距离且低功耗数据传输技术（LoRa）的芯片，其频谱在 1 GHz 以下，接收灵敏度可达-148 dBm。LoRa 是 LPWAN 通信技术中的一种，是一种基于扩频技术的长距离无线通信技术，改变了以往关于传输距离与功耗的折中考虑方式，提供了一种简单且能实现长距离、大容量的系统，从而扩展了无线传感器网络。

LoRa 采用扩频调制技术，与传统的调制技术相比，扩频调制增加了链路预算和更好的抗干扰性能，从而达到了良好的频率特性。LoRa 的扩频调制技术采用的是线性扩频调制，不仅使得终端即使在相同频率下同时发送信息也不会产生相互干扰，同时又明显提高了通信距离。

LoRa 集中器或网关可以对多个节点的数据进行并行接收及处理，大大扩展了网络的容量。

1）LoRa 数据包结构

LoRa 调制解调器具有两种数据包模式，即显式数据包模式和隐式数据包模式。二者的区别在于，显式数据包模式有一个包含字节数、编码率以及数据包是否启用 CRC 校验等信息的报头。LoRa 数据包主要包含前导码、可选报头（可选）、有效负载和负载的 CRC 校验，如表 2.1 所示。

表 2.1　LoRa 数据包结构

前导码	报头	CRC	有效负载	负载的 CRC 校验
	（显式模式）			

（1）前导码。前导码位于数据包的开头，用于保持接收机与接收数据流之间的同步。前导码有长前导码和短前导码两种模式，长度可通过程序进行设置的变量长度范围为 6～65536。在接收数据量较大或者网络同步性要求较高的应用中，可通过改变前导码的长度来改变终端接收的占空比。接收机会定期检测发射机信号的前导码，只有检测到前导码长度等于自身设定的长度时，才开始接收数据。

（2）报头。可以选择两种不同的报头：显式报头和隐式报头。显式报头主要包含有效负载的相关信息，如有效负载字节数和前向纠错码率等；如果已经确定了显式报头的相关信息，则通过隐式报头来缩短发送时间，并为接收机和发射机软件写入已知的有效负载长度和前向纠错码率等信息。

（3）有效负载。有效负载实际上就是数据段，即要发送或者接收的数据。在实际传输中，数据包有效负载长度并不是固定的，指令不同，返回的数据也不同。

LoRa 数据包结构中采用了前向纠错编码技术，在数据包中增加了冗余信息，允许接收机检测可能出现在信息任何地方的差错，实现数据包在传输过程中的自我修复，但该技术需要消耗一定的带宽，长用于大型组网，在信号长距离传输或复杂路径衰减时可以体现出优异的自我纠错性能。

加入前向纠错编码的 LoRa 数据包将每一比特时间划分为众多码片，即便调制噪声较大，LoRa 也能轻松应对。

2）LoRa 唤醒方式

在星状网络结构中，为了节约功耗，终端节点通常处于休眠状态，当进行数据传输时再将其唤醒。唤醒方式可分为以下两种：

（1）主动唤醒方式。终端节点利用定时器来唤醒设备，唤醒后终端节点将收到的数据上传到服务器，并再次进入休眠状态，该方式适用于数据更新周期较长、且不需要服务器突发访问的设备。

（2）空中唤醒方式。该方式适用于需要突发访问的设备。服务器随时可能读取终端节点中的数据。空中唤醒过程：若终端节点休眠时间为 S 秒，即每 S 秒主动唤醒一次，主动检测是否有设备发送前导码。当服务器需要和某个终端节点连接时，会发送 S 秒的前导码，用于覆盖终端节点的休眠周期，保证终端节点主动唤醒后可以检测到前导码。如果终端节点唤醒后检测到前导码，则进入正常工作状态，反之进入休眠状态。

3）LoRa 跳频技术

跳频扩频技术（Frequency-Hopping Spread Spectrum，FHSS）指收发双方在同时且同步的情况下，按照约定的跳频跳转频率进行通信的技术。无线通信需要克服主要来自于外部干扰和多径衰减，其中外部干扰主要来自生活中使用的各种无线通信设备，如手机、无线路由器和电脑等；多径衰减比较复杂，在现实环境中，各种建筑物、树林和走动的人以及动物都会造成信号的反射，因此除了直线传播的路径，无线信号还可能存在多重反射路径，这些信号混合后会造成很大的信号干扰。跳频技术可以解决外部干扰和多径衰减，通过跳转通信的频率以规避某些频段的干扰以及信号的反射。

FHSS 的工作原理：通过频率查询表中选取跳频信道发送 LoRa 数据包的一部分内容，跳频周期结束之后，发射机和接收机切换到下一个信道，继续发送和接收数据包的下一部分内容。

FHSS 接收通常从信道 0 开始，前导码检测完成后，接收机开始执行跳频过程。如果报头的 CRC 损坏，接收机则会自动请求信道 0 并重新开始前导码的检测。信道更新时间转到新频率后，将会产生请求改变信道的中断信号，LoRa 跳频流程如图 2.2 所示。

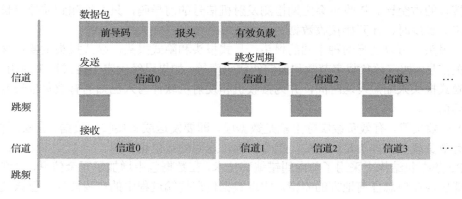

图 2.2　LoRa 跳频流程

4）LoRa 技术特征

LoRa 本质上是扩频调制技术，并结合了数字信号处理技术和前向纠错编码技术。扩频调制技术具有长通信距离和高鲁棒性，LoRa 技术为工业产品和民用产品提供低成本的无线通信解决方案。

LoRa 技术具有高性能、长距离、低功耗等特点，在大规模组网、测距和定位等方面有突出的优点，LoRa 是低功耗长距离无线通信技术中的一种。LoRa 基于线性调频扩频调制，它保持了像频移键控（FSK）调制相同的低功耗特性，增加了通信距离，并且拥有较高的接收灵敏度和较强信噪比。另外，使用跳频技术，可以使载波频率不断跳变而扩展频谱，防止定频信号干扰。LoRa 技术具有以下特点：

（1）通信距离长。得益于扩频调制和前向纠错码的增益，LoRa 技术的通信距离大约是蜂窝技术的 2 倍，因此 LoRa 网络可以使用星状网络，通过扩频调制技术完成稳定和实时的长距离通信。

（2）通信容量大。物联网的特点，使得终端节点特别多，一个 LoRa 网络能轻松连接上千，甚至上万个节点。

（3）通信信号扩频正交。因为 LoRa 是扩频调制技术，不同扩频因子的信号是正交的，在同一个信道中，信号间相互之间不冲突。

（4）通信低功耗。LoRa 支持异步通信，当需要发送数据时，才发起通信。

（5）一网络多网关。在 LoRa 网络中，一个终端节点的发送数据帧可以被多个网关接收，再转发给服务器，服务器可以选择信号最佳的网关回复。当移动终端节点时，即从一个网关切换到另一个网关，由于是同一个服务器在管理，可以免除复杂的切换步骤。

2．LoRa 网络

1）LoRa 网络设备

LoRa 网络包括终端节点、网关、网络服务器、应用服务器等，LoRa 终端节点和网关之间可以通过 LoRa 技术进行数据传输，而网关和核心网或广域网之间的交互可以通过 TCP/IP 网络协议进行。为了保证数据的安全性、可靠性，LoRa 网络采用了长度为 128 比特的对称加密算法（AES）进行完整性保护和数据加密。LoRa 网络结构如图 2.3 所示。

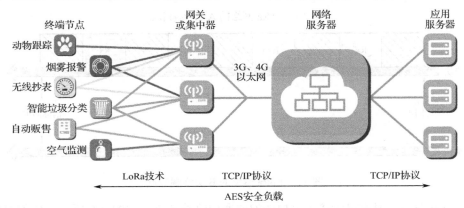

图 2.3   LoRa 网络结构

（1）LoRa 网关。LoRa 网关位处 LoRa 星状网络的核心位置，是终端节点和网络服务器之间的信息桥梁，是多信道的收发机。LoRa 网关有时也被称为 LoRa 基站或 LoRa 集中器。

LoRa 网关使用不同的扩频因子，不同扩频因子的信号两两正交，可以在同一信道中对多个不同扩频因子的信号进行解调。网关与网络服务器之间通过 TCP/IP 网络协议进行通信，终端节点通过单跳与一个或多个网关进行通信，所有的终端节点之间的通信都是双向的。

LoRa 网关接入的终端节点数取决于 LoRa 网关所能提供的信道资源以及单个 LoRa 终端节点占用的信道资源。例如，单个 SX1301 芯片拥有 8 个信道，在完全符合 LoRa 协议的情况下最多每天能接收 1500 万个数据包。如果某应用发包频率为 1 包/小时，单个 SX1301 芯片构成的网关能接入 62500 个终端节点。另外，网关接入终端节点的数量还和网关信道数量、终端节点发包频率、发包字节数和扩频因子等因素有关。

（2）LoRa 终端节点。LoRa 网络将终端节点划分成 A、B、C 三类。

A 类终端节点：如图 2.4 所示，A 类终端节点允许双向通信，每一个终端节点上行传输会伴随着两个下行接收窗口。终端节点的传输时隙基于其自身通信需求。A 类终端节点的功耗最低，基站下行通信只能在终端节点上行通信之后，网络服务器能很快地进行下行通信，网络服务器的下行通信都只能在终端节点上行通信之后。

B 类终端节点：具有预设接收时隙的双向通信终端节点。如图 2.5 所示。B 类终端节点会在预设时间中开放多余的接收窗口，终端节点会同步从网关接收一个 Beacon 信标，通过 Beacon 信标实现网关与终端节点的时间进行同步。网络服务器通过这种方式可以了解终端节点是否正在接收数据。

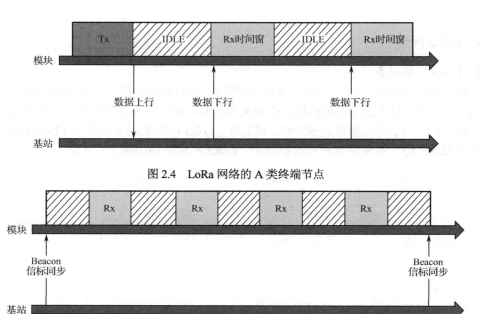

图 2.4　LoRa 网络的 A 类终端节点

图 2.5　LoRa 网络的 B 类终端节点

C 类终端节点：具有最大接收窗口的双向通信终端节点，如图 2.6 所示。C 类终端节点可持续开放接收窗口，只在传输时关闭，C 类终端节点拥有最长的接收窗口，功耗最大。

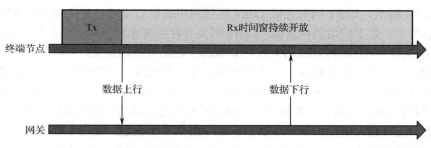

图 2.6　LoRa 网络的 C 类终端节点

2）LoRa 网络参数

LoRa 的终端节点要实现组网需要配置 4 个网络参数，只有当一个终端节点配置的 4 个参数与 LoRa AP 搭建的网络参数相同时，这个终端节点才能够加入 LoRa AP 所组建的 LoRa 网络中。LoRa 网络的 4 个网络参数分别为：发射频率（基频）、信号带宽、扩频因子和编码率。

（1）发射频率。在不同频率下传输的信号不能相互接收，发射频率可以称为信道。扩频技术增加了很多的可变参数，这些可变参数可改变传输数据的信道。LoRa 的频率范围为 137～525 MHz，一般使用 410～525 MHz。

（2）信号带宽。带宽是限定允许通过该信道的信号下限频率和上限频率，是单位时间内的最大数据流量。增加信号带宽可以提高有效数据速率、缩短传输时间，但会牺牲接收的灵敏度。LoRa 的带宽范围为 7.8～500 kHz。

　　增加信号带宽可以提高有效数据速率、缩短传输时间，但这是以牺牲一部分接收的灵敏度为代价的。FSK 调制解调器的带宽是指单边带带宽，而 LoRa 调制解调器中的带宽则是指双边带带宽（或全信道带宽）。

　　表 2.2 所示的 LoRa 调制表（扩频因子和编码率保持一致）列出了 LoRa 调制解调器的带宽范围与标称传输速率的关系。

表 2.2　LoRa 调制表

带宽/kHz	扩频因子	编码率	标称传输速率/bps
7.8	12	4/5	18
10.4	12	4/5	24
15.6	12	4/5	37
20.8	12	4/5	49
31.2	12	4/5	73
41.7	12	4/5	98
62.5	12	4/5	146
125	12	4/5	293
250	12	4/5	586
500	12	4/5	1172

　　（3）扩频因子（Spreading Factor，SF）。扩频因子把数字信号，例如 1 或者 0，用扩频码 1101 把它扩频，就变成 1101 或 0010，这样带宽就变大了，虽然数据量变大了且牺牲了一定的带宽，但是可以实现数据的加密和保真。

　　LoRa 扩频调制技术采用多个信息码片来表示有效负载信息的每个比特。扩频信息的发送速率称为符号速率（R_s），而码片速率与标称符号速率之间的比值即扩频因子，表示每个比特发送的符号数量。LoRa 的扩频因子范围为 6～12，取值范围如表 2.3 所示。

表 2.3　LoRa 扩频表

扩频因子（RegModulationCFG）	扩频因子（码片/符号）	解调器信噪比（SNR）
6	64	−5 dB
7	128	−7.5 dB
8	256	−10 dB
9	512	−12.5 dB
10	1024	−15 dB
11	2048	−17.5 dB
12	4096	−20 dB

　　因为不同 SF 之间的信号为正交关系，因此需要提前获知链路发送机和接收机的扩频因子。另外，还需要知道接收机输入端的信噪比。在负信噪比条件下信号也能正常接收，可以改善了 LoRa 接收机的灵敏度、链路预算及覆盖范围。当扩频因子为 6 时，LoRa 调制解调器的数据传输速率最快。

（4）编码率（Code Rate，CR）。由于加入一些冗余比特，因此信道编码能够检出和校正接收比特流中的差错，把几个比特上携带的信息扩散到更多的比特上，因此需要传输更多的信息。

LoRa 采用循环纠错编码进行前向错误检测与纠错，使用这样的纠错编码之后，会产生传输开销。在存在干扰的情况下，前向纠错能有效提高链路的可靠性。编码率是数据流中有用部分（非冗余）的比例。也就是说，如果编码率是 k/n，则对每 k 比特有用信息，编码器共产生 n 比特的数据，其中有 $n-k$ 个冗余的比特。LoRa 的编码率范围为 4/5、4/6、4/7、4/8。LoRa 编码率、循环纠错编码率和开销比如表 2.4 所示。

表2.4 LoRa 编码率、循环纠错编码率和开销比

编 码 率	循环纠错编码率	开 销 比
1	4/5	1.25
2	4/6	1.5
3	4/7	1.75
4	4/8	2

除了上述的需要配置的 4 个网络参数，还有发射功率。要提高通信距离，可以提高发射功率，但会消耗更大的功耗。LoRa 网络的发射功率可以自由调节，使得 LoRa 网络可以满足更种应用场景的需要，LoRa 网络的发射功率范围为 0～20 dB。

3）LoRa 网络结构

LoRa 网络有三种网络结构，分别是点对点通信、星状网轮询、星状网并发。每种网络结构都有各自的优势和劣势，开发时应依据情况进行选择。三种网络特点如下：

（1）点对点通信。即一点对一点通信，多见于早期的 LoRa 网络，A 点发起，B 点接收，可以回复确认也可以不回复确认，多组之间的频点建议分开。点对点通信单纯利用 LoRa 调制灵敏度高的特性，目前主要针对特定应用和试验性质的项目。其优点是简单，缺点是不存在组网。点对点通信如图 2.7 所示。

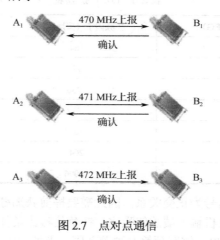

图 2.7 点对点通信

（2）星状网轮询。即一点对多点通信，N 个从节点轮流与中心节点通信，从节点上传，等待中心节点收到后返回确认，然后下一个从节点再开始上传，所有 N 个从节点全部完成后，一个循环周期结束。星状网轮询如图 2.8 所示。

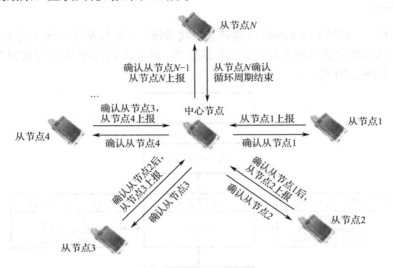

图 2.8　星状网轮询

（3）星状网并发。即一点对多点通信，多个从节点可同时与网关通信，从节点可随机上报数据。从节点可以根据外界环境和信道阻塞自动采取跳频和速率自适应技术，逻辑上网关可以接收不同速率和不同频点的信号组合，物理上网关可以同时接收 8 路、16 路、32 路甚至更多路的数据，减少了大量从节点上行时冲突的概率。星状网并发具有极大的延拓性，可单独建网，可交叉组网，如图 2.9 所示。

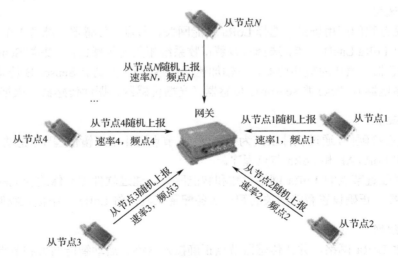

图 2.9　星状网并发

2.1.3 开发实践：LoRa 智慧畜牧系统

1. 开发设计

项目开发目标：使用 LoRa 网络组建智慧畜牧系统，在智慧畜牧系统中将 LoRa 网络各个节点采集的传感器数据通过网关发送至远程服务器，通过终端 APP 实现对智慧畜牧系统数据的实时获取，如图 2.10 所示。

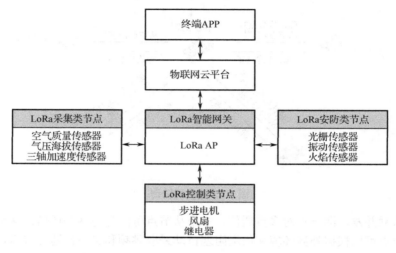

图 2.10　智慧畜牧系统

2. 功能实现

1）设备选型

根据智慧畜牧的应用场景，选择 LoRa 智能网关、节点、传感器。准备 1 个 Mini4418 智能网关和 3 个 LoRa LiteB 节点，选择与智慧畜牧系统相关的传感器：采集类 Sensor-A 传感器（空气质量传感器、气压海拔传感器、三轴加速度传感器），控制类 Sensor-B 传感器（步进电机、风扇、继电器），安防类 Sensor-C 传感器（光栅传感器、振动传感器、火焰传感器）。

2）设备配置

（1）正确连接硬件，通过软件工具为智能网关、节点固化出厂镜像程序。通过 J-Flash ARM 软件固化网关 LoRa AP 和 LoRa 节点程序。

（2）正确配置节点的 LoRa 网络参数和智能网关。通过软件工具修改智能网关和节点的 LoRa 网络参数，正确设置智能网关的智云服务配置工具，将 LoRa 网络接入物联网云平台。

3）设备组网

（1）组建 LoRa 网络，并让传感器节点正确接入网络。启动智能网关和节点，观察节点正确入网。

（2）通过综合测试软件查看网络拓扑图，通过软件工具观察节点组网状况。

4）设备演示

通过综合测试软件与传感器进行互动，对传感器进行数据采集和远程控制。

3．开发验证

基于 LoRa 智慧畜牧系统，掌握 LoRa 设备的认知和选型，结合 LoRa 网络特征，进行网络配置和组网，最终汇聚到云端进行应用交互，部分验证效果截图如图 2.11 所示。

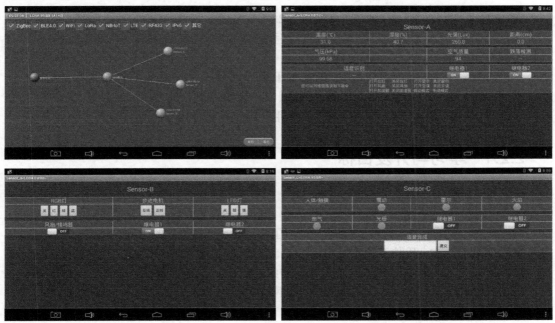

图 2.11　部分验证效果

2.1.4　小结

本节先介绍了 LoRa 网络特征、网络参数、网络结构，然后使用 LoRa 网络组建简单的智慧畜牧系统，并在智慧畜牧系统中将 LoRa 网络各个节点采集的传感器数据通过智能网关发送至远程服务器，通过终端 App 实现对智慧畜牧系统数据的实时获取。通过本节的学习，读者可理解并掌握 LoRa 网络特征，能够熟练掌握设备的选型、LoRa 节点和网络的设置，以及 LoRa 网络组网过程。

2.1.5　思考与拓展

（1）LoRa 网络特征有哪些？

（2）简述 LoRa 网络组网过程。

（3）测试通信距离、速率、丢包率。

（4）尝试组成更大的网络并进行相关测试。

（5）LoRa 网络拥有诸多优势，如数据带宽和传输距离可以自由配置、低功耗模式可以任意选择、网络信息更加安全、信息保真率更高等。由于这些优势，使得 LoRa 长距离无线通信技术有着广泛的应用，请思考 LoRa 网络还有哪些使用场景。

2.2 LoRa 开发平台和开发工具

SX1278 是 TI 公司用于 2.4 GHz IEEE 802.15.4、LoRa 和 RF4CE 的片上系统，可作为学习 LoRa 网络的平台。SX1278 采用集成 MCU 和射频收发模块的 SoC 设计方式，这种设计方式能实现节点的更微小化和极低的功耗。

本节主要学习 LoRa 网络依托的 STM32 开发平台，并掌握开发各种软件工具的使用，能够使用工具对 LoRa 技术进行开发、调试、测试、运维，最后通过构建 LoRa 网络，完成 STM32 开发平台、LoRa 长距离无线通信技术以及常用开发工具的学习与开发实践。

2.2.1 学习与开发目标

（1）知识目标：了解 STM32 和 SX1278；了解 LoRa 无线协议；掌握 LoRa 网络参数；掌握各种 LoRa 开发工具。

（2）技能目标：了解 SX1278 功能特性；了解 LoRa 无线协议的结构；掌握 LoRa 网络的基本参数；掌握 LoRa 开发工具的使用。

（3）开发目标：以智慧畜牧系统为例，对组建的 LoRa 智慧畜牧系统进行工程编译和调试，学习和掌握 LoRa 网络的组网参数含义和网络调试过程。

2.2.2 原理学习：STM32 和 LoRa 协议

1. STM32 微处理器

STM32 微处理器在医疗、工业与消费类领域有着广泛的应用，采用工作频率为 168 MHz 的 Cortex-M4 内核（具有浮点单元）。在 168 MHz 的工作频率下，STM32 微处理器能够提供 210 DMIPS/566 CoreMark 性能，并且利用意法半导体的 ART 加速器实现了 Flash 零等待状态。另外，STM32 微处理器的 DSP 指令和浮点单元扩大了产品的应用范围。STM32 接口技术如下。

1）STM32 的 GPIO

GPIO（General Purpose Input Output），即微处理器通用输入/输出接口。微处理器通过向 GPIO 控制寄存器写入数据可以控制 GPIO 的输入/输出模式，实现对某些设备的控制或信号采集功能。另外，也可以将 GPIO 进行组合配置，实现较为复杂的总线控制接口和串行通信接口。

STM32 的 GPIO 可以分成很多组，每组有 16 个引脚，如型号为 STM32F407IGT6 的芯片有 GPIOA 至 GPIOI 共 9 组 GPIO，该芯片共 176 个引脚，其中 GPIO 就占了一大部分，所有的 GPIO 引脚都有基本的输入/输出功能。

最基本的输出功能是由 STM32 控制引脚输出高/低电平，实现开关控制，如把 GPIO 的引脚连接到 LED，就可以控制 LED 的亮灭；连接到继电器或三极管，就可以通过继电器或三极管控制外部大功率电路的通断。

最基本的输入功能是检测外部输入电平，如把 GPIO 引脚连接到按键，可通过高/低电平来区分按键是否被按下。

2）嵌套向量中断控制器（NVIC）

STM32F4xx 具有多达 86 个可屏蔽中断通道（不包括 Cortex-M4F 的 16 根中断线），具有 16 个可编程优先级（使用了 4 位中断优先级）、低延迟的异常和中断处理、电源管理控制，以及系统控制寄存器等优点，嵌套向量中断控制器（NVIC）和微处理器内核接口紧密配合，可以实现低延迟的中断处理。

STM32F4xx 在内核上搭载了一个异常响应系统，支持为数众多的系统异常和外部中断，其中系统异常有 10 个，外部中断有 91 个。除了个别异常的优先级被固定，其他异常的优先级都是可编程的。具体的系统异常和外部中断可在标准库文件 stm32f4xx.h 中查看，在结构体 IRQn_Type 里面包含 SMT32F4xx 全部的系统异常和外部中断的声明。

3）高级控制定时器

高级控制定时器（TIM1 和 TIM8）包含 1 个 16 位自动重载计数器，该计数器由可编程的预分频器驱动。此类定时器有多种用途，包括测量输入信号的脉冲宽度（输入捕获），或者生成输出波形（输出比较、PWM 输出和带死区插入的互补 PWM 输出）。使用定时器预分频器和 RCC 时钟控制器预分频器，可将脉冲宽度和波形周期从几微秒调整到几毫秒。高级控制定时器（TIM1 和 TIM8）和通用（TIMx）定时器彼此完全独立，不共享任何资源，但它们可以实现同步。

TIM1 和 TIM8 具有以下特性：

（1）16 位递增、递减、递增/递减自动重载计数器。

（2）16 位可编程的预分频器，用于对计数器时钟频率进行分频（即运行时修改），分频系数为 1～65536。

（3）多达 4 个独立通道，可用于输入捕获、输出比较、PWM 输出（边沿对齐和中心对齐），以及可编程带死区插入的互补 PWM 输出。

高级控制定时器（TIM1 和 TIM8）和通用定时器在基本定时器的基础上引入了外部引脚，可以实现输入捕获和输出比较功能。与通用定时器相比，高级控制定时器增加了可编程带死区插入互补 PWM 输出、重复计数器、带刹车（断路）等功能，这些功能都是针对工业电机控制方面的。本书对这几个功能不做详细的介绍，仅介绍常用的输入捕获和输出比较功能。

高级控制定时器的时基单元包含一个 16 位自动重载计数器 ARR、一个 16 位的计数器 CNT（可向上/下计数）、一个 16 位可编程预分频器 PSC（预分频器时钟源有多种可选，有内部时钟和外部时钟），以及一个 8 位的重复计数器 RCR，这样最高可实现 40 位的可编程定时。

4）ADC

STM32F4xx 一般都有 3 个 ADC，ADC 可以独立使用，也可以使用双重/三重模式

（提高采样率）。STM32F4xx 的 ADC 是 12 位逐次逼近型的模/数转换器，它有 19 个通道，可测量 16 个外部源、2 个内部源和 Vbat 通道的信号。这些通道的 A/D 转换可以单次、连续、扫描或间断模式执行。ADC 的结果可以以左对齐或右对齐方式存储在 16 位数据寄存器中。

5）STM32 看门狗

STM32 有两个看门狗：一个是独立看门狗，另一个是窗口看门狗。独立看门狗是一个 12 位的递减计数器，当计数器的值从某个值减小到 0 时，系统就会产生一个复位信号，即 IWDG_RESET。若在计数减小到 0 之前刷新计数器的值，那么就不会产生复位信号，这种刷新操作就是喂狗。看门狗功能由 V_{DD} 电源供电，在停止模式和待机模式下仍能工作。

（1）独立看门狗（IDWG）。独立看门狗使用了独立于 STM32 主系统之外的时钟振荡器，使用主电源供电，可以在主系统时钟发生故障时继续工作，能够完全独立地工作。独立看门狗实际上是一个 12 位递减计数器，它的驱动时钟经过 LSI 振荡器分频得到，LSI 的振荡频率在 30～60 kHz 之间，独立看门狗最大溢出时间为 26 s，当发生溢出时会强制 STM32 复位。当寄存器中的值减至 0x000 时会产生一个复位信号。

系统运行以后，启动看门狗的计数器，看门狗就开始自动计数；在系统正常工作时，每隔一段时间会输出一个信号到喂狗端，将 WDT 清 0；一旦系统进入死循环状态时，在规定的时间内没有执行喂狗操作，看门狗就会溢出，引起看门狗中断，输出一个复位信号，从而使系统复位。所以在使用看门狗时，要注意适时喂狗。独立看门狗的工作原理如图 2.12 所示。

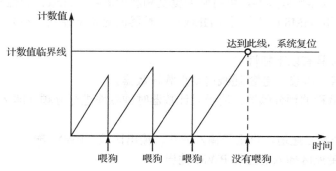

图 2.12　独立看门狗工作原理图

（2）窗口看门狗（WWDG）。窗口看门狗通常用来检测由外部干扰或者不可预见的逻辑条件造成的应用程序背离正常的运行而产生的软件故障。除非递减计数器的值在 T6 位变成 0 前被刷新，窗口看门狗在达到预置的时间时就会产生一个复位信号。在递减计数器达到窗口寄存器数值之前，如果 7 位的递减计数器的数值（在控制寄存器中）未被刷新，那么也将产生一个复位信号。这表明递减计数器需要在一个有限的时间窗口中被刷新。窗口看门狗的主要特性如下：

● 可编程的自由运行递减计数器。
● 条件复位：当递减计数器的值小于 0x40 时，若看门狗被启动，则产生复位信号；当递减计数器在窗口外被重新装载时，若看门狗被启动，也将产生复位信号。
● 如果启动了看门狗并且允许中断，当递减计数器等于 0x40 时产生早期唤醒中断

（EWI），它可以被用于重载计数器以避免窗口看门狗复位。

如果看门狗被启动（WWDG_CR 中的 WDGA 位被置 1），并且当 7 位递减计数器 0x40 变为 0x3F 时，则产生一个复位信号。如果软件在计数器值大于窗口寄存器中的数值时重载计算器，也将产生一个复位信号。应用程序在正常运行过程中必须定期地写入 WWDG_CR，以防止产生复位信号。只有当计数器值小于窗口寄存器的值时，才能进行写操作。存储在控制寄存器（WWDG_CR）中的数值必须在 0xFF 和 0xC0 之间。

窗口看门狗和独立看门狗一样，也是一个递减计数器，不断地向下递减计数，当减小到一个固定值（如 0x40）时还未喂狗将产生复位信号，这个值称为窗口下限，它是固定的值，不能改变。这是和独立看门狗相似的地方，不同的地方是窗口看门狗计数器的值在减小到某一个数之前喂狗也会产生复位信号，这个值称为窗口上限，窗口上限可由用户独立设置。

独立看门狗和窗口看门狗的区别如图 2.13 所示。

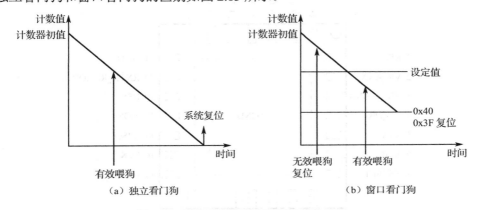

图 2.13　独立看门狗和窗口看门狗的区别

2. LoRa 与 SX1278

1）SX1278 芯片

本书采用 SX1278 芯片作为 LoRa 的无线射频通信模块，该通信模块采用 LoRa 远程调制解调器，用于超长距离扩频通信，能够最大限度地降低电流消耗，其传输距离超过大多数采用 FSK 或 GFSK 调制方式的无线射频通信模块，用于长距离扩频通信。通信频率为 433 MHz、470 MHz、868 MHz、4915 MHz，这些都是 ISM 免费频段；可获得-148 dBm 的高灵敏度。LoRa 调制技术在选择性和抗阻塞性可以保证通信的安全性。

SX1278 芯片具有低功耗的特性，在接收数据时电流可低至 9.9 mA，寄存器保持电流可低至 200 nA，分辨率为 61 Hz，在大幅降低电流的基础上，优化了相位噪声、选择性、接收机线性度等各项性能功能。SX1278 芯片内置温度传感器和低电量指示器，内置式位同步可用于时钟恢复、前导码检测、CRC 检验和自动射频信号检测等功能。

SX1278 芯片包含两个定时基准，RC 振荡器和 32 MHz 的晶体振荡器。SX1278 芯片支持 FSK、GFSK、MSK、GMSK 和 OOK 调制方式。SX1278 芯片模块如图 2.14 所示。

2）SX1278 芯片引脚

SX1278 芯片引脚如图 2.15 所示，引脚功能如表 2.5 所示。

图 2.14　SX1278 芯片

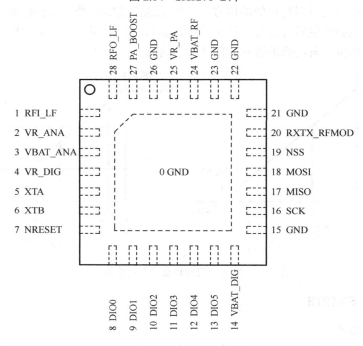

图 2.15　SX1278 芯片引脚

表 2.5　SX1278 芯片引脚功能

编　　号	引 脚 名 称	类　　型	描　　述
0	GND	—	外露的接地焊盘
1	RFI_LF	I	频段 2 和 3 的射频输入
2	VR_ANA	—	用于模拟电路的稳压电源电压
3	VBAT_ANA	—	模拟电路供电电压
4	VR_DIG	—	数字部分稳压电源电压
5	XTA	I/O	XTAL 连接或 TCXO 输入
6	XTB	I/O	XTAL 连接
7	NRESET	I/O	复位触发输入
8	DIO0	I/O	数字 I/O，软件配置
9	DIO1/DCLK	I/O	数字 I/O，软件配置

编 号	引脚名称	类 型	描 述
10	DIO2/DATA	I/O	数字 I/O，软件配置
11	DIO3	I/O	数字 I/O，软件配置
12	DIO4	I/O	数字 I/O，软件配置
13	DIO5	I/O	数字 I/O，软件配置
14	VBAT_DIG	—	数字模块的供电电压
15	GND	—	接地
16	SCK	I	SPI 时钟输入
17	MISO	O	SPI 数据输出
18	MOSI	I	SPI 数据输入
19	NSS	I	SPI 片选输入
20	RXTX/RF_MOD	O	Rx/Tx 开关控制：Tx 模式为高
21	RFI_HF（GND）	I	频段 1 的射频输入（接地）
22	RFO_HF（GND）	O	频段 1 的射频输出（接地）
23	GND	—	接地
24	VBAT_RF	—	射频模块的电源电压
25	VR_PA	—	用于 PA 的稳压电源
26	GND	—	接地
27	PA_BOOST	O	可选的大功率 PA 输出，适用于所有频段
28	RFO_LF	O	频段 2 和 3 的射频输出

3）SX1278 芯片功能特性

SX1278 芯片是一种半双工传输的低中频收发器，配备了标准 FSK 和长距离扩频 LoRa 调制解调器。该芯片可以用于超长距离的 LoRa 扩频通信，抗干扰性强，功耗低。SX1278 芯片的主要功能特性如下：

（1）采用 LoRa 扩频调制技术。

（2）传输距离：在城镇可达 2～5 km，在郊区可达 15 km。

（3）传输速率：可编程比特率高达 300 kbps，速率越低传输距离越长。

（4）工作频率：ISM 频段包括 433、868、915 MHz 等。

（5）通信方式：半双工、SPI 通信。

（6）标准：IEEE 802.15.4g。

（7）调制方式：基于扩频技术，采用线性调制扩频（CSS），具有前向纠错（FEC）能力（Semtech 公司的专利技术），支持 FSK、GFSK、MSK、GMSK、LoRa 及 OOK 调制方式。

（8）容量：一个 LoRa 网关可以连接成千上万个节点。

SX1278 芯片的内部结构如图 2.16 所示。

SX1278 芯片是一种半双工传输的低中频收发器，其接收的射频信号首先通过低噪声放大器（LNA）放大，为便于设计并减少外部器件的使用，LNA 输入为单端形式；接着信号被转换成差分形式，以改善第二级的线性和谐波抑制；然后信号被下变频到中频（IF）后输出同相正交信号；最后由一对Σ-Δ模/数转换器进行数据转换，所有后续信号处理和解调均在数字领域进行。SX1278 芯片还具有控制自动频率校正（AFC）、接收信号强度指示（RSSI）和自动增益控制（AGC）等功能。

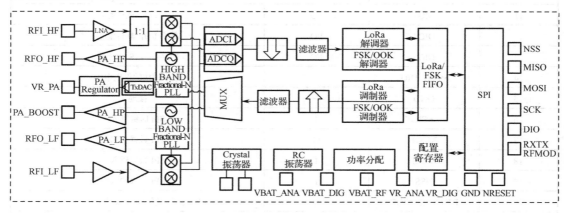

图 2.16　SX1278 芯片的内部结构

频率合成器为接收机和发射机生成本地振荡器频率，一种覆盖超高频（UHF）低频段（低于 525 MHz），另一种覆盖 UHF 高频段。此外，为了实现用户透明地锁定时间和快速地自动校准操作，SX1278 芯片还对锁相环（PLL）进行了优化。在传输过程中，频率调制在 PLL 带宽中是以数字形式进行的。PLL 还可以选择性地对比特流进行预滤波，以提高频谱纯度。

SX1278 芯片有三个不同的射频功率放大器，其中两个分别与 RFO_LF 和 RFO_HF 引脚连接，能够实现高达+14 dBm 的功率放大功能。这两个功率放大器没有针对高功率效率进行稳压调节，因而能够通过一对无源器件与其对应的射频接收机输入端直接相连。第三个功率放大器与 PA_BOOST 引脚连接，通过专门的匹配网络能够实现高达+20 dBm 的功率放大功能。与高效率功率放大器不同的是，这个高稳定性功率放大器能够覆盖频率合成器处理的所有频段。

SX1278 芯片包含两个定时基准：一个 RC 振荡器以及一个 32 MHz 的晶体振荡器。射频前端和数字状态机的所有重要参数均可通过一个 SPI 接口进行配置。通过 SPI 接口还可以访问 SX1278 芯片的配置寄存器。SPI 接口包括一个模式自动定序器，能够以最快的速度监测 SX1278 芯片在中间运行模式间的转换和校准。

4）SX1278 硬件系统

SX1278 芯片只具有 LoRa 射频功能，必须通过微处理器来驱动，二者之间通过 SPI 接口通信。本书采用 STM32 芯片作为 SX1278 芯片的微处理器，该微处理器主要完成三部分工作：SX1278 的驱动、传感器外设驱动及应用、LoRa 无线模组。LoRa 硬件连接示意图如图 2.17 所示。

SX1278 最小硬件系统如图 2.18 所示。

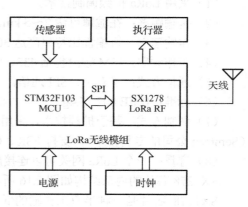

图 2.17　LoRa 硬件连接示意图

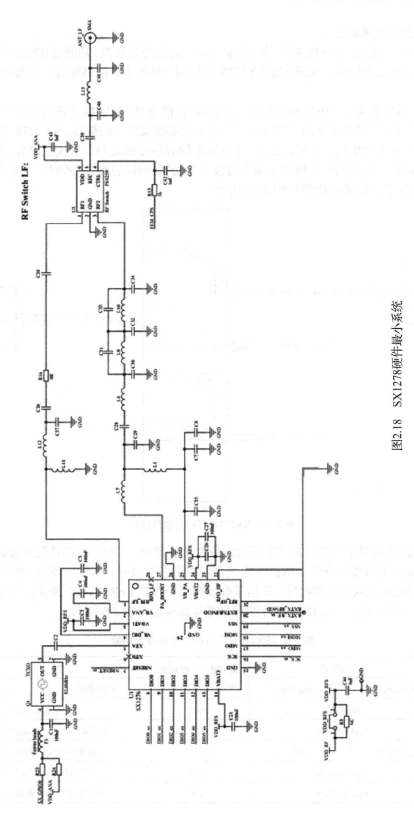

图2.18　SX1278硬件最小系统

5）SX1278 射频单元

SX1278 芯片采用的是 SPI 总线，在对 SX1278 芯片进行操作时，是通过 SPI 总线向 SX1278 芯片的寄存器写入数据的，从而实现 SX1278 芯片的功能配置、网络配置、数据收发和 IO 控制等功能。

SX1278 芯片配备了 256 B 的 RAM，该 RAM 仅能通过 LoRa 模式进行访问。RAM 也称为 FIFO 数据缓存）可以完全由用户定制，用于访问接收或发送的数据。SX1278 芯片的 FIFO 数据缓存只能通过 SPI 接口访问，这些 FIFO 数据缓存保存的是与最后接收操作相关的数据，除了睡眠模式外，在其他操作模式下均为可读。在切换到新的接收模式时，它会自动清除旧内容。SX1278 芯片的硬件操作如图 2.19 所示。

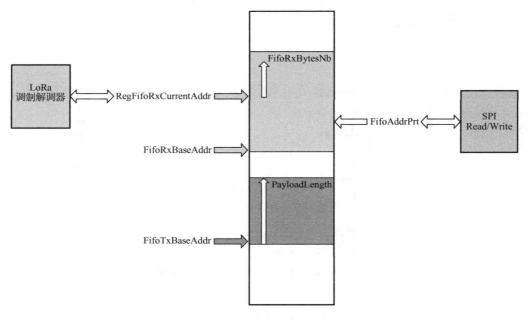

图 2.19　SX1278 芯片的硬件操作

通过图 2.19 可以了解到 SX1278 芯片的硬件操作原理。SX1278 芯片的寄存器中分为三个部分，分别是寄存器操作区、数据接收缓存、数据发送缓存。其中，寄存器操作区用于配置 LoRa 的功能模式以及数据收发，数据接收缓存用于存放 LoRa 接收的数据，数据发送缓存用于存放待发送的数据。SX1278 芯片的部分寄存器功能如表 2.6 所示。

表 2.6　SX1278 芯片的部分寄存器功能

地址	寄存器名称		复位值 （POR）	默认值 （FSK）	描　　述	
	FSK/OOK 模式	LoRa 模式			FSK 模式	LoRa 模式
0x00	RegFifo		0x00		FIFO 读/写访问	
0x01	RegOpMode		0x01		选择运行模式、LoRaTM、FSK	
0x02	RegBitrateMsb	保留	0x1A		设置比特率，最高有效位	
0x03	RegBitrateLsb		0x0B		设置比特率，最低有效位	
0x04	RegFdevMsb		0x00		设置频率偏移，最高有效位	

续表

地址	寄存器名称		复位值	默认值	描 述	
	FSK/OOK 模式	LoRa 模式	（POR）	（FSK）	FSK 模式	LoRa 模式
0x05	RegFdevLsb		0x52		设置频率偏移，最低有效位	
0x06	RegFrfMsb		0x6C		设置射频载波频率，最高有效位	
0x07	RegFrfMid		0x80		设置射频载波频率，中间位	
0x08	RegFrfLsb		0x00		设置射频载波频率，最低有效位	
0x09	RegPaConfig		0x4F		PA 选择和输出功率控制	
0x0A	RegPaRamp		0x09		PA 斜升/斜降时间和低相噪 PLL 的控制	
0x0B	RegOcp		0x2B		过流保护控制	
0x0C	RegLna		0x20		LNA 设置	
0x0D	RegRxConfig	RegFifoAddrPtr	0x08	0x00	控制 AFC、AGC	FIFO SPI 指针
0x0E	RegRssiConfig	RegFifoTxBaseAddr	0x02	0x80	RSSI	起始 Tx 数据
0x0F	RegRssiCollision	RegFifoRxBaseAddr	0x0A	0x00	RSSI 冲突检测器	起始 Rx 数据
0x10	RegRssiThresh	FifoRxCurrentAddr	0xFF	不适用	控制 RSSI 阈值	最后接收数据包的起始地址
0x11	RegRssiValue	RegIrqFlagsMask	不适用	不适用	RSSI 值（单位为 dBm）	可选 IRQ 标志屏蔽
0x12	RegRxBw	RegIrqFlags	0x15	0x00	信道滤波器带宽控制	IRQ 标志
0x13	RegAfcBw	RegRxNbBytes	0x0B	不适用	AFC 信道滤波器带宽	接收到的字节数
...	...	...	...	...	...	...
0x61	RegAgcRef	0x13	0x13		调整 AGC 阈值	
0x62	RegAgcThresh1	0x0E	0x0E			
0x63	RegAgcThresh2	0x5B	0x5B			
0x64	RegAgcThresh3	0xDB	0xDB			
0x70	RegPll	0xD0	0xD0		控制 PLL 带宽	

3. LoRa 无线模组

SX1278 芯片的带宽范围为 7.8～500 kHz，扩频因子为 6～12，但仅覆盖较低的 UHF（频率为 300～3000 MHz，波长为 1～0.1 m 的无线电波）频段。

除了 SX1278 芯片本身的信号调制，该芯片还运用了数据编码识别技术，通过对数据进行编码调制，可提高信号的稳定性以及信号的定向性。数据编码调制的方法包括有效数据比调制、前导码调制。LoRa 网络中在信号采用相同调制方式的情况下，只有在有效数据比和前导码均相同时，数据才能够被成功接收。

根据 LoRa 网络特征，必须保证 LoRa 网络组网的几个参数相同，这些参数分别为网络 ID、基频频率、扩频因子、带宽、编码率。

通过工程源码可以直接修改 LiteB-LR 节点的网络参数，打开工程文件 "zonesion→LoRa →contiki-conf.h"，相关网络参数如下。

```
/*LoRa 网络 ID*/
#define LoRa_NET_ID        0x32            //应用组 ID 为 0x01～0xFE
```

#define LoRa_PS	15	//前导码长度为4～100
#define LoRa_PV	15	//发射功率为0～20
#define LoRa_HOP	0	//跳频开关为0～1
#define LoRa_HOPTAB {431,435,431,435,431,435,431,435,431,435}		//跳频表
/* 基频*/		
#define LoRa_FP	433	//基频频率
#define LoRa_SF	8	//扩频因子为6～12
#define LoRa_CR	1	//编码率为1～4，对应于4/5、4/6、4/7、4/8
#define LoRa_BW	5	//带宽为0～9

4．SPI 协议

串行外围设备（Serial Peripheral Interface，SPI）总线是由摩托罗拉公司提出的通信协议，是一种高速全双工的通信总线，被广泛地应用在 ADC、LCD 等设备与 MCU 之间且要求通信速率较高的场合。下面简要介绍 SPI 的物理层及协议层。

1）SPI 物理层

SPI 通信设备之间的常用连接方式如图 2.20 所示。

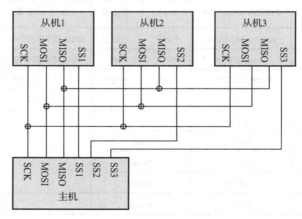

图 2.20　SPI 通信设备之间的常用连接方式

SPI 通信使用 3 条信号线及 1 条片选线，3 条信号线分别为 SCK、MOSI、MISO，片选线为 SS，它们的作用如下。

（1）SS（Slave Select）：从机选择信号线，常称为片选线，也称为 NSS、CS。当有多个从机与主机连接时，从机的其他信号线（如 SCK、MOSI 及 MISO）同时并联到相同的 SPI 总线上，即无论有多少个从机，都只使用这 3 条信号线；而每个从机都有一条独立的 SS，SS 独占主机的一个引脚，即有多少个从机，就有多少条 SS。IIC 总线协议通过设备地址来寻址、选中总线上的某个设备并与其进行通信；而 SPI 总线协议中没有设备地址，它使用 SS 来寻址，当主机要选择从机时，把该从机的 SS 设置为低电平，该从机即被选中，即片选有效，接着主机开始与被选中的从机进行通信。所以 SPI 通信以 SS 置低电平为开始信号，以 SS 被拉高作为结束信号。

（2）SCK（Serial Clock）：时钟信号线，用于通信数据同步，它由主机产生，决定通信速率，不同的设备支持的最高时钟频率不一样，如 STM32 的 SPI 时钟频率最高为 $f_{PCLK}/2$。当两个设备进行通信时，通信的速率受限于低速设备。

（3）MOSI（Master Output Slave Input）：主机输出/从机输入信号线。主机的数据从这条信号线输出，从机从这条信号线读取主机发送的数据，即这条信号线上数据的方向为主机到从机。

（4）MISO（Master Input Slave Output）：主机输入/从机输出信号线。主机从这条信号线读取数据，从机的数据由这条信号线发送到主机，即在这条信号线上数据的方向为从机到主机。

2）SPI 协议层

与 IIC 协议类似，SPI 协议定义通信的开始信号、停止信号、数据有效性、时钟同步等环节。

（1）SPI 基本通信过程。SPI 的通信时序如图 2.21 所示。

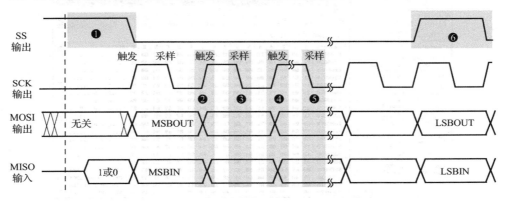

图 2.21　SPI 的通信时序

图 2.21 中，SS、SCK、MOSI 信号都由主机产生，MISO 信号由从机产生，主机通过 MISO 信号线读取从机的数据。MOSI 与 MISO 的信号只在 SS 为低电平时才有效，在 SCK 的每个时钟周期，MOSI 和 MISO 均传输一位数据。

以上通信时序中包含的每个信号说明如下。

① 通信的开始信号和停止信号在图 2.21 中的标号❶处，SS 信号由高变低，这是 SPI 通信的开始信号。SS 是每个从机各自独占的信号线，当从机在自己的 SS 线上检测到开始信号后，就知道自己被主机选中了，开始准备与主机通信。在图 2.21 中的标号❻处，SS 信号由低变高，这是 SPI 通信的停止信号，表示本次通信结束，从机的选中状态被取消。

② 数据有效性。SPI 使用 MOSI 及 MISO 信号线来传输数据，使用 SCK 信号线进行数据同步。MOSI 及 MISO 数据线在 SCK 的每个时钟周期传输一位数据，且数据输入和输出是同时进行的。在数据传输时，对 MSB 先行或 LSB 先行并没有做硬性规定，但要保证两个 SPI 通信设备之间使用同样的规定，一般都会采用图中的 MSB 先行模式。

观察图 2.21 中的❷、❸、❹、❺标号处，MOSI 及 MISO 的数据在 SCK 的上升沿期间变换输入和输出，在 SCK 的下降沿时被采样，即在 SCK 的下降沿时刻，MOSI 及 MISO 的数据有效，高电平时表示数据 1，低电平时表示数据 0，在其他时刻数据无效，MOSI 及 MISO 为下一次传输数据做准备。

SPI 每次数据传输以 8 位或 16 位为单位，每次传输的单位数不受限制。

5．LoRa 开发工具

1）IAR 集成开发环境

LiteB-LR 节点集成了 STM32 微处理器，可以采用 IAR Embedded Workbench for ARM 集成开发环境进行软件开发。SX1278 的 LoRa 无线模组示例工程均采用 IAR 集成开发环境。IAR 提供 SX1278 无线协议的设计、开发和测试的开发环境，IAR 集成开发环境的详细介绍请参考第 1 章。

2）J-Flash ARM 工具

J-Flash ARM 工具是 IAR 集成开发环境提供的烧写工具，通过该工具可以实现 STM32 的擦除和代码程序的固化。J-Flash ARM 工具界面如图 2.22 所示。

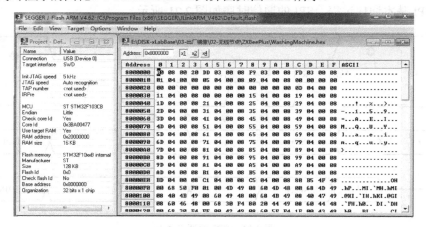

图 2.22　J-Flash ARM 工具界面

3）ZCloudTools 工具

ZCloudTools 工具是一款无线传感器网络综合分析测试工具，提供网络拓扑图、数据包分析、传感器信息采集和控制、传感器历史数据查询等功能。ZCloudTools 工具界面如图 2.23 和图 2.24 所示。

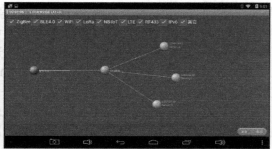

图 2.23　ZCloudTools 工具界面（一）　　　　图 2.24　ZCloudTools 工具界面（二）

　　PC 端调试工具为 ZCloudWebTools，该工具可直接在 PC 的浏览器上运行，功能与 ZCloudTools 工具类似。ZCloudWebTools 工具界面如图 2.25 所示。

图 2.25　ZCloudWebTools 工具界面

4）xLabTools 工具

为了方便读者的学习和开发，本书根据 LoRa 网络特征开发了一款专门用于数据收发调试的辅助开发和调试工具，该工具可以通过 LoRa 节点的调试串口获取节点当前配置的网络信息。当 LoRa AP 连接到 xLabTools 工具时，可以查看网络信息和 LoRa AP 所组建的网络下的节点反馈的信息，并能够通过调试窗口向 LoRa 网络内各节点发送数据；当终端节点或路由节点连接到 xLabTools 工具上时，可以实现对终端节点数据的监测，并能够通过该工具向 LoRa AP 发送指令。xLabTools 工具界面如图 2.26 所示。

图 2.26　xLabTools 工具界面

5）LoRa 的 AT 指令调试

LoRa 无线模组提供了更加方便的 AT 交互，可以通过串口助手调试跟踪 LoRa 数据，这里使用 PortHelper 工具来对 SX1278 LoRa 节点进行调试。

PortHelper 调试工具除了基本的串口调试功能，还集成了串口监视器、USB 调试器、网络调试器、网络服务器、蓝牙调试器以及一些辅助的代码开发工具。此处使用的就是 PortHelper 工具的串口调试功能。PortHelper 串口调试界面如图 2.27 所示。

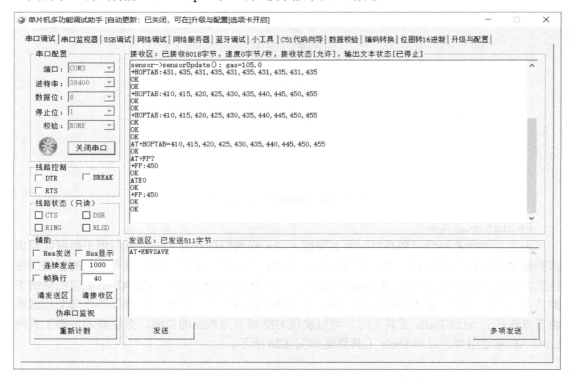

图 2.27　PortHelper 串口调试界面

LoRa 无线模组的 AT 指令如表 2.7 所示。

表 2.7　LoRa 无线模组的 AT 指令

AT 指令	指 令 含 义	指 令 操 作	操 作 反 馈
AT	连接反馈	AT	OK（连接成功）
ATE0	关闭回显	ATE0	OK（设置成功）
ATE1	打开回显	ATE1	OK（设置成功）
AT+FP	基频频率设置	AT+FP=X（X 设置范围为 410～525，参数代表频率）	OK（设置成功）
	基频频率查询	AT+FP?	+FP:420（频率 420） OK（查询成功）
AT+PV	无线功率设置	AT+PV=X（X 设置范围为 0～15）	OK，（设置成功）
	无线功率查询	AT+PV?	+PV:15（功率 15） OK（查询成功）

续表

AT 指令	指令含义	指令操作	操作反馈
AT+SF	扩频因子设置	AT+SF=X（X 设置范围为 6～12）	OK（设置成功）
	扩频因子查询	AT+SF？	+SF:8（扩频 8Bit） OK（查询成功）
AT+CR	编码率设置	AT+CR=X（X 设置范围为 1～4）	OK（设置成功）
	编码率查询	AT+CR？	+CR:1（比率 4/5） OK（查询成功）
AT+PS	前导码长度设置	AT+PS=X（X 设置范围为 4～512）	OK（设置成功）
	前导码长度查询	AT+PS？	+PS:15（长度 15） OK（查询成功）
AT+BW	扩频带宽设置	AT+BW=X，X（0～9）对应配置参数有 7.8、10.4、15.6、20.8、 31.25、41.7、62.5、125、250 和 500	OK（设置成功）
	扩频带宽查询	AT+BW？	+BW:5 OK
AT+ENVSAVE	保存设置	AT+ENVSAVE	OK（保存完成）
AT+SEND	发送数据	AT+SEND=X（X 为数据长度，>后面输入发送内容）	+DATASEND:10 10 个数据发送成功
+RECV:19,-51	接收的数据	19 为数据长度，-51 为信号强度，紧随其后的是接收的内容	—

6）LoRa 无线参数计算

通过对网络参数进行设置可以让 LoRa 网络通信达到最优，可以通过 LoRa 网络配置工具 LoRaUtility（见图 2.28）来进行网络参数设置。LoRa 数据速率 R_D 的计算公式为

$$R_D = S \times (W/2^S) \times C$$

式中，S 表示扩频因子；W 表示带宽；C 表示编码率。

图 2.28 LoRa 网络配置工具 LoRaUtility

2.2.3 开发实践：构建 LoRa 网络

1. 开发设计

为了方便开发人员加快开发速度，方便开发人员对程序调整测试，本书提供了 LoRa 调试工具，包括开发环境、网络调试等。

本项目的开发目标：使用 LoRa 网络组建智慧畜牧系统，通过各种开发工具进行程序开发、网络调试和系统运维。

本项目使用 xLab 未来开发平台中安装有 LoRa 无线模组的 LiteB 节点来模拟项目环境。本项目主要包括以下工具：

- IAR 集成开发环境：主要用于程序开发、调试。
- J-Flash ARM：主要用于程序的烧写固化。
- ZCloudTools：用于网络拓扑图分析、应用层数据包分析。
- xLabTools：用于网络参数的修改、节点数据包分析和模拟。
- LoRaUtility：LoRa 网络参数设置工具。
- PortHelper：串口调试助手。

2. 功能实现

1）IAR 集成开发环境

（1）安装 LoRa 无线模组，将节点的示例工程集成在协议栈目录内。

（2）通过 IAR 集成开发环境（见图 2.29）打开节点工程，可完成工程源码的分析、调试、运行和下载。

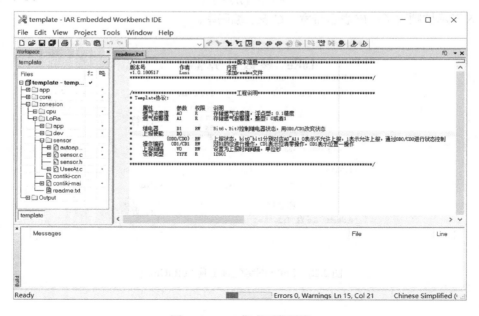

图 2.29　IAR 集成开发环境

（3）了解 LoRa 协议栈源码结构，通过 contiki-conf.h 文件修改 LoRa 网络参数。

2）J-Flash ARM

通过 J-Flash ARM 工具（见图 2.30）可以对节点程序进行固化烧写。

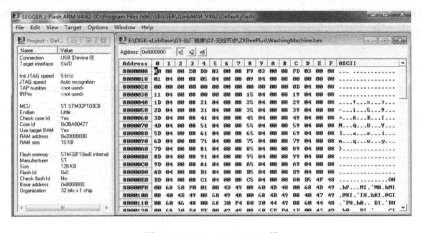

图 2.30　J-Flash ARM 工具

3）ZCloudTools

（1）ZCloudTools 可以完成 LoRa 网络拓扑图的监测。LoRa 网络的拓扑图如图 2.31 所示。

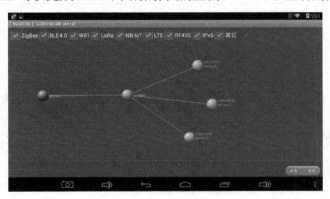

图 2.31　LoRa 网络的拓扑图

（2）ZCloudTools 可以完成节点应用层数据包的监测，节点的应用数据如图 2.32 所示。

图 2.32　节点的应用数据

4）xLabTools

xLabTools 工具（见图 2.33）可以读取和修改 LoRa 网络参数；可以读取节点收到的数据包，并解析数据包；可以通过连接的节点发送自定义的数据包到应用层。通过连接 LoRa AP，xLabTools 可以分析 LoRa AP 接收的数据，并可下行发送数据进行调试。

图 2.33　xLabTools 工具

3．开发验证

（1）通过 IAR 集成开发环境和 J-Flash ARM 工具可以完成节点程序的开发、调试、运行和下载。

（2）通过 xLabTools 工具（见图 2.34）和 ZCloudTools 工具（见图 2.35）可以完成节点数据的分析和调试。

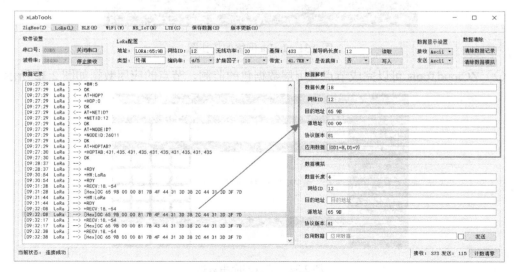

图 2.34　xLabTools 工具

图 2.35　ZCloudTools 工具

2.2.4　小结

本节先介绍了 STM32 微处理器特点、功能和基本工作原理，然后介绍了 LoRa 协议栈架构与相关参数，以及 LoRa 的开发与调试工具，最后通过开发实践，使用 LoRa 网络实现智慧畜牧系统，通过各种开发工具进行程序开发、网络调试和系统运维。

2.2.5　思考与拓展

（1）LoRa 的主流开发平台及芯片有哪些？
（2）LoRa 的常用开发环境和开发工具有哪些？怎么使用？
（3）如何利用 LoRa 的开发工具进行智慧畜牧系统的开发？
（4）通过串口工具调试 LiteB 节点（LoRa），掌握 AT 指令的使用。
（5）运行 xLabTools 工具抓取 LoRa AP 的数据，并理解其含义。
（6）LoRa 跳频的设置与应用。

2.3　LoRa 协议栈解析与应用开发

相较于其他无线传感器网络，LoRa 网络拥有更远的传输距离、更好的抗干扰能力以及可控的数据收发数据，同时 LoRa 节点的计算能力也可控。因此，LoRa 无线模组在无线传感器网络中拥有很大的使用优势，在智慧畜牧方面拥有广泛的应用。

为了方便 LoRa 无线模组的快速开发，本书开发了物联网协议栈，用户通过物联网协议栈可以快速地实现项目开发。因此学习协议栈的使用可以实现 LoRa 网络的快速开发。畜牧大棚如图 2.36 所示。

图 2.36　畜牧大棚

本节主要介绍 LoRa 协议栈开发，重点学习 SAPI 框架下 LoRa 组网、无线收发、数据处理等 API 的应用，最后通过构建 LoRa 智慧畜牧系统，完成 LoRa 协议栈和传感器应用接口的学习与开发实践。

2.3.1　学习与开发目标

（1）知识目标：LoRa 协议栈工作流程；LoRa 协议栈执行原理；LoRa 协议栈关键接口函数。

（2）技能目标：了解 LoRa 协议栈工作原理；掌握 LoRa 协议栈执行过程；掌握 LoRa 协议栈关键接口函数的使用。

（3）开发目标：构建 LoRa 智慧畜牧系统。

2.3.2　原理学习：Contiki 操作系统和 LoRa 协议栈

1．Contiki 操作系统

1）Contiki 的基本原理

Contiki 是一个开源的、高度可移植的多任务操作系统，适用于物联网嵌入式系统和无线传感器网络，由瑞典计算机科学学院的 Adam Dunkels 及其团队开发。Contiki 完全采用 C 语言开发，可移植性非常好，对硬件的要求极低，能够运行在多种类型的微处理器及计算机上。

Contiki 适用于存储器资源十分受限的嵌入式系统，是一种开源的操作系统，适用于 BSD 协议，即可以任意修改和发布，已经应用在许多项目中。Contiki 操作系统是基于事件驱动内核的操作系统，在此内核上，可以在运行时动态加载应用程序，非常灵活。在事件驱动内核的基础上，Contiki 使用一种名为 protothread 的轻量级进程模型来实现线性的、类似于进程的编程风格。该模型类似于 Linux 和 Windows 中进程的概念，多个进程共享同一个任务栈，从而可减少对 RAM 的占用。

Contiki 内部集成了两种类型的无线传感器网络协议栈：uIP 和 Rime。uIP 是一个小型的、符合 RFC 规范的 TCP/IP 协议栈，可以直接和 Internet 通信，uIP 包含了 IPv4 和 IPv6 两种协议栈，支持 TCP、UDP、ICMP 等协议；Rime 是一个为低功耗无线传感器网络设计的轻量级协议栈，该协议栈提供了大量的通信原语，能够实现从简单的一跳广播通信到复杂的可靠多跳通信功能。

LoRa 无线模组由 STM32 驱动，为了更好地处理无线收发和传感器任务，LoRa 协议栈运行在 Contiki 操作系统之上。

2）Contiki 任务逻辑

Contiki 具有两个主要机制：事件驱动和 protothread 机制，前者是为了降低功耗，后者是为了节省内存。

（1）事件驱动。嵌入式系统常常用于响应周围环境的变化，而这些变化可以看成一个个事件。事件来了，操作系统就处理之，没有事件到来，操作系统就处于休眠状态（降低功耗）。这就是所谓的事件驱动，类似于中断。

在 Contiki 操作系统中，事件被分为以下三种类型。

● 定时器事件（Timer Event）：进程可以设置一个定时器，在给定的时间内生成一个事件，进程一直阻塞直到定时器终止才继续执行。定时器事件对于周期性的操作很有帮助。

● 外部事件（External Event）：外围设备连接到具有中断功能的微处理器 IO 引脚，触发中断时可能生成事件。例如，最常见的按键中断就可以生成外部事件，这类事件发生后，相应的进程就会响应。

● 内部事件（Internal Event）：任何进程都可以为自身或其他进程指定事件，这类事件对进程间的通信很有帮助。例如，通知某一个进程数据已经准备好，可以进行处理。

对事件的操作被称为投递（Posted），当一个进程执行时，中断服务程序将投递一个事件给进程。事件具有如下信息。

● Process：进程被事件寻址时，可以是特定的进程或者所有注册的进程。

● Event Type：事件类型，开发者可以通过为进程定义一些事件类型来区分进程，例如，一个类型为收到数据包，另一个为发送数据包。

● Data：数据可以和事件一起提供给进程。

Contiki 操作系统的主要原理是：事件投递给进程，进程触发后开始执行直到阻塞，然后等待下一个事件。

（2）protothread 机制。传统的操作系统使用栈保存进程的上下文，每个进程需要一个栈，这对于内存极度受限的传感器设备而言是难以忍受的。protothread 机制解决了这个问题，通过保存进程被阻塞处的行数实现进程切换。当该进程下一次被调度时，通过 switch(__LINE__)跳转到刚才保存的位置，恢复执行。整个 Contiki 只用一个栈，当进程切换时清空，可大大节省内存。

在 Contiki 中，protothread 切换的实质是函数调用，通过 call_process()函数调用 protothread 函数的函数指针，来切换 protothread，即

```
ret = p->thread(&p->pt, ev, data);
```

这里的 p->thread 指向的就是定义 protothread 函数。由于此函数中的代码基本都在 PT_BEGIN 和 PT_END 之间（宏展开后是一个完整的 switch 语句），所以保存的状态就是在

本函数中运行的位置，通过"__LINE__"保存上一次运行的位置，当再次调用 protothread 函数时，就可以通过 switch 跳到上一次执行的位置继续执行。

3）Contiki 操作系统源代码结构分析

Contiki 是一个高度可移植的操作系统，其设计目的是为了获得良好的可移植性，因此源代码的组织很有特点。打开 Contiki 源文件目录，可以看到主要有 apps、core、cpu、doc、examples、platform、tools 等目录，如图 2.37 所示，下面将分别对各个目录进行介绍。

apps	2016/12/23 14:41	文件夹	
core	2016/12/23 14:41	文件夹	
cpu	2016/12/23 14:41	文件夹	
doc	2016/12/23 14:41	文件夹	
examples	2015/3/16 20:59	文件夹	
platform	2016/12/23 14:41	文件夹	
tools	2016/12/23 14:41	文件夹	
zonesion	2016/12/23 14:41	文件夹	
.gitignore	2013/7/10 23:24	GITIGNORE 文件	1 KB
Makefile.include	2013/6/19 22:32	INCLUDE 文件	8 KB
pax_global_header	2013/6/19 22:32	文件	1 KB
README	2013/6/19 22:32	文件	1 KB
README.md	2013/6/19 22:32	MD 文件	1 KB
README-BUILDING	2013/6/19 22:32	文件	5 KB
README-EXAMPLES	2013/6/19 22:32	文件	7 KB

图 2.37　Contiki 源文件目录

（1）core 目录：core 目录下存放的是 Contiki 的核心源代码，包括网络、文件系统、外部设备、链接库等，并且包含了时钟、I/O、ELF 装载器、网络驱动等的抽象。

（2）cpu 目录：cpu 目录下存放的是 Contiki 目前支持的微处理器，如 STM32W108、CC253X 等。

（3）platform 目录：platform 目录下存放的是 Contiki 支持的硬件平台，如 STM32F10X、CC2530DK 等。Contiki 的移植主要在这个目录下完成，该目录下的代码与相应的硬件平台相关。

（4）apps 目录：apps 目录下存放的是一些应用程序，如 telnet、shell、Webbrowser 等，在项目程序开发过程中可以直接使用。

（5）tools 目录：tools 目录下存放的是在开发过程中常用的一些工具，如与 CFS 相关的 makefsdata，与网络相关的 tunslip、cooja 和 mspsim 等。

为了获得良好的可移植性，除了 cpu 目录和 platform 目录中的源代码与硬件平台相关，其他目录中的源代码都尽可能与硬件无关。

4）Contiki 宏分析

下面介绍 Contiki 操作系统中进程的使用方法以及相关原理。在下面的源代码中定义了一个 blink_process 进程，blink_process 进程定义在工程根目录下的 blink.c 文件中，源代码如下：

```
static struct etimer et_blink;
static uint8_t blinks;
//定义 blink_process 进程
PROCESS(blink_process, "blink led process");
//将 blink_process 进程定义成自启动
```

```
AUTOSTART_PROCESSES(&blink_process);
PROCESS_THREAD(blink_process, ev, data)
{
    PROCESS_BEGIN();                                          //进程开始
    blinks = 0;
    while(1) {
        etimer_set(&et_blink, CLOCK_SECOND);                 //设置定时器 1 s
        PROCESS_WAIT_EVENT_UNTIL(ev == PROCESS_EVENT_TIMER);
        leds_off(LEDS_ALL);                                  //关灯
        leds_on(blinks & LEDS_ALL);                          //开灯
        blinks++;
        printf("Blink... (state %0.2X)\n\r", leds_get());
    }
    PROCESS_END();                                           //进程结束
}
```

下面对 blink_process 进程进行详细的解析：

（1）PROCESS 宏。PROCESS 宏通过声明一个函数来定义进程，该函数是进程的执行体，源代码展开如下：

```
PROCESS(blink_process, " blink led process ");
#define PROCESS(name, strname) PROCESS_THREAD(name, ev, data);
struct process name = { NULL, strname, process_thread_##name }
```

将宏展开为：

```
#define PROCESS((blink_process, " blink led process ")
PROCESS_THREAD(blink_process, ev, data);
struct process blink_process = { NULL, " blink led process ", process_thread_blink_process };
```

① PROCESS_THREAD 宏。PROCESS_THREAD 宏用于定义进程的执行主体，宏展开如下：

```
#define PROCESS_THREAD(name, ev, data) \
static PT_THREAD(process_thread_##name(struct pt *process_pt, process_event_t ev, process_data_t data))
```

可进一步展开为：

```
//PROCESS_THREAD(blink_process, ev, data);
static PT_THREAD(process_thread_blink_process(struct pt *process_pt, process_event_t ev, process_data_t data));
```

② PT_THREAD 宏。PT_THREAD 宏用于声明一个 protothread，即进程的执行主体，宏展开如下：

```
#define PT_THREAD(name_args) char name_args
```

展开之后：

```
//static PT_THREAD(process_thread_blink_process(struct pt *process_pt, process_event_t ev, process_data_t data));
```

```
static char process_thread_blink_process(struct pt *process_pt, process_event_t ev, process_data_t data);
```

上面的宏定义其实就是声明一个静态的函数 process_thread_blink_process，返回值是 char 类型。

③ 定义一个进程。PROCESS 宏展开的第二句定义一个进程 blink_process，源代码如下：

```
struct process blink_process = { NULL, " blink led process ", process_thread_blink_process };
```

结构体 process 定义如下：

```
struct process
{
    struct process *next;
    const char *name;    //此处略作简化，源代码包含了预编译#if,可以通过配置使得进程名称可有可无
    PT_THREAD((* thread)(struct pt *, process_event_t, process_data_t));
    struct pt pt;
    unsigned char state, needspoll;
};
```

进程 blink_process 的 lc、state、needspoll 都默认置为 0。

（2）AUTOSTART_PROCESSES 宏。AUTOSTART_PROCESSES 宏实际上是定义一个指针数组，是存放 Contiki 操作系统运行时需自动启动的进程，宏展开如下：

```
//AUTOSTART_PROCESSES(&blink_process);
#define AUTOSTART_PROCESSES(...) \ struct process * const autostart_processes[] = { __VA_ARGS__, NULL}
```

这里用到 C99 支持可变参数宏的特性，如#define debug(…) printf(__VA_ARGS__)，省略号代表一个可以变化的参数表，在宏展开时，实际的参数就传递给 printf() 了。例如，"debug("Y = %d\n", y);" 被替换成 "printf("Y = %d\n", y);"，"AUTOSTART_PROCESSES(&blink_process);" 实际上被替换成：

```
struct process * const autostart_processes[] = {&blink_process, NULL};
```

这样就知道如何让多个进程自启动了，可以直接在宏 AUTOSTART_PROCESSES()加入需自启动的进程地址，例如，让 hello_process 和 world_process 这两个进程自启动，源代码如下：

```
AUTOSTART_PROCESSES(&hello_process，&world_process);
```

最后一个进程指针设成 NULL，这是一种编程技巧，设置一个"哨兵"（提高算法效率的一个手段），以提高遍历整个数组的效率。

（3）PROCESS_THREAD 宏。将

```
PROCESS(blink_process, "Blink led process");
```

展开成两句，其中有一句也是

```
PROCESS_THREAD(blink_process, ev, data) ;
```

这里要注意到分号，表示这是一个函数声明。而 PROCESS_THREAD(blink_process, ev, data) 没有分号，而是紧跟着{}，则表示这是函数的实现。关于 PROCESS_THREAD 宏的分析，最后展开如下：

```
static char process_thread_blink_process(struct pt *process_pt, process_event_t ev, process_data_t data);
```

注意：在阅读 Contiki 源代码时，当手动展开宏后，要特别注意分号。

PROCESS_BEGIN 宏展开如下：

```
#define PROCESS_BEGIN() PT_BEGIN(process_pt)
```

process_pt 是 struct pt*类型，是在函数头传递过来的参数，可直接理解成 lc，用于保存当前被中断的位置，以便下次恢复执行。继续展开：

```
#define PT_BEGIN(pt) { char PT_YIELD_FLAG = 1; LC_RESUME((pt)->lc)
#define LC_RESUME(s) switch(s) { case 0:
```

把参数替换，结果如下：

```
{
    char PT_YIELD_FLAG = 1;              //将 PT_YIELD_FLAG 置 1，类似于关中断
    switch(process_pt->lc)               //程序根据 lc 的值进行跳转，lc 用于保存程序断点
    {
        case 0:                          //第一次执行从这里开始，可以放一些初始化的内容
            ;
```

PROCESS_BEGIN 宏展开并不是完整的语句，通过看完下面的 PROCESS_END 宏定义就知道 Contiki 是怎么设计的。

（4）PROCESS_END 宏。PROCESS_END 宏一步步展开如下：

```
#define PROCESS_END() PT_END(process_pt)
#define PT_END(pt) LC_END((pt)->lc); PT_YIELD_FLAG = 0; \ PT_INIT(pt); return PT_ENDED; }
#define LC_END(s) }
#define PT_INIT(pt) LC_INIT((pt)->lc)
#define LC_INIT(s) s = 0;
#define PT_ENDED 3
```

得到 PROCESS_END 宏代码结构如下：

```
    }
    PT_YIELD_FLAG = 0;
    (process_pt)->pt = 0;
    return 3;
}
```

综合来看就很容易理解 PROCESS_BEGIN 宏和 PROCESS_END 宏的作用。

（5）宏展开和总结。

① 宏全部展开。根据上述的分析，该实例全部展开的源代码如下：

```
static char process_thread_blink_process(struct pt *process_pt, process_event_t ev, process_data_t data);
struct process blink_process = { ((void *)0), "Blink led process", process_thread_blink_process };
```

```
struct process * const autostart_processes[] = {&blink_process, ((void *)0)};

char process_thread_blink_process(struct pt *process_pt, process_event_t ev, process_data_t data)
{
    char PT_YIELD_FLAG = 1;
    switch((process_pt)->lc)
    {
        case 0:
        blinks = 0;
        while(1) {
            etimer_set(&et_blink, CLOCK_SECOND);        //设置定时器  1s
            PROCESS_WAIT_EVENT_UNTIL(ev == PROCESS_EVENT_TIMER);
            leds_off(LEDS_ALL);                         //关灯
            leds_on(blinks & LEDS_ALL);                 //开灯
            blinks++;
            printf("Blink... (state %0.2X)\n\r", leds_get());
        }
    };
    PT_YIELD_FLAG = 0;
    (process_pt)->lc = 0;
    return 3;
}
```

② 宏总结。本例用到的宏总结如下，以后就直接把宏当成 API 使用了。

PROCESS(name, strname)

声明进程 name 的主体函数 process_thread_##name（进程的 thread 函数指针所指向的函数），并定义一个进程 name。

定义一个进程指针数组 autostart_processes，例如：

AUTOSTART_PROCESSES(...)

进程 name 的定义或声明，取决于宏后面是 ";" 还是 "{}"，例如：

PROCESS_THREAD(name, ev, data)

进程的主体函数开始标志如下：

PROCESS_BEGIN()

进程的主体函数结束标志的语句如下（进程的主体函数在这里结束）：

PROCESS_END()

③ 编程模型。本实例定义一个进程的模型（以 Hello World 为例），在实际编程过程中，只需要将 "printf("Hello World!\n\r");" 换成需要实现的代码即可。

```
//假设进程名称为 Hello World
PROCESS(blink_process, "Hello world"); //PROCESS(name, strname)
AUTOSTART_PROCESSES(&blink_process); //AUTOSTART_PROCESS(...)
```

```
PROCESS_THREAD(blink_process, ev, data) //PROCESS_THREAD(name, ev, data)
{
    PROCESS_BEGIN();
    /***这里填入执行代码***/
    PROCESS_END();
}
```

注意： 声明变量最好不要放在 PROCESS_BEGIN 之前，因为进程再次被调度时，总是从头开始执行的，直到 PROCESS_BEGIN 宏中的 switch 判断才跳转到断点 case __LINE__。也就是说，进程被调度时总会执行 PROCESS_BEGIN 之前的代码。

5）Contiki 用户进程

Contiki 的用户进程建立较为简单，此处以 3 个用户任务为例对 Contiki 的用户进程进行讲解。用户进程的建立有三个步骤，分别是定义用户进程、在进程列表中添加进程信息、编写进程实体。

（1）定义用户进程。

定义 Hello World 进程：

```
PROCESS(hello, "hello");
```

定义 LED 闪烁进程：

```
PROCESS(hello, "blink");
```

定义 LCD 显示进程：

```
PROCESS(hello, "lcd");
```

上述的进程定义中 PROCESS 宏完成两个功能：声明一个函数，该函数是进程的执行体，即进程的 thread 函数指针所指的函数；定义一个进程。

（2）在进程列表中添加进程信息。

```
struct process * const autostart_processes[] = {
    &blink,
    &hello,
    &lcd,
    NULL
};
autostart_start(autostart_processes);
```

上述源代码是将需要让系统执行的用户进程添加到启动进程中，此处的"&hello"是将系统的进程执行指针指向 hello 进程的执行函数地址。

（3）编写进程实体。编写 hello_world_process 进程、blink_process 进程以及 lcd_process 进程的执行体。

```
//Hello World 进程
#include <contiki.h>
#include "stdio.h"
/***********************************Hello World 进程***********************************/
```

```
PROCESS(hello, "hello");                              //定义 hello 进程
char result[20];
static struct etimer hello_timer;                     //定义进程定时事件
extern char process_status;
//hello 进程主体
PROCESS_THREAD(hello, ev, data)
{
    PROCESS_BEGIN();                                  //进程启动
    while(1){                                         //进程循环体
        printf("HelloWorld!\r\n");                    //进程打印信息
        etimer_set(&hello_timer, CLOCK_SECOND);       //定时执行进程的设置
        process_status = 2;
        PROCESS_YIELD();                              //进程跳转
    }
    PROCESS_END();                                    //进程结束
}
//LED 灯闪烁进程
#include <contiki.h>
#include <stdio.h>
#include "led.h"
PROCESS(blink, "blink");                              //定义 blink 进程

static struct etimer led_timer;                       //定义进程定时事件
char led_status = 0;
extern char process_status;
//blink 进程主体
PROCESS_THREAD(blink, ev, data)
{
    PROCESS_BEGIN();                                  //进程启动
    led_init(); //LED 初始化
    while(1){
        turn_on(led_status);                          //LED 开
        turn_off(~led_status);                        //LED 关
        led_status++;
        etimer_set(&led_timer, CLOCK_SECOND/2);       //定时执行进程的设置
        process_status = 1;
        PROCESS_YIELD();                              //进程间跳转
    }
    PROCESS_END();                                    //结束进程
}
//LCD 显示进程
char process_status = 0;
PROCESS(lcd, "lcd");                                  //定义 LCD 进程

//LCD 进程主体
PROCESS_THREAD(lcd, ev, data)
{
```

```
static struct etimer lcd_timer;                              //定义进程定时事件

PROCESS_BEGIN();                                             //进程开始
lcd_show(MULTI_THREAD);                                      //LCD 显示进程信息
while (1) {
    if(process_status == 1)
    LCDDrawFnt16(18, 189, "led thread ", 0x0000, 0xffff);
    else if(process_status == 2)
    LCDDrawFnt16(18, 189, "hello thread", 0x0000, 0xffff);
    led_status_show(led_status);
    etimer_set(&lcd_timer, CLOCK_SECOND/100);                //定时执行进程的设置
    PROCESS_YIELD();                                         //进程间跳转
}
PROCESS_END();                                               //进程结束
}
```

上述源代码中用户的进程内容都是在 PROCESS_THREAD 函数下进行的,该函数通过第一个参数对进程进行区分,后面两个参数则分别是该进程执行时的触发的事件和事件传递的参数。

进程的启动是从 PROCESS_BEGIN()开始,到 PROCESS_END()结束的。通常要维持进程的持续执行,就需要在进程段中使用 while 循环体阻止进程结束。

进程间的跳转是通过 etimer_set()函数和 PROCESS_TIELD()函数完成的。etimer_set()函数的功能是定时跳转,定时时长为该函数下的第二个参数(CLOCK_SECOND),该参数可以由用户设置,默认值为 1 s。ROCESS_TIELD()函数的功能是实现进程跳转,进程的跳入和跳出均从这个函数开始。

6)Contiki 定时器

Contiki 提供了一组 timer 库,除了用于 Contiki 本身,也可以用于应用程序。timer 库包含一些实用功能,例如检查一个时间周期是否过去了、在预定时间将系统从低功耗模式唤醒,以及实时任务的调度。定时器也可在应用程序中使用,使系统与其他任务协调工作,或使系统在恢复运行前的一段时间内进入低功耗模式。

Contiki 任务的定时切换是由定时器来完成的,因此下面简要介绍 Contiki 的定时器。

(1)定时器简介。Contiki 包含一个时钟模型和 5 个定时器模型(timer、stimer、ctimer、etimer、rtimer)。

● timer、stimer:提供了最简单的时钟操作,即检查时钟周期是否已经结束。应用程序需要从 timer 中读出状态,判断时钟是否过期。这两种时钟器最大的不同在于,tmiers 使用的是系统时钟的滴答(Tick),而 stimers 使用的是秒,也就是说 stimers 的一个时钟周期要长一些。和其他的定时器不同,这两个定时器能够在中断中安全使用,可以用在底层的驱动代码上。

● ctimer:回调定时器,用于驱动某一个回调函数。

● etimer:事件定时器,用于驱动某一个事件。

● rtimer:实时时钟定时器。

（2）etimer 结构体。etimer 用于产生时钟事件，可以将 etimer 理解成 Contiki 特殊的一种事件。当 etimer 到期时，会给相应的进程传递事件 PROCESS_EVENT_TIMER，从而启动该进程。

timer 仅包含起始时刻和间隔时间，所以 timer 只记录到期时间。通过比较到期时间和新的当前时钟，可以判断该定时器是不是到期。etimer 结构体的源代码如下：

```
struct etimer
{
    struct timer timer;                    //timer 结构体
    struct etimer *next;                   //指向下一个 etimer
    struct process *p;                     //系统进程指针
};
//timer 定义
struct timer
{
    clock_time_t start;                    //起始时间
    clock_time_t interval;                 //时间间隔
};
typedef unsigned int clock_time_t;
```

（3）timerlist。全局静态变量 timerlist 指向系统第一个 etimer，timerlist 数据结构如图 2.38 所示。

```
static struct etimer *timerlist;
```

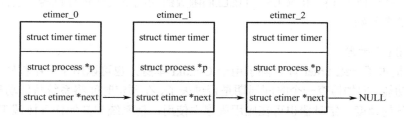

图 2.38　timelist 数据结构

（4）定时器的产生及处理。通过 add_timer 函数可以将 etimer 加入 timerlist，etimer 的处理由系统进程 etimer_process 负责。

（5）定时器编程示例。etimer 提供时间事件，当 etimer 时间到期时，会给相应的进程传递 PROCEE_EVENT_TIMER 事件，从而使该进程运行。

```
struct etimer {
    struct timer timer; //timer 包含起始时刻和间隔时间，故此 timer 只记录到期时间，通过比较到到期
时间和新的当前时钟，从而判断是否到期
    struct etimer *next;
    struct process *p;
};
```

Contiki 有一个全局静态变量 timerlist，用于保存 etimer，是 etimer 链，从第一个 etimer 开始，到最后的 NULL。

若要定义一个 clock_test 进程，只需要在 clock_test 的执行体中实现定时器的操作即可。下面的源代码用于 clock_test_process 进程的定义：

```
PROCESS(clock_test_process, "Clock test process");
```

将 clock_test 进程设置成自启动：

```
AUTOSTART_PROCESSES(&clock_test_process);
```

在 PROCESS_BEGIN() 与 PROCESS_END() 之间编写实现定时器操作的源代码：

```
PROCESS_BEGIN();
etimer_set(&et, 2 * CLOCK_SECOND);
PROCESS_YIELD();
printf("Clock tick and etimer test, 1 sec (%u clock ticks):\n\r", CLOCK_SECOND);
i = 0;
while(i < 10) {
    etimer_set(&et, CLOCK_SECOND);
    PROCESS_WAIT_EVENT_UNTIL(etimer_expired(&et));
    etimer_reset(&et);
    count = clock_time();
    printf("%u ticks\n\r", count);
    leds_toggle(LEDS_RED);
    i++;
}
printf("Clock seconds test (5s):\n\r");
i = 0;
while(i < 10) {
    etimer_set(&et, 5 * CLOCK_SECOND);
    PROCESS_WAIT_EVENT_UNTIL(etimer_expired(&et));
    etimer_reset(&et);
    sec = clock_seconds();
    printf("%lu seconds\n\r", sec);
    leds_toggle(LEDS_GREEN);
    i++;
}
printf("Done!\n\r");
PROCESS_END();
```

2. LoRa 协议栈示例工程目录以及关键接口函数分析

1）LoRa 协议栈示例工程目录

LoRa 无线协议运行在 Contiki 操作系统上，主要实现了一套私有的点对点 LoRa 无线数据处理协议。协议栈示例工程为 template，实现了 LoRa 节点基本的功能，如图 2.39 所示。

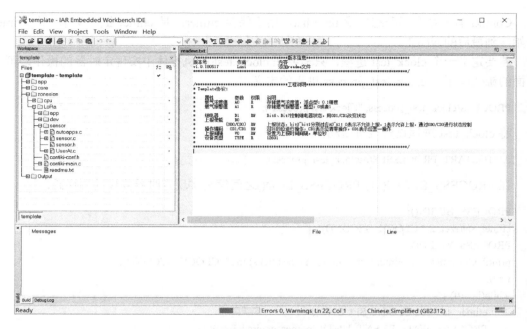

图 2.39　协议栈示例工程 template

LoRa 协议栈示例工程主要包含三个文件夹，其目录如图 2.40 所示。

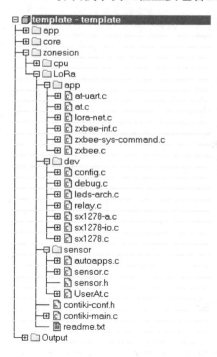

LoRa	
├── app	LoRa 无线应用层 API
│　├── at-uart.c	调试串口初始化
│　├── at.c	提供给串口调试的 AT 交互协议
│　├── lora-net.c	LoRa 无线数据收发 API 接口
│　├── zxbee-sys-command.c	处理下行的用户指令
│　└── zxbee.c	无线数据包封包、解包
├── dev	LoRa 射频驱动及部分硬件驱动
│　├── sx1278-a.c	LoRa 无线协议进程
│　├── sx1278-io.c	LoRa SPI 总线驱动
│　└── sx1278.c	LoRa 无线射频驱动
├── sensor	LoRa 节点传感器驱动
│　├── autoapps.c	Contiki 操作系统进程列表
│　└── sensor.c	传感器进程、驱动及应用
├── contiki-conf.h	LoRa 网络参数配置
└── contiki-main.c	Contiki 操作系统入口

图 2.40　LoRa 协议栈示例工程目录

2）LoRa 协议栈关键接口函数解析

LoRa 协议栈运行在 Contiki 操作系统之上，在操作系统启动后会运行 LoRa 协议栈，并执行 LoRa 射频初始化、LoRa 网络参数初始化、循环监听无线收发数据响应。LoRa 协议栈的主要程序文件如表 2.8 所示。

表 2.8　LoRa 协议栈的主要程序文件

函 数 名 称	函 数 说 明
sx1278-a.c	启动 LoRa 无线协议进程，完成网络参数的初始化，循环监听无线收发数据响应
sx1278-io.c	SX1278 LoRa 射频模块 SPI 总线读写驱动
sx1278.c	SX1278 LoRa 射频模块驱动
lora-net()	LoRa 协议栈初始化，无线数据收发 API 接口

（1）启动 LoRa 无线协议进程（sx1278-a.c）。

```
PROCESS(sx1278, "sx1278");
static process_event_t evt_sx1278;
sx1278_config_t    sx1278Config = {
    .pv = LoRa_PV,                              //发射功率
    .ps = LoRa_PS,                              //前导码长度
    .fp = LoRa_FP,                              //基频
    .sf = LoRa_SF,                              //扩频因子为6～12
    .cr = LoRa_CR,                              //编码率为1～4
    .bw = LoRa_BW,                              //带宽为0～9
    .hop = LoRa_HOP,                            //跳频开关：0，1
    .hop_tab = LoRa_HOPTAB,                     //跳频表
    #if WITH_xLab
    .id = LoRa_NET_ID,                          //应用组 ID 为 0x01～0xFE
    #endif
};
static char recv_buf[256];
static int recv_length = 0;
static char send_buf[256];
static volatile    int send_length = 0;
void LoraOnMessage(char *buf, int len);
extern void clock_delay_ms(unsigned int ms);
/***************************************************************************
* 名称：PROCESS_THREAD()
* 功能：Hello World 进程定义
***************************************************************************/
void sx1278Callback(SX1278_EVT_T evt)
{
    if (evt == CADTimeout){
        process_post(&sx1278, evt_sx1278, (process_data_t)evt);
    } else
    if (evt == CADDone){//begin rx
```

```
                    leds_on(2);
                    process_post(&sx1278, evt_sx1278, (process_data_t)evt);
            } else
            if (evt == RxTimeout) {
                    leds_off(2);
                    process_post(&sx1278, evt_sx1278, (process_data_t)evt);
            } else
            if (evt == RxDone) {
                    leds_off(2);
                    int rlen = sx1278RecvLength();
                    if (rlen > 0) {
                            char *buf = sx1278RecvBuf();
                            memcpy(recv_buf, buf, rlen);
                            recv_length = rlen;
                    } else {
                            recv_length = 0;
                    }
                    process_post(&sx1278, evt_sx1278, (process_data_t)evt);
            } else
            if (evt == TxDone) {
                    leds_off(2);
                    process_post(&sx1278, evt_sx1278, (process_data_t)evt);
            }
    }
    int LoraSendPackage(char *buf, int len)
    {
            if (send_length != 0) {
                    debug("Error: radio busy, send fail!\r\n");
                    return -1;
            }
            send_length = len;
            memcpy(send_buf, buf, len);
            return len;
    }
    static char update_flag = 0;

    void LoraSetFP(int fp)
    {
            sx1278Config.fp = fp;
            update_flag |= 1;
    }
    void LoraSetPS(int ps)
    {
            sx1278Config.ps = ps;
            update_flag |= 2;
    }
    void LoraSetPV(int pv)
```

```c
{
    sx1278Config.pv = pv;
    update_flag |= 4;
}
void LoraSetBW(int bw)
{
    sx1278Config.bw = bw;
    update_flag |= 8;
}
void LoraSetSF(int sf)
{
    sx1278Config.sf = sf;
    update_flag |= 0x10;
}
void LoraSetCR(int cr)
{
    sx1278Config.cr = cr;
    update_flag |= 0x20;
}
void LoraSetHOP(int hop)
{
    sx1278Config.hop = hop;
    update_flag |= 0x40;
}
void LoraSetHOPTAB(int *tab)
{
    memcpy((char *)sx1278Config.hop_tab, (char *)tab, HOP_TAB_SIZE*sizeof(int));
    update_flag |= 0x80;
}
#if WITH_xLab
void LoraSetID(int id)
{
    sx1278Config.id = id;
}
int LoraGetID(void)
{
    return sx1278Config.id;
}
#endif

PROCESS_THREAD(sx1278, ev, data)
{
    static struct etimer et;

    PROCESS_BEGIN();
    evt_sx1278 = process_alloc_event();
    sx1278_IO_Init();                    //SX1278 硬件 IO 初始化
```

```
sx1278_reset();                              //SX1278 射频复位
clock_delay_ms(100);
sx1278Init();                                //SX1278 硬件初始化
config_init();                               //读取网络参数

//更新 LoRa 网络参数
sx1278SetFP(sx1278Config.fp);
sx1278SetPS(sx1278Config.ps);
sx1278SetPV(sx1278Config.pv);
sx1278SetBW(sx1278Config.bw);
sx1278SetSF(sx1278Config.sf);
sx1278SetCR(sx1278Config.cr);
sx1278HopSet(sx1278Config.hop);
sx1278HopTabSet(sx1278Config.hop_tab);
sx1278SetEvtCall(sx1278Callback);

SX1276CheckCAD();                            //启动 LoRa CAD 无线数据监听
etimer_set(&et, CLOCK_SECOND/10);            //启动 100 ms 定时器，循环监听 LoRa CAD 无线数据
while (1) {
    PROCESS_WAIT_EVENT();
    if (ev == evt_sx1278) {
    SX1278_EVT_T evt = (SX1278_EVT_T) data;
    if (evt == CADDone) {
        //remove timer
        etimer_stop(&et);
        continue;
    }else
    if (evt == CADTimeout) {                 //LoRa 无线空闲
        if (send_length > 0) {               //监听到有需要发送的数据
        //remove timer
        etimer_stop(&et);
        leds_on(2);
        sx1278SendPacket((unsigned char*)send_buf, send_length);    //处理需要发送的无线数据包
        debug("Lora <<< [%u]", send_length);
        for (int i=0;     i<send_length; i++) {
            debug(" %02X", send_buf[i]);
        }
        debug("\r\n");
        send_length = 0;
        continue;
        }
    } else
    if (evt == RxTimeout) {
        debug("LoRa: rx timeout!\r\n");
    } else
    if (evt == RxDone) {                      //发送完成后，启动 LoRa 无线监听
        if (recv_length > 0) {
```

```
                debug("Lora >>> [%u]", recv_length);
                for (int i=0; i<recv_length; i++) {
                        debug(" %02X", recv_buf[i]);
                }

                debug("\r\n");
                //int rssi = sx1278Rssi();
                LoraOnMessage(recv_buf, recv_length);                //处理收到的无线数据包
        }
} else
if (evt == TxDone) {
        leds_off(2);
}
        //接收到串口发送过来的修改网络参数指令
        if (update_flag != 0) {
                if (update_flag & 0x01) {
                        sx1278SetFP(sx1278Config.fp);
                        update_flag &= ~0x01;
                }
                if (update_flag & 0x02) {
                        sx1278SetPS(sx1278Config.ps);
                        update_flag &= ~0x02;
                }
                if (update_flag & 0x04) {
                        sx1278SetPV(sx1278Config.pv);
                        update_flag &= ~0x04;
                }
                if (update_flag & 0x08) {
                        sx1278SetBW(sx1278Config.bw);
                        update_flag &= ~0x08;
                }
                if (update_flag & 0x10) {
                        sx1278SetSF(sx1278Config.sf);
                        update_flag &= ~0x10;
                }
                if (update_flag & 0x20) {
                        sx1278SetCR(sx1278Config.cr);
                        update_flag &= ~0x20;
                }
                if (update_flag & 0x40) {
                        sx1278HopSet(sx1278Config.hop);
                        update_flag &= ~0x40;
                }
                if (update_flag & 0x80) {
                        sx1278HopTabSet(sx1278Config.hop_tab);
                        update_flag &= ~0x80;
                }
        }
```

```
                SX1276CheckCAD();              //启动 100 ms 定时器，循环监听 LoRa CAD 无线数据包
                etimer_set(&et, CLOCK_SECOND/10);
            }
            if (ev == PROCESS_EVENT_TIMER) {
                if (et.p != NULL) {
                    SX1276CheckCAD();
                    etimer_set(&et, CLOCK_SECOND/10);
                }
            }
        }
    }
    PROCESS_END();
}
```

（2）LoRa 射频模块 SPI 总线读写驱动（sx1278-io.c）。

```
void sx1278_reset()
{
    //GPIO_ResetBits(GPIOA, GPIO_Pin_11);
    //clock_delay_ms(10);
    //GPIO_SetBits(GPIOA, GPIO_Pin_11);
    //clock_delay_ms(10);
}
void sx1278_cs(int s)
{
    if (s) {
        GPIO_SetBits(GPIOB, GPIO_Pin_12);
    }else {
        GPIO_ResetBits(GPIOB, GPIO_Pin_12);
    }
}
int sx1278RegRead(int reg)
{
    int r;

    sx1278_cs(0);
    SPI2_ReadWriteByte(reg&0x7f);
    r = SPI2_ReadWriteByte(0xff);
    sx1278_cs(1);

    return r;
}
void sx1278RegWrite(int reg, int val)
{
    sx1278_cs(0);
    SPI2_ReadWriteByte(reg | 0x80);
    SPI2_ReadWriteByte(val&0xff);
    sx1278_cs(1);
```

```
}
void sx1278BufWrite(char *buf, int len)
{
    for (int i=0; i<len; i++) {
        SPI2_ReadWriteByte(buf[i]);
    }
}
int sx1278BufRead(char *buf, int len)
{
    char r;
    for (int i=0; i<len; i++) {
        r = SPI2_ReadWriteByte(0xff);
        buf[i] = r;
    }
    return len;
}
void sx1278_IO_Init(void)
{
    ……
}
……
```

（3）LoRa 射频模块驱动（sx1278.c），主要完成寄存器的操作。

```
/*******************************************************************************/
void SX1276LoRaSetSpreadingFactor(unsigned char factor) {
    unsigned char RECVER_DAT;
    SX1276LoRaSetNbTrigPeaks(3);
    RECVER_DAT = SX1276ReadBuffer( REG_LR_MODEMCONFIG2);
    RECVER_DAT = (RECVER_DAT & RFLR_MODEMCONFIG2_SF_MASK) | (factor << 4);
    SX1276WriteBuffer( REG_LR_MODEMCONFIG2, RECVER_DAT);
}
void SX1276LoRaSetErrorCoding(unsigned char value) {
    unsigned char RECVER_DAT;
    RECVER_DAT = SX1276ReadBuffer( REG_LR_MODEMCONFIG1);
    RECVER_DAT = (RECVER_DAT & RFLR_MODEMCONFIG1_CODINGRATE_MASK) | (value << 1);
    SX1276WriteBuffer( REG_LR_MODEMCONFIG1, RECVER_DAT);
}
void SX1276LoRaSetPreambleLength(unsigned short value) {
    SX1276WriteBuffer( REG_LR_PREAMBLEMSB, value>>8);
    SX1276WriteBuffer( REG_LR_PREAMBLELSB, value);
}
void SX1276LoRaSetPacketCrcOn(int enable) {
    unsigned char RECVER_DAT;
    RECVER_DAT = SX1276ReadBuffer( REG_LR_MODEMCONFIG2);
    RECVER_DAT = (RECVER_DAT & RFLR_MODEMCONFIG2_RXPAYLOADCRC_MASK) |
```

```
(enable << 2);
        SX1276WriteBuffer( REG_LR_MODEMCONFIG2, RECVER_DAT);
    }
    void SX1276LoRaSetSignalBandwidth(unsigned char bw) {
        unsigned char RECVER_DAT;
        RECVER_DAT = SX1276ReadBuffer( REG_LR_MODEMCONFIG1);
        RECVER_DAT = (RECVER_DAT & RFLR_MODEMCONFIG1_BW_MASK) | (bw << 4);
        SX1276WriteBuffer( REG_LR_MODEMCONFIG1, RECVER_DAT);
        //LoRaSettings.SignalBw = bw;
    }
    static void SX1276LoRaSetImplicitHeaderOn(int enable) {
        unsigned char RECVER_DAT;
        RECVER_DAT = SX1276ReadBuffer( REG_LR_MODEMCONFIG1);
        RECVER_DAT = (RECVER_DAT & RFLR_MODEMCONFIG1_IMPLICITHEADER_MASK) |
(enable);
        SX1276WriteBuffer( REG_LR_MODEMCONFIG1, RECVER_DAT);
    }
    static void SX1276LoRaSetSymbTimeout(unsigned int value) {
        unsigned char RECVER_DAT[2];
        RECVER_DAT[0] = SX1276ReadBuffer( REG_LR_MODEMCONFIG2);
        RECVER_DAT[1] = SX1276ReadBuffer( REG_LR_SYMBTIMEOUTLSB);
        RECVER_DAT[0] = (RECVER_DAT[0] & RFLR_MODEMCONFIG2_SYMBTIMEOUTMSB_MASK)
                    | ((value >> 8) & ~RFLR_MODEMCONFIG2_SYMBTIMEOUTMSB_MASK);
        RECVER_DAT[1] = value & 0xFF;
        SX1276WriteBuffer( REG_LR_MODEMCONFIG2, RECVER_DAT[0]);
        SX1276WriteBuffer( REG_LR_SYMBTIMEOUTLSB, RECVER_DAT[1]);
    }
    void sx1278SendPacket(unsigned char *pkt,unsigned char len) {
        char bufreg = 0x80;
        SX1276LoRaSetOpMode(Stdby_mode);
        SX1276WriteBuffer( REG_LR_PAYLOADLENGTH, len);              //最大数据包
        SX1276WriteBuffer( REG_LR_FIFOTXBASEADDR, 0);
        SX1276WriteBuffer( REG_LR_FIFOADDRPTR, 0);
        sx1278_cs(0);
        sx1278BufWrite(&bufreg, 1);
        sx1278BufWrite((char*)pkt, len);
        sx1278_cs(1);
        SX1276WriteBuffer(REG_LR_DIOMAPPING1, 0x50);
        SX1276WriteBuffer(REG_LR_DIOMAPPING2, 0x00);
        SX1276LoRaSetOpMode(Transmitter_mode);
    }
    void sx1278HopSet(int f)
    {
        hop = f;
        if (f == 0) {
            SX1276WriteBuffer( REG_LR_HOPPERIOD, 0);               //不跳频
        } else {
```

```c
            SX1276WriteBuffer( REG_LR_HOPPERIOD, 30);
            hop_idx = 0;
        }
}
void sx1278HopTabSet(int *tab)
{
    memcpy(&hop_tab, tab, sizeof hop_tab);
}
void sx1278SetFP(int f)
{
    __fp = f;
    SX1276LoRaSetRFFrequency(f);
}

void SX1276CheckCAD(void)
{
    SX1276LoRaSetOpMode(Stdby_mode);
    SX1276WriteBuffer(REG_LR_IRQFLAGS, 0xff);                //清 IRQ
    SX1276WriteBuffer( REG_LR_DIOMAPPING1, 0X02<<6);    //检测 CAD（Channel Activity Detection）
    SX1276WriteBuffer( REG_LR_DIOMAPPING2, 0X00);

    SX1276LoRaSetOpMode(CAD_mode);
}

void sx1278Init(void)
{
    SX1276LoRaSetOpMode(Sleep_mode);                    //设置睡眠模式 0x01
    SX1276LoRaFsk(LORA_mode);                           //设置扩频模式，只能在睡眠模式下修改
    SX1276LoRaSetOpMode(Stdby_mode);                    //设置为待机模式
    SX1276LoRaSetRFFrequency(__fp);                     //基频频率
    SX1276LoRaSetRFPower(15);                           //发射功率
    SX1276LoRaSetSpreadingFactor(12);   //扩频因子设置 6:64,7:128,8:256,9:512,10:1024,11:2048,12:4096
    SX1276LoRaSetErrorCoding(1);                        //有效数据比 1:4/5、2:4/6、3:4/7、4:4/8
    SX1276LoRaSetPreambleLength(15);                    //前导长度加上 4.25 个符号
    SX1276LoRaSetSignalBandwidth(9);                    //设置扩频带宽
    SX1276LoRaSetImplicitHeaderOn(0);                   //同步头显性模式
    SX1276LoRaSetSymbTimeout(50);                       //超时阈值
    SX1276LoRaSetMobileNode(1);                         //低数据优化，DE = 1
    SX1276LoRaSetPacketCrcOn(1);                        //CRC 校验打开
    SX1276WriteBuffer( REG_LR_HOPPERIOD, 0);            //不跳频
    SX1276WriteBuffer(REG_LR_IRQFLAGSMASK, 0);
}
void sx1278SetEvtCall(void (*callback)(SX1278_EVT_T evt))
{
    evt_callback = callback;
}
```

```
void sx1278Irq(void)
{
    int RF_EX0_STATUS = SX1276ReadBuffer( REG_LR_IRQFLAGS);
    SX1276WriteBuffer( REG_LR_IRQFLAGS, 0xff);          //清 IRQ
    if (hop && (RF_EX0_STATUS & 0x02)) {                //跳频模式下的频率切换
        SX1276LoRaSetRFFrequency(hop_tab[hop_idx++]);
        if (hop_idx == HOP_TAB_SIZE) {
            hop_idx = 0;
        }
    }
    if ((RF_EX0_STATUS & 0x04)) {
        //处理 CAD 信息
        hop_idx = 0;
        if (RF_EX0_STATUS & 0x01) {
            SX1276WriteBuffer( REG_LR_DIOMAPPING1, 0x00); //dio0 rx done dio1 rx timeout
            SX1276LoRaSetOpMode(receive_single);
            if (evt_callback != NULL) {
                evt_callback(CADDone);
            }
        } else {
            SX1276LoRaSetOpMode(Stdby_mode);
            if (evt_callback != NULL) {
                evt_callback(CADTimeout);
            }
        }
    }
    if ((RF_EX0_STATUS & 0x80)) {
        //lora_debug("Lora rx timeout!\r\n");
        SX1276LoRaSetOpMode(Stdby_mode);
        if (hop!=0) {
            SX1276LoRaSetRFFrequency(__fp);
        }
        if (evt_callback != NULL) {
            evt_callback(RxTimeout);
        }
    }
    if (RF_EX0_STATUS & 0x40) { //rx done
        int rlen;
        char r = 0x00;
        SX1276WriteBuffer(REG_LR_FIFOADDRPTR, 0x00);
        rlen = SX1276ReadBuffer(REG_LR_NBRXBYTES);
        sx1278_cs(0);
        sx1278BufWrite(&r, 1);
        sx1278BufRead(recv_buf, rlen);
        sx1278_cs(1);
        if (RF_EX0_STATUS & 0x20){
            rlen = 0;
```

```
            }
            lora_rssi = -137 + SX1276ReadBuffer(REG_LR_PKTRSSIVALUE);
            if (rlen > 0) {
            }
            recv_len = rlen;
            SX1276LoRaSetOpMode(Stdby_mode);
            if (hop != 0) {
                SX1276LoRaSetRFFrequency(__fp);
            }
            if (evt_callback != NULL) {
            evt_callback(RxDone);
        }
        recv_len = 0;
        }
        if ((RF_EX0_STATUS &0x08)) { //tx done
            SX1276LoRaSetOpMode(Stdby_mode);
            if (hop != 0) {
                SX1276LoRaSetRFFrequency(__fp);
            }
            if (evt_callback != NULL) {
                evt_callback(TxDone);
            }
        }
    }
}
```

（4）LoRa 协议栈初始化，无线数据收发 API（lora-net.c）。

```
/************************************************************************
* 名称：LoraNetInit
* 功能：LoRa 网络初始化
************************************************************************/
void LoraNetInit(void)
{
    /* Enable CRC clock */
    RCC_AHBPeriphClockCmd(RCC_AHBPeriph_CRC, ENABLE);
    NAddr = CRC_CalcBlockCRC(UUID, 3);
    #if defined(WITH_xLab_AP) && !defined(LORA_Serial)
    NAddr = 0;
    #endif
    srand(NAddr);
}
/************************************************************************
* 名称：LoraNetId
* 功能：获取 LoRa 网络编号
************************************************************************/
unsigned short LoraNetId(void)
{
```

```
        return NAddr;
}
/*****************************************************************************
 * 名称：LoraNetSend
 * 功能：LoRa 发送函数
 * 参数：da—目的地址；buf—待发送数据；len—发送数据长度
 *****************************************************************************/
int LoraNetSend(unsigned short da, char *buf, int len)
{
        int r;
        static char sbuf[256];
        if (len >(255-6)){
                return -1;
        }
        sbuf[0] = LoraGetID();
        sbuf[1] = da >> 8;
        sbuf[2] = da & 0xff;
        sbuf[3] = NAddr >> 8;
        sbuf[4] = NAddr & 0xff;
        sbuf[5] = APP_PROTOCOL_VER;
        memcpy(sbuf+6, buf, len);
        r = LoraSendPackage(sbuf, len+6);
        if (r < 0) return -2;
        return r;
}
/*****************************************************************************
 * 名称：LoraOnMessage
 * 功能：LoRa 处理接收到数据的函数
 * 参数：buf—接收到的数据；len—接收到的数据长度
 *****************************************************************************/
void LoraOnMessage(char *buf, int len)
{
        #if WITH_xLab
        unsigned short addr;

        if (((unsigned char)buf[0]) != LoraGetID()) {
                return;
        }
        addr = buf[1]<<8 | buf[2];
        if (addr != NAddr && addr != 0xffff){
                return;
        }
        addr = buf[3]<<8 | buf[4];
        if (buf[5] == APP_PROTOCOL_VER) {
                #if defined(LORA_Serial)
                buf+=6;
                len-=6;
```

```
        #endif
        at_notify_data(buf, len);
        if (_on_data_fun != NULL) {
            _on_data_fun(buf+6, len-6);
        }
    }
    #else
    at_notify_data(buf, len);
    #endif //#if WITH_xLab
}
/*******************************************************************************
* 名称：LoraNetSetOnRecv
* 功能：设置接收到数据处理回调函数
********************************************************************************/
void LoraNetSetOnRecv(void (*_fun)(char *pkg, int len))
{
    _on_data_fun = _fun;
}
```

3. LoRa 传感器应用程序接口分析

1）LoRa 智云框架

智云框架是在应用程序接口和协议栈接口的基础上搭建起来的，通过合理调用这些接口函数，可以使 LoRa 项目的开发形成一套系统的开发逻辑。具体应用程序接口函数在 sensor.c 文件中实现，如表 2.9 所示。

表 2.9　传感器应用程序接口函数

函 数 名 称	函 数 说 明
sensorInit()	传感器初始化
sensorUpdate()	传感器数据定时上报
sensorControl()	传感器控制函数
sensorCheck()	传感器报警监测及处理函数
ZXBeeInfRecv()	解析接收到的传感器控制指令函数
PROCESS_THREAD(sensor, ev, data)	传感器进程（处理传感器上报、传感器报警监测）

2）LoRa 智云传感器应用程序解析

智云框架下 LoRa 节点示例程序基于 Contiki 操作系统开发，传感器应用程序执行流程如图 2.41 所示。

以工程 LoRaApiTest 为例，智云框架为 LoRa 协议栈上层应用提供了分层的软件设计结构，将传感器的私有操作部分封装到 sensor.c 文件中，用户任务中的处理事件和节点类型选择则在 sensor.h 文件中进行设置。sensor.h 文件中事件宏定义如下：

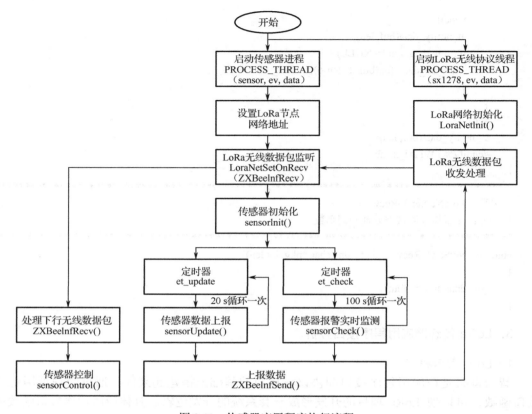

图 2.41　传感器应用程序执行流程

```
/************************************************************************
* 文件：sensor.h
*************************************************************************/
#define NODE_NAME "601"
extern void sensorInit(void);
extern void sensorLinkOn(void);
extern void sensorUpdate(void);
extern void sensorCheck(void);
extern void sensorControl(uint8_t cmd);
#endif
```

sensor.h 文件中声明了智云框架下 sensor.c 中的函数。通过传感器进程可以启动传感器任务及定时器任务，相关源代码如下：

```
/************************************************************************
* 名称：sensor()
* 功能：传感器进程
*************************************************************************/
PROCESS_THREAD(sensor, ev, data)
{
    static struct etimer et_update;
    PROCESS_BEGIN();
```

```
        LoraNetInit();
        LoraNetSetOnRecv(ZXBeeInfRecv);
        sensorInit();
        etimer_set(&et_update, CLOCK_SECOND*10);
        while (1) {
            PROCESS_WAIT_EVENT_UNTIL(ev == PROCESS_EVENT_TIMER);
            if (etimer_expired(&et_update)) {
                printf("sensor->PROCESS_EVENT_TIMER: PROCESS_EVENT_TIMER trigger!\r\n");
                sensorUpdate();
                etimer_set(&et_update, CLOCK_SECOND*10);
            }
        }
        PROCESS_END();
}
```

sensorInit()函数用于传感器初始化，相关源代码如下：

```
/******************************************************************************
* 名称：sensorInit()
* 功能：传感器初始化
******************************************************************************/
void sensorInit(void)
{
        printf("sensor->sensorInit(): Sensor init!\r\n");
        //气体传感器初始化
        //继电器初始化
        relay_init();
}
```

sensorUpdate()函数用于传感器数据的更新和数据的打包上报，相关源代码如下：

```
/******************************************************************************
* 名称：sensorUpdate()
* 功能：处理主动上报的数据
******************************************************************************/
void sensorUpdate(void)
{
        char pData[32];
        char *p = pData;
        //气体采集（100～110 之间的随机数）
        gas = 100 + (uint16_t)(rand()%10);
        //更新气体的采集值并上报
        sprintf(p, "gas=%.1f", gas);
        if (pData != NULL) {
            ZXBeeInfSend(p, strlen(p));                        //上传数据到智云平台
        }
        printf("sensor->sensorUpdate(): gas=%.1f\r\n", gas);
}
```

ZXBeeInfRecv()函数用于节点接收到有效数据的处理，相关源代码如下：

```
/*********************************************************************************
* 名称：ZXBeeInfRecv()
* 功能：节点收到无线数据包
* 参数：*pkg—收到的无线数据包
*********************************************************************************/
void ZXBeeInfRecv(char *buf, int len)
{
    uint8_t val;
    char pData[16];
    char *p = pData;
    char *ptag = NULL;
    char *pval = NULL;
    printf("sensor->ZXBeeInfRecv(): Receive LoRa Data!\r\n");
    ptag = buf;
    p = strchr(buf, '=');
    if (p != NULL) {
        *p++ = 0;
        pval = p;
    }
    val = atoi(pval);
    //控制指令解析
    if (0 == strcmp("cmd", ptag)){              //对 D0 的位进行操作，CD0 表示位清 0 操作
        sensorControl(val);
    }
}
```

sensorControl()函数用于控制传感器，相关源代码如下：

```
/*********************************************************************************
* 名称：sensorControl()
* 功能：控制传感器
* 参数：cmd—控制指令
*********************************************************************************/
void sensorControl(uint8_t cmd)
{
    //根据 cmd 参数处理对应的控制程序
    if(cmd == 0){
        printf("sensor->sensorControl(): Fan OFF\r\n");
        relay_control(cmd);
    }
    else if(cmd == 1){
        printf("sensor->sensorControl(): Fan ON\r\n");
        relay_control(cmd);
    }
}
```

通过对 sensor.c 文件中的具体函数可快速地完成 LoRa 项目的开发。

2.3.3 开发实践：构建 LoRa 智慧畜牧系统

1. 开发设计

项目开发目标：通过 LoRa 智慧畜牧系统了解 LoRa 协议栈的工作原理和关键接口函数，学习和掌握 LoRa 协议栈的使用，从而实现快速的 LoRa 网络开发。

为了充分使用 LoRa 协议栈的接口函数，LoRa 智慧畜牧系统的 LoRa 节点使用了两种传感器，一种为气体传感器，另一种为排气扇（通过继电器模拟），其中气体传感器可以采集气体的浓度，排风扇可进行通风控制。

LoRa 智慧畜牧系统的设计可分为两个部分，分别为硬件功能设计和软件逻辑设计。

1）硬件功能设计

根据前面的分析可知，LoRa 智慧畜牧系统使用两种传感器，其中气体传感器用于采集气体的浓度，由于本节重点讲解 LoRa 协议栈及其接口函数的使用，因此气体浓度数据是通过 LoRa 节点中 STM32 内部的随机数发生器产生的，而排风扇作为受控设备可以对畜牧通风状态进行调节。LoRa 智慧畜牧系统的硬件框架如图 2.42 所示。

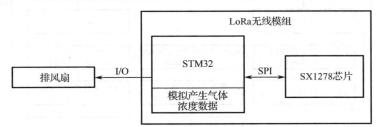

图 2.42 LoRa 智慧畜牧系统的硬件框架

由图 2.42 可知，气体传感器使用 STM32 内部的随机数发生器产生模拟数据，而排风扇（继电器）使用 I/O 进行控制。排风扇的硬件连接如图 2.43 所示。

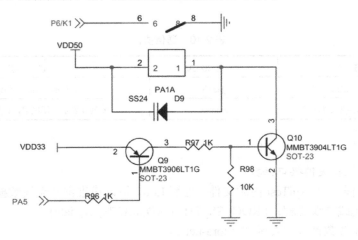

图 2.43 排风扇的硬件连接

排风扇由 STM32 的 PA5 引脚控制,根据电路分析,低电平时打开排风扇,高电平时关闭排风扇。

2)软件逻辑设计

软件逻辑设计应符合 LoRa 协议栈的执行流程。当 LoRa 协议栈启动后,会执行两个进程:LoRa 无线协议进程和传感器进程。LoRa 无线协议进程完成 LoRa 射频的初始化、网络参数的配置、LoRa 无线数据收发的监听。传感器进程在完成传感器的初始化之后,启动定时器任务进行传感器的循环上报及传感器的报警,同时监听节点接收到的数据包,如果接收数据为排风扇控制指令,那么执行排风扇控制操作。

LoRa 节点工程 LoRaApiTest 是基于 LoRa 协议栈开发的。软件逻辑设计如图 2.44 所示。

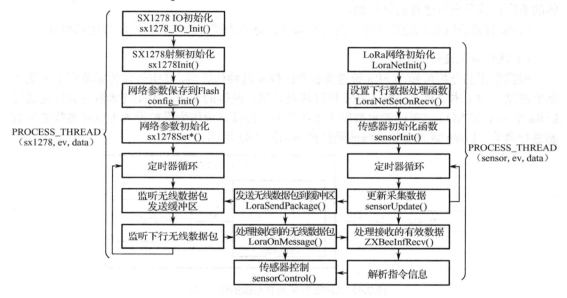

图 2.44　软件逻辑设计

为了实现 LoRa 节点数据的远程与本地识别,需要设计一套约定的通信协议,如表 2.10 所示。

表 2.10　通信协议

数 据 方 向	协 议 格 式	说　　明
上行(节点往应用层发送数据)	gas=X	X 表示采集的气体浓度值
下行(应用层往节点发送指令)	cmd=X	X 为 0 表示关闭风扇,1 表示开启风扇

2. 功能实现

1)LoRa 协议栈关键接口函数

理解节点工程 LoRaApiTest 内源文件,理解 LoRa 协议栈进程及无线数据包的收发函数。

(1)LoRa 无线协议进程:PROCESS_THREAD(sx1278, ev, data)。

(2)LoRa 无线数据包收发函数(lora-net.c)。

接收到下行无线数据包并处理，源代码如下：

```c
/*************************************************************************
* 名称：LoraOnMessage
* 功能：LoRa 接收到无线数据包的处理函数
* 参数：buf—接收到的数据；len—接收到的数据长度
*************************************************************************/
void LoraOnMessage(char *buf, int len)
{
    unsigned short addr;

    if (((unsigned char)buf[0]) != LoraGetID()) {
        return;
    }
    addr = buf[1]<<8 | buf[2];
    if (addr != NAddr && addr != 0xffff ){
        return;
    }
    addr = buf[3]<<8 | buf[4];
    if (buf[5] == APP_PROTOCOL_VER) {
        at_notify_data(buf, len);
        if ( _on_data_fun != NULL) {
            _on_data_fun(buf+6, len-6);
        }
    }
}
```

上行发送无线数据包并处理，源代码如下：

```c
/*************************************************************************
* 名称：LoraNetSend
* 功能：LoRa 发送无线数据函数
* 参数：da—目的地址；buf—待发送数据；len—发送数据长度
*************************************************************************/
int LoraNetSend(unsigned short da, char *buf, int len)
{
    int r;
    static char sbuf[256];
    if (len >(255-6)){
        return -1;
    }
    sbuf[0] = LoraGetID();
    sbuf[1] = da >> 8;
    sbuf[2] = da & 0xff;
    sbuf[3] = NAddr >> 8;
    sbuf[4] = NAddr & 0xff;
    sbuf[5] = APP_PROTOCOL_VER;
    memcpy(sbuf+6, buf, len);
```

```
    r = LoraSendPackage(sbuf, len+6);
    if (r < 0) return -2;
    return r;
}
```

2）LoRa 传感器应用程序关键接口函数

理解 LoRa 节点工程 LoRaApiTest 内源码文件 sensor.c，理解传感器应用程序的设计。

（1）传感器进程：PROCESS_THREAD(sensor, ev, data)。

（2）传感器初始化：sensorInit()。

（3）传感器入网成功后调用：sensorLinkOn()。

（4）传感器主动上报传感器数据：sensorUpdate()。

（5）处理收到的无线数据包：ZXBeeInfRecv(char *pkg, int len)。

（6）处理收到的无线控制指令：sensorControl()。

3）LoRa AP 工程数据处理过程

LoRa AP 工程主要实现 LoRa 数据的汇集，以及与上位机通信两个功能。

（1）LoRa AP 的地址设置是在 lora-net.c 文件实现的。

```
void LoraNetInit(void)
{
    /* Enable CRC clock */
    RCC_AHBPeriphClockCmd(RCC_AHBPeriph_CRC, ENABLE);
    NAddr = CRC_CalcBlockCRC(UUID, 3);
    #if defined(WITH_xLab_AP) && !defined(LORA_Serial)
    NAddr = 0;           //设置 LoRa AP 的地址为 0
    #endif
    srand(NAddr);
}
```

（2）接收到上行 LoRa 无线数据包：在 LoRa 无线协议进程中监听上行的无线数据包
（sx1278-a.c）。

```
PROCESS_THREAD(sx1278, ev, data)
{
    static struct etimer et;
    PROCESS_BEGIN();
    ……
    while (1) {
        PROCESS_WAIT_EVENT();
        ……
        if (evt == RxDone) {
            if (recv_length > 0) {
                debug("Lora >>> [%u]", recv_length);
                for (int i=0; i<recv_length; i++) {
                    debug(" %02X", recv_buf[i]);
                }
                debug("\r\n");
```

```
            }
            //int rssi = sx1278Rssi();
            LoraOnMessage(recv_buf, recv_length);      //处理接收到的上行无线数据包
        }
        ......
    }
    PROCESS_END();
}
/*********************************************************************
* 名称：LoraOnMessage
* 功能：LoRa 接收到数据处理函数
* 参数：buf—接收到的数据；len—接收到的数据长度
*********************************************************************/
void LoraOnMessage(char *buf, int len)
{
    #if WITH_xLab
    unsigned short addr;
    if (((unsigned char)buf[0]) != LoraGetID()) {
        return;
    }
    addr = buf[1]<<8 | buf[2];
    if (addr != NAddr && addr != 0xffff ){
        return;
    }
    addr = buf[3]<<8 | buf[4];
    if (buf[5] == APP_PROTOCOL_VER) {
        #if defined(LORA_Serial)
        buf+=6;
        len-=6;
        #endif
        at_notify_data(buf, len);
        if (_on_data_fun != NULL) {
            _on_data_fun(buf+6, len-6);
        }
    }
    #else
    at_notify_data(buf, len);
    #endif //#if WITH_xLab
}
```

首先判断无线数据包内容是否正确，然后将正确的无线数据包通过串口发送给上位机
（lora-net.c）。

```
/*********************************************************************
* 名称：LoraOnMessage
* 功能：LoRa 接收到数据处理函数
* 参数：buf—接收到的数据；len—接收到的数据长度
```

```
**********************************************************************************/
void LoraOnMessage(char *buf, int len)
{
    unsigned short addr;

    if (((unsigned char)buf[0]) != LoraGetID()) {
        return;
    }
    addr = buf[1]<<8 | buf[2];
    if (addr != NAddr && addr != 0xffff ) {
        return;
    }
    addr = buf[3]<<8 | buf[4];
    if (buf[5] == APP_PROTOCOL_VER) {
        at_notify_data(buf, len);        //将数据通过串口发送给上位机
    }
}
/*********************************************************************************
* 名称：at_notify_data
* 功能：从智云服务器接收数据并输出到 at 接口，在 zhiyun.c 中被调用
* 参数：buf—接收到的 ZXBee 数据；len—数据长度
*********************************************************************************/
void at_notify_data(char *buf, int len)
{
    char buff[32];
    sprintf(buff, "+RECV:%d,%d\r\n", len, sx1278Rssi());
    at_response(buff);
    at_response_buf(buf, len);
}
/*********************************************************************************
* 名称：at_response
* 功能：at 接口发送一段字符串
* 参数：s—待发送字符串
*********************************************************************************/
void at_response(char *s)
{
    at_response_buf(s, strlen(s));
}
/*********************************************************************************
* 名称：at_response_buf
* 功能：at 接口发送一段数据
* 参数：s—待发送数据地址；len—待发送数据长度
*********************************************************************************/
void at_response_buf(char *s, int len)
{
    for (int i=0; i<len; i++) {
        at_uart_write(s[i]);
    }
}
```

（3）处理上位机发过来的下行数据：在 LoRa AP 串口进程中监听上位机的数据包（at.c），并通过 LoRa 网络发送出去。

```
/***********************************************************************
* 名称：at
* 功能：AT 指令处理进程
***********************************************************************/
PROCESS_THREAD(at, ev, data)
{
    sx1278_config_t *pcfg = &sx1278Config;
    char buf[64];

    PROCESS_BEGIN();
    event_at = process_alloc_event();
    ATCommandInit();

    while (1) {
        PROCESS_WAIT_EVENT();
        if (ev == event_at) {
            char *p_msg = (char *)data;
            if (at_recvdata != 0) { //got data
                int r = LoraSendPackage(p_msg, at_recvdata);      //将串口收到的数据通过 LoRa 网
络发送出去
            }
            ……
        }
    }
    PROCESS_END();
}
int LoraSendPackage(char *buf, int len)
{
    if (send_length != 0) {
        debug("Error: radio busy, send fail!\r\n");
        return -1;
    }
    send_length = len;
    memcpy(send_buf, buf, len);
    return len;
}
```

（4）LoRa AP 与上位机交互的数据通信协议如表 2.11 所示。

表 2.11　LoRa AP 与上位机交互的数据通信协议

数据帧	网络 ID	目的地址	源地址	协议版本	数　据
	NET_ID	D_ADDR	S_ADDR	81	DATA
长度/B	1	2	2	1	N
示例	0C	00 00	65 9B	81	7B 41 30 3D 3F 7D

3．开发验证

（1）运行节点工程 LoRaApiTest，通过 IAR 集成开发环境进行程序的开发、调试，理解 LoRa 协议栈中函数的调用关系。LoRaApiTest 工程调试如图 2.45 所示。

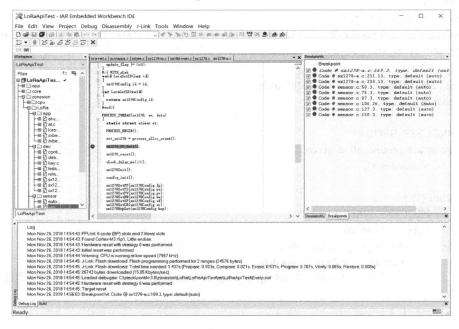

图 2.45　节点工程 LoRaApiTest 的调试

（2）根据程序设定，LiteB-LR 节点每隔 20 s 会上传一次气体数据到应用层（气体数据是通过 STM32 内部的随机数发生器模拟产生的），同时通过 ZCloudTools 工具发送排风扇控制指令（cmd=1 表示开启排风扇，cmd=0 表示关闭排风扇），可以对 LiteB-LR 节点排风扇（由继电器模拟）进行开关控制。通过 xLabTools 工具和 ZCloudTools 工具可以完成节点数据的分析和调试，如图 2.46 和图 2.47 所示。

图 2.46　xLabTools 调试

图 2.47   ZCloudTools 调试

2.3.4   小结

本节先介绍了 Contiki 操作系统的基本原理、LoRa 协议栈的执行流程，然后介绍了 protothread 机制、关键函数的解析，介绍了智云框架、程序解析，最后构建了智慧畜牧系统。

2.3.5   思考与拓展

（1）简述 LoRa 协议栈的执行流程。
（2）LoRa 协议栈的进程任务是如何处理的？
（3）理解 LoRa AP 和节点程序运行过程，并跟踪调试数据包。
（4）通过串口工具调试 LoRa 节点，掌握 AT 指令。
（5）深入理解 LoRa 无线协议，理解协议栈的运行机制。
（6）分析 LoRa AP 工程，理解其运行机制。
（7）采用无线汇聚节点（SinkNodeLR）作为 AP 并接入计算机，运行 xLabTools 工具抓取 AP 数据，并分析数据的含义。

2.4   LoRa 气体采集系统开发与实现

在传统的室内畜牧业养殖中，清洁室内的动物排泄物是保证室内空气质量的重要环节，如果排泄物得不到有效的清理，随着时间的推移不仅会滋生病菌，还会产生沼气，当沼气达到一定浓度时就有可能发生爆炸。因此在智慧畜牧系统中需要加入气体采集系统，从而保证室内的空气质量。畜牧养殖如图 2.48 所示。

图 2.48　畜牧养殖

本节首先介绍 LoRa 采集类应场景、采集类通信协议、采集类程序的开发，然后构建 LoRa 气体采集系统。

2.4.1　学习与开发目标

（1）知识目标：LoRa 数据发送场景；LoRa 数据发送机制；LoRa 数据发送接口。

（2）技能目标：掌握 LoRa 数据发送应用场景、LoRa 数据发送接口的使用、LoRa 协议栈设计。

（3）开发目标：构建 LoRa 气体采集系统。

2.4.2　原理学习：LoRa 采集类程序

1. LoRa 采集类程序逻辑分析和通信协议设计

1）LoRa 采集类程序逻辑分析

LoRa 网络功能之一是能够实现远程的数据传输，通过 LoRa 节点将采集的数据通过星状网络汇总到远程服务器，并为数据分析和处理提供数据支持。

LoRa 的远程数据采集在森林植被监测、油田油井工作状态监测、环境数据采集、灾区地质变化监测、空气质量采集等领域有着广泛应用。如何利用 LoRa 网络实现远程传感器数据采集程序的设计呢？下面将对远程传感器数据采集程序的逻辑进行分析。

采集类传感器在物联网应用场景中主要用于数据的定时上报，数据采集程序流程如图 2.49 所示。

（1）LoRa 节点能够完成数据的采集和上报，并可根据设定的参数循环进行数据的上报更新。在实际的应用场景中，结合应用需求和节点的供电能耗，往往会设定一个比较适合的上报时间间隔，比如在畜牧养殖中对室内温度的监测可以每 15 min 更新一次数据。传感器数据采集操作得越频繁，节点的耗电量就越大。如果在一个网络中，多个环境数据采集节点频繁地发送数据，会对网络的数据通信造成压力，严重时会造成网络阻塞、丢包等后果。因此节点定时上报需要注意两点，即定时上报的时间间隔和发送的数据量。

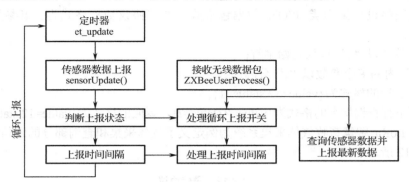

图 2.49　数据采集程序流程

（2）LoRa 节点可根据需求关闭传感器的数据上报，以节约能耗。例如，在农业大棚中同时采集 CO_2、温度、湿度、光强、土壤水分、土壤 pH 值等信息，在夜晚时可以关闭空气质量传感器的上报。

（3）能够远程设定数据的更新时间，这种功能通常用于物联网自动调节的应用场景。例如，当燃气浓度信息监测系统工作在自动模式时，如果燃气浓度超出阈值，那么系统将会令换气系统进行换气操作。通过加快监测信息的更新可以让环境的变化信息更快地反映给管理者，以提供决策依据。

（4）节点接收到查询指令后会立刻响应并反馈实时数据，这种操作通常出现在人为场景。例如，在慧能畜牧系统中，当管理员需要实时了解室内的可燃气体浓度信息时，就需要发出数据更新指令以获取实时数据，如果这时数据采集节点不能及时响应数据采集操作，那么管理员就无法得到实时数据信息，可能会对监测节点的调试操作造成影响，从而造成经济损失。所以在节点接收到查询指令后要立即响应并反馈实时数据是采集类节点的必要功能。

2）LoRa 采集类通信协议设计

在一个完整的物联网综合系统中，数据贯穿了感知层、网络层、服务层和应用层，数据在这四层之间层层传递，因此需要设计一种合适的通信协议来完成数据的封装与通信。

感知层用于产生有效数据，网络层在对有效数据进行解析后发送给服务器或云平台，服务器需要对有效数据进行分解、分析、存储和调用，应用层需要从服务器或云平台获取经过分析的、有用的节点数据。在整个过程中，要使数据能够在每一层被正确识别，就需要设计一套完整的通信协议。

通信协议是指通信双方实体完成通信或服务所必须遵循的规则和约定。通过通信信道和设备连接起来的多个不同地理位置的数据通信系统，要使其能够协同工作实现信息交换和资源共享，就必须具有共同的"语言"，交流什么、如何交流及何时交流，必须遵循某种互相都能接受的规则，这个规则就是通信协议。

采集类节点要将采集到的数据进行打包上报，并能够让远程的设备识别，或者远程设备向采集类节点发送信息能够被采集类节点响应，就需要定义一套通信协议，这套协议对于采集类节点和远程设备都是约定好的。在这样一套协议下才能够建立和实现采集类节点与远程设备之间的数据交互。根据前面所讲的内容，采集类节点分为三种逻辑场景，分别为发送、查询、设置。这里暂不考虑对节点信息的配置。

采集类程序设计采用类 JSON 数据包格式，通信协议数据格式为：{[参数]=[值],[参数]=[值]…}。

● 每条数据以"{"作为起始字符；
● "{}"内的多个参数以","分隔；
● 数据上行的格式为{value=12,status=1}；
● 数据下行查询指令的格式为{value=?,status=?}，返回的格式为{value=12,status=1}；

本节以 LoRa 智慧畜牧气体采集系统为例定义了气体采集和查询部分的通信协议。通信协议如表 2.12 所示。

表 2.12　通信协议

数 据 方 向	协 议 格 式	说　明
上行（节点往应用层发送数据）	{sensorValue=X}	X 表示采集的传感器数据
下行（应用层往节点发送指令）	{sensorValue=?}	查询传感器值，返回{sensorValue =X}，X 表示采集的传感器数据

2. LoRa 采集类程序接口分析

1）LoRa 传感器应用程序接口

传感器应用程序是在 sensor.c 文件中实现的，采集类程序接口包括传感器初始化（sensorInit()）、传感器数据上报（sensorUpdate()）、处理下行的用户指令（ZXBeeUserProcess()）、传感器进程（PROCESS_THREAD(sensor, ev, data)）。传感器应用程序接口函数如表 2.13 所示。

表 2.13　传感器应用程序接口函数

函 数 名 称	函 数 说 明
sensorInit()	硬件设备初始化
sensorUpdate()	上传传感器实时数据
ZXBeeUserProcess()	解析接收到的下行控制指令
PROCESS_THREAD(sensor, ev, data)	传感器进程

远程传感器数据采集功能依附于无线传感器网络，在无线传感器网络建立完成后，才能进行传感器的初始化。传感器初始化完成后需要初始化系统用户应用的系统任务，此后每次执行任务都会采集一次传感器数据，并将传感器数据填入设计好的通信协议中，等待数据通过无线传感器网络发送至 LoRa AP，最终数据通过服务器和互联网被用户所使用。为了保证数据的实时更新，还需要设置传感器数据采集任务的执行时长，如每分钟传一次数据等。

远程传感器数据采集程序逻辑流程如图 2.50 所示。

2）LoRa 无线数据包收发函数

无线数据包的收发处理是在 zxbee-inf.c 文件中实现的，包括 LoRa 无线数据的收/发处理函数，如表 2.14 所示。

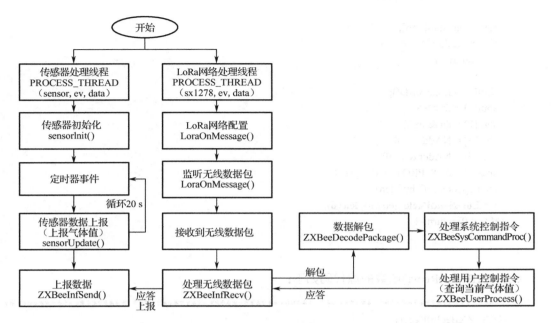

图 2.50 远程传感器数据采集程序逻辑流程

表 2.14 无线数据包收/发函数

函 数 名 称	函 数 说 明
ZXBeeInfSend()	节点发送无线数据包给汇聚节点
ZXBeeInfRecv()	处理节点收到无线数据包

（1）ZXBeeInfSend()函数的源代码如下：

```
/**************************************************************************
* 名称：ZXBeeInfSend
* 功能：ZXBee 底层发送接口
* 参数：p—ZXBee 格式数据；len—数据长度
**************************************************************************/
void    ZXBeeInfSend(char *p, int len)
{
    LoraNetSend(0, p, len);
}
```

其中的 LoraNetSend()函数（lora-net.c）如下：

```
/**************************************************************************
* 名称：LoraNetSend
* 功能：LoRa 接口发送函数
* 参数：da—目的地址；*buf—待发送数据；*len—发送数据长度
**************************************************************************/
int LoraNetSend(unsigned short da, char *buf, int len)
{
    int r;
```

```
static char sbuf[256];
if (len >(255-6)){
    return -1;
}
sbuf[0] = LoraGetID();
sbuf[1] = da >> 8;
sbuf[2] = da & 0xff;
sbuf[3] = NAddr >> 8;
sbuf[4] = NAddr & 0xff;
sbuf[5] = APP_PROTOCOL_VER;
memcpy(sbuf+6, buf, len);
r = LoraSendPackage(sbuf, len+6);
if (r < 0) return -2;
return r;
}
```

（2）ZXBeeInfRecv()函数的源代码如下：

```
/********************************************************************************
* 名称：ZXBeeInfRecv()
* 功能：节点收到无线数据包
* 参数：*pkg—收到的无线数据包
********************************************************************************/
void ZXBeeInfRecv(char *pkg, int len)
{
    char *p = ZXBeeDecodePackage(pkg, len);      //对接收到的无线数据包进行解析，并返回应答的数据包

    if (p != NULL) {
        ZXBeeInfSend(p, strlen(p));              //将返回的应答数据包发送给汇聚节点
    }
}
```

3）LoRa 无线数据包解析函数

针对特定的通信协议，需要对无线数据进行封包和解包操作，无线数据的封包函数和解包函数在 zxbee.c 文件中实现，封包函数为 ZXBeeBegin()、ZXBeeAdd(char* tag, char* val)、ZXBeeEnd(void)，解包函数为 ZXBeeDecodePackage(char *pkg, int len)，如表 2.15 所示。

表 2.15　无线数据包解析函数

函 数 名 称	函 数 说 明
ZXBeeBegin()	增加 ZXBee 通信协议的帧头 "{"
ZXBeeEnd()	增加 ZXBee 通信协议的帧尾 "}"，并返回封包后的指针
ZXBeeAdd()	在 ZXBee 通信协议的无线数据包中添加数据
ZXBeeDecodePackage()	对接收到的无线数据包进行解包

（1）ZXBeeBegin()函数的源代码如下：

```
/********************************************************************************
* 名称：ZXBeeBegin()
```

```
* 功能：ZXBee 通信协议的帧头"{"
*****************************************************************************/
int8 ZXBeeBegin(void)
{
    wbuf[0] = '{';                              //添加帧头"{"
    wbuf[1] = '\0';
    return 1;
}
```

（2）ZXBeeEnd()函数的源代码如下：

```
/*****************************************************************************
* 名称：ZXBeeEnd()
* 功能：为 ZXBee 通信协议的无线数据包添加帧尾"}"，并返回封包后的数据包指针
* 参数：wbuf—返回封包后的数据包指针
*****************************************************************************/
char* ZXBeeEnd(void)
{
    int offset = strlen(wbuf);
    wbuf[offset-1] = '}';                       //添加帧尾"}"
    wbuf[offset] = '\0';                        //添加无线数据包结束符
    if (offset > 2) return wbuf;
    return NULL;
}
```

（3）ZXBeeAdd()函数的源代码如下：

```
/*****************************************************************************
* 名称：ZXBeeAdd()
* 功能：在 ZXBee 通信协议的无线数据包中添加数据
* 参数：tag—变量；val—值
* 返回：len—数据长度
*****************************************************************************/
int8 ZXBeeAdd(char* tag, char* val)
{
    sprintf(&wbuf[strlen(wbuf)], "%s=%s,", tag, val);   //添加数据包键值对
    return strlen(wbuf);
}
```

（4）ZXBeeDecodePackage()函数的源代码如下：

```
/*****************************************************************************
* 名称：ZXBeeDecodePackage()
* 功能：对接收到的无线数据包进行解包
* 参数：pkg—数据；len—数据长度
* 返回：p—返回的无线数据包
*****************************************************************************/
char* ZXBeeDecodePackage(char *pkg, int len)
{
    char *p;
```

```
        char *ptag = NULL;
        char *pval = NULL;
        if (pkg[0] != '{' || pkg[len-1] != '}') return NULL;     //判断帧头、帧尾格式
        ZXBeeBegin();                                            //为返回的指令响应添加帧头
        pkg[len-1] = 0;
        p = pkg+1;                                               //去掉帧头、帧尾
        do {
            ptag = p;
            p = strchr(p, '=');                                  //判断键值对内的"="
            if (p != NULL) {
                *p++ = 0;                                        //提取"="左边 ptag
                pval = p;                                        //指针指向 pval
                p = strchr(p, ',');                              //判断无线数据包内键值对分隔符","
                if (p != NULL) *p++ = 0;                          //提取"="右边 pval
                int ret;
                ret = ZXBeeSysCommandProc(ptag, pval);           //将提取出来的键值对发送给系统函数处理
                if (ret < 0) {
                    ret = ZXBeeUserProcess(ptag, pval);          //将提取出来的键值对发送给用户函数处理
                }
            }
        } while (p != NULL);                                     //当无线数据包未解析完，则继续循环
        p = ZXBeeEnd();                                          //为返回的指令响应添加帧尾
        return p;
    }
```

4）LoRa 气体采集系统设计

LoRa 气体采集系统是 LoRa 智慧畜牧系统中的一个子系统，主要用于对动物生长环境中的有害气体进行定时监测，以便掌握动物生长环境的跟踪和追溯，为畜牧后期数据分析提供依据。

LoRa 气体采集系统采用 LoRa 网络，通过部署空气质量传感器和 LoRa 节点，将采集到的数据通过智能网关发送到物联网云平台，最终通过智慧畜牧系统进行气体数据的采集和数据展现。LoRa 气体采集系统的架构如图 2.51 所示。

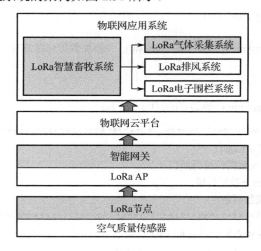

图 2.51　LoRa 气体采集系统的架构

3. 空气质量传感器

LoRa 气体采集系统采用 MP503 型空气质量传感器对气体进行检测。MP503 型空气质量传感器采用多层厚膜制造工艺，在微型 Al_2O_3 陶瓷基片上的两面分别形成加热器和金属氧化物半导体气敏层，用电极引线引出后经 TO-5 金属外壳封装而成。当空气中存在被测气体时，MP503 型空气质量传感器的电导率会发生变化，被测气体的浓度越高，MP503 型空气质量传感器的电导率就越高。微处理器可以将这种电导率的变化转换为与气体浓度对应的输出信号。

图 2.52　MP503 型空气质量传感器

MP503 型空气质量传感器广泛应用于家庭环境及办公室有害气体检测、空气清新机等领域，如图 2.52 所示。

MP503 型空气质量传感器典型的温度、湿度特性曲线如图 2.53 所示，R_s 表示在含 50 ppm 酒精、各种温/湿度下的电导率；R_{s0} 表示在含 50 ppm 酒精、20 ℃/65%RH 下的电导率。

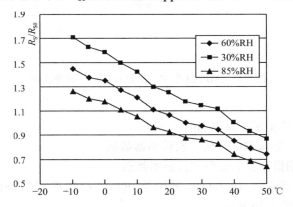

图 2.53　MP503 型空气质量传感器典型的温度、湿度特性曲线

2.4.3　开发实践：LoRa 气体采集系统设计

1. 开发设计

项目任务目标是：以 LoRa 气体采集系统设计为例学习采集类节点的程序开发。
LoRa 气体采集系统的设计可分为两个部分，分别为硬件功能设计和软件协议设计。

1）硬件功能设计

根据前文的分析，为了实现数据上报，硬件中使用了 MP503 型空气质量传感器，通过 MP503 型空气质量传感器定时获取空气质量信息并上报，以此完成数据发送。气体采集系统的硬件框架如图 2.54 所示。

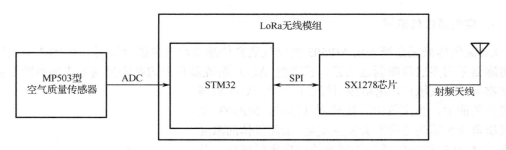

图 2.54　气体采集系统的硬件框架

MP503 型空气质量传感器采用 ADC 通信，MP503 型空气质量传感器的硬件连接如图 2.55 所示，AIR 引脚通过跳线连接到 LoRa 节点 STM32 的 PA6 引脚。

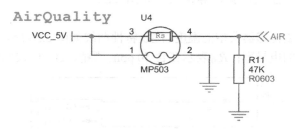

图 2.55　MP503 型空气质量传感器的硬件连接

2）软件协议设计

LoRa 气体采集系统实现了以下功能：

（1）节点入网后，每隔 20 s 上传一次传感器数据。

（2）可以发送查询指令读取最新的传感器数据。

气体采集系统示例工程 LoRaGas 采用类 JOSN 格式的通信协议（{[参数]=[值],[参数]=[值]…}），具体如表 2.16 所示。

表 2.16　通信协议

数　据　方　向	协议格式	说　　明
上行（节点往应用层发送数据）	{gas=X}	X 表示采集的传感器数据
下行（应用层往节点发送指令）	{gas=?}	查询传感器数据，返回{gas=X}，X 表示采集的传感器数据

2．功能实现

1）气体采集系统程序分析

气体采集系统示例工程 LoRaGas 采用智云框架开发，实现了传感器数据的定时上报、传感器数据的查询、无线数据的封包/解包等功能。下面详细分析气体采集系统程序的逻辑。

（1）传感器应用是在 sensor.c 文件中实现的，包括传感器初始化（sensorInit()）、传感器数值上报（sensorUpdate()）、处理下行的用户指令（ZXBeeUserProcess()）、传感器进程（PROCESS_THREAD(sensor, ev, data)）。

（2）传感器驱动是在 MP-503.c 文件中实现的，通过 ADC 驱动传感器数据的实时采集。

（3）无线数据包的收发处理是在 zxbee-inf.c 文件中实现的，包括 LoRa 无线数据包的收发处理函数。

（4）无线数据的封包和解包是在 zxbee.c 文件中实现的，封包函数为 ZXBeeBegin()、ZXBeeAdd(char* tag, char* val)、ZXBeeEnd(void)，解包函数为 ZXBeeDecodePackage(char *pkg, int len)。

2）气体采集系统应用设计

气体采集系统属于采集类传感器的应用，主要完成传感器数据的循环上报。

（1）传感器进程启动：LoRa 无线协议进程运行后，启动传感器进程（在 sensor.c 文件中通过 PROCESS_THREAD(sensor, ev, data)函数实现）进行传感器应用处理，包括传感器初始化、启动传感器定时器（20 s 循环一次）、进行传感器数据上报。

```
PROCESS_THREAD(sensor, ev, data)
{
    static struct etimer et_update;
    static struct etimer et_check;
    PROCESS_BEGIN();
    ZXBeeInfInit();
    sensorInit();        //传感器初始化
    etimer_set(&et_update, CLOCK_SECOND*20);        //启动传感器定时器，20 s 循环一次
    while (1) {
        PROCESS_WAIT_EVENT_UNTIL(ev == PROCESS_EVENT_TIMER);
        if (etimer_expired(&et_update)) {
            printf("sensor->PROCESS_EVENT_TIMER: PROCESS_EVENT_TIMER trigger!\r\n");
            sensorUpdate();                          //触发定时器，进行传感器数据上报
            etimer_set(&et_update, CLOCK_SECOND*20); //循环启动定时器，20 s 循环一次
        }
    }
    PROCESS_END();
}
```

在 sensor.c 文件中通过 sensorInit()函数中实现传感器的初始化。

```
void sensorInit(void)
{
    printf("sensor->sensorInit(): Sensor init!\r\n");
    //初始化传感器代码
    airgas_init();              //传感器初始化
}
```

（2）传感器数据上报是在 sensor.c 文件中通过传感器数据上报函数 sensorUpdate()的，该函数调用 updateGas()函数更新传感器的数据，并通过 ZXBeeBegin()、ZXBeeAdd(char* tag, char* val)、ZXBeeEnd(void) 函数对数据进行封包，最后调用 zxbee-inf.c 文件中的 ZXBeeInfSend(char *p, int len)函数将数据包发送给应用：

```
void sensorUpdate(void)
{
```

```
        char pData[16];
        char *p = pData;
        //气体采集
        updateGas();
        ZXBeeBegin();                          //帧头
        //上报气体采集值
        sprintf((char*)p, "%.1f", gas);
        ZXBeeAdd("gas", p);

        p = ZXBeeEnd();                        //帧尾
        if (p != NULL) {
            ZXBeeInfSend(p, strlen(p));        //将需要上传的数据发送到智云平台
        }
        printf("sensor->sensorUpdate(): gas=%.1f\r\n", gas);
}
```

（3）无线下行控制指令是通过 zxbee-inf.c 文件中的 ZXBeeInfInit()、LoraNetSetOnRecv()
和 ZXBeeInfRecv()函数进行处理的。当接收到发送过来的下行数据包时，会调用 zxbee-inf.c
文件 ZXBeeInfRecv()函数对无线数据包进行解包，并将解包后的数据发送给应用层。

```
void ZXBeeInfRecv(char *pkg, int len)
{
    char *p = ZXBeeDecodePackage(pkg, len);
    if (p != NULL) {
        ZXBeeInfSend(p, strlen(p));
    }
}
```

zxbee.c 文件中的 ZXBeeDecodePackage()函数用于对无线数据包进行解析，首先调用
zxbee-sys-command.c 文件中的 ZXBeeSysCommandProc()函数进行系统处理，然后调用 sensor.c
文件中的 ZXBeeUserProcess()函数进行处理。

```
/*********************************************************************************
* 名称：ZXBeeSysCommandProc
* 功能：ZXBee 指令处理
*********************************************************************************/
int ZXBeeSysCommandProc(char* ptag, char* pval)
{
    int ret = -1;
    if (memcmp(ptag, "ECHO", 4) == 0) {
        ZXBeeAdd(ptag, pval);
        return 1;
    }
    if (memcmp(ptag, "TYPE", 4) == 0) {
        if (pval[0] == '?') {
            int radio_type = CONFIG_RADIO_TYPE;
            int dev_type = CONFIG_DEV_TYPE;
            char buf[16];
```

```
                ret = sprintf(buf, "%d%d%s", radio_type, dev_type, NODE_NAME);
                ZXBeeAdd("TYPE", buf);
                return 1;
            }
    }
    return ret;
}
int ZXBeeUserProcess(char *ptag, char *pval)
{
    int ret = 0;
    char pout[16];

    printf("sensor->ZXBeeUserProcess(): Receive LoRa Data!\r\n");
    //控制指令解析
    if (0 == strcmp("gas", ptag)){                    //查询执行器指令编码
        if (0 == strcmp("?", pval)){
            updateGas();
            ret = sprintf(pout, "%.1f", gas);
            ZXBeeAdd("gas", pout);
        }
    }
    return ret;
}
```

3）气体采集系统传感器的驱动设计

传感器的驱动是在 MP-503.c 文件中实现的，通过 ADC 驱动传感器进行数据的实时采集。传感器的驱动函数如表 2.17 所示。

表 2.17 传感器的驱动函数

函 数 名 称	函 数 说 明
airgas_init()	初始化传感器
get_airgas_data()	获取传感器采集的实时数据

（1）传感器初始化。本系统采用 MP503 型空气质量传感器，通过 ADC 与 STM32 连接，传感器的初始化主要是指 ADC 的初始化。

```
/***************************************************************************
* 名称：airgas_init()
* 功能：传感器初始化
***************************************************************************/
void airgas_init(void)
{
    ADC_InitTypeDef ADC_InitStructure;
    GPIO_InitTypeDef GPIO_InitStructure;
    RCC_APB2PeriphClockCmd(RCC_APB2Periph_GPIOA |RCC_APB2Periph_ADC1, ENABLE );
    RCC_ADCCLKConfig(RCC_PCLK2_Div6);                    //设置 ADC 分频因子 6
```

```
            //PA1 作为模拟通道输入引脚
            GPIO_InitStructure.GPIO_Pin = GPIO_Pin_6;
            GPIO_InitStructure.GPIO_Mode = GPIO_Mode_AIN;              //模拟输入引脚
            GPIO_Init(GPIOA, &GPIO_InitStructure);
            ADC_DeInit(ADC1);                  //复位 ADC1
            ADC_InitStructure.ADC_Mode = ADC_Mode_Independent;        //ADC1 和 ADC2 工作在独立模式
            ADC_InitStructure.ADC_ScanConvMode = DISABLE;             //模/数转换工作在单通道模式
            ADC_InitStructure.ADC_ContinuousConvMode = DISABLE;       //模/数转换工作在单次转换模式
            ADC_InitStructure.ADC_ExternalTrigConv = ADC_ExternalTrigConv_None;//转换由软件而不是外部
触发启动
            ADC_InitStructure.ADC_DataAlign = ADC_DataAlign_Right;    //ADC 数据右对齐
            ADC_InitStructure.ADC_NbrOfChannel = 1;                   //顺序进行规则转换的 ADC 通道的数目
            ADC_Init(ADC1, &ADC_InitStructure);                       //根据 ADC_InitStruct 中指定的参数初始化外设
ADCx 的寄存器

            ADC_Cmd(ADC1, ENABLE);                          //使能指定的 ADC1
            ADC_ResetCalibration(ADC1);                     //使能复位校准
            while(ADC_GetResetCalibrationStatus(ADC1));     //等待复位校准结束
            ADC_StartCalibration(ADC1);                     //开启 A/D 校准
            while(ADC_GetCalibrationStatus(ADC1));          //等待校准结束
}
```

（2）获取传感器的数据。

```
/********************************************************************************
* 名称：unsigned int get_airgas_data(void)
* 功能：获取传感器的数据
********************************************************************************/
unsigned int get_airgas_data(void)
{
        //设置指定 ADC 的规则转换通道，一个序列，采样时间
        //指定 ADC1 和 ADC 通道，采样时间为239.5 个周期
        ADC_RegularChannelConfig(ADC1, 6, 1, ADC_SampleTime_239Cycles5 );
        ADC_SoftwareStartConvCmd(ADC1, ENABLE);       //使能指定的 ADC1 的软件启动功能
        while(!ADC_GetFlagStatus(ADC1, ADC_FLAG_EOC ));              //等待转换结束
        return ADC_GetConversionValue(ADC1);          //返回最近一次 ADC1 规则转换的转换结果
}
```

3. 开发验证

（1）运行 LoRaGas 工程，通过 IAR 集成开发环境进行程序的开发和调试，通过设置断点来理解程序的调用关系，如图 2.56 所示。

（2）根据程序设定，传感器每隔 20 s 会上传一次采集到的数据，同时通过 ZCloudTools 工具进行调试，例如，发送查询指令（{gas=?}），将会返回实时采集的数据，如图 2.57 所示。

（3）通过打火机喷气可以改变传感器数据的变化。

（4）修改循环上报的时间间隔，记录传感器数据的变化。

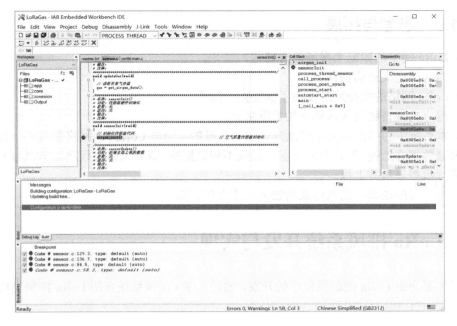

图 2.56　LoRaGas 工程调试

图 2.57　ZCloudTools 调试

2.4.4　小结

　　LoRa 网络的数据发送可应用于多个场合，如环境监测、畜牧排风系统、电子围栏系统等。由于数据格式多种多样，要实现收发双方对数据的有效识别，需要在两者之间建立一套通信协议。

　　本节先分析了 LoRa 采集类程序的逻辑，介绍了通信协议，然后讲述了 LoRa 采集类程序接口，最后实现了 LoRa 气体采集系统。

2.4.5　思考与拓展

（1）LoRa 网络的数据上报场景有哪些？

（2）为何要定义通信协议？

（3）LoRa 网络的数据发送使用了哪些接口函数？

（4）程序实现畜牧气压传感器的数据采集。

（5）本系统中的节点是采用广播方式发送数据的，当与 LoRa AP 网络参数不一致时，也可循环采集数据并上传，但此时应用层是接收不到数据的，请尝试修改程序让节点与 LoRa AP 连接后进行数据采集并上报。

（6）修改程序逻辑，当气体波动较大时才上传数据。

2.5　LoRa 排风系统开发与实现

本节主要介绍 LoRa 控制类程序的开发，通过 LoRa 排风系统介绍 LoRa 控制类程序的逻辑和接口。

2.5.1　学习与开发目标

（1）知识目标：LoRa 控制类应用场景、LoRa 数据的接收与发送、LoRa 通信协议的设计。

（2）技能目标：了解 LoRa 控制类应用场景、掌握 LoRa 数据接收与发送程序接口、掌握 LoRa 通信协议的设计。

（3）任务目标：构建 LoRa 排风系统。

2.5.2　原理学习：LoRa 控制类程序

1. LoRa 控制类程序逻辑分析和通信协议设计

1）LoRa 控制类程序逻辑分析

LoRa 无线网络功能之一是能够实现远程设备控制。为了满足实际需要，需要对远程的电气设备进行控制，此时就需要用户发送控制指令，控制指令由协调器发送至节点，在节点中处理相关的指令并反馈控制结果。

LoRa 控制类应用场景有很多，如小黄车开锁、电网限电、城市路障控制、城市内涝抽水电机控制、绿化带自动喷灌系统控制等。如何利用 LoRa 网络实现远程传感器数据的控制程序设计呢？下面将对 LoRa 控制类程序逻辑进行分析。

对于控制类节点，主要的关注点是节点对设备控制是否有效，以及控制的结果。LoRa 控制类程序流程如图 2.58 所示。

（1）远程设备向节点发送控制指令，节点实时响应并执行操作。

（2）远程设备发送查询指令后，节点实时响应并反馈设备状态。

（3）查询节点状态并上报（包括实时上报和循环上报）。

控制类程序流程：

（1）远程设备向节点发送控制指令，节点实时响应并执行操作。该过程主要是远程设备发送指令。另外，节点要能够实时响应控制指令。

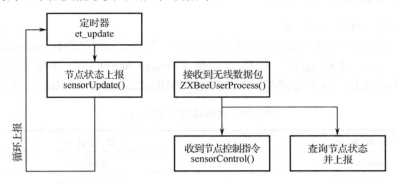

图 2.58　LoRa 控制类程序流程

（2）远程设备发送查询指令后，节点要实时响应并反馈设备状态，当远程设备向节点发出控制指令后，远程设备并不了解是否完成了对设备的控制，这种不确定性对于一个调节系统而言是非常危险的，所以需要通过指令来了解节点对设备的操作结果，以确保控制指令执行的有效性。

上述的两个过程在实际的操作中其实是同时发送的，即发送一条控制指令后紧跟一条查询指令，当节点执行完控制操作后执行状态反馈操作。通过这种方式可以实现一次完整的操作。

（3）节点状态的上报。当节点受到外界环境影响时，如雷击或人为等因素造成设备的重启，设备的重启状态通常为默认状态，此时上报的设备状态会与远程设备需要的控制状态不符，远程设备就可以重新发送控制指令，从而使节点重新回到正常的工作状态。

2）LoRa 控制类通信协议设计

在一个完整的物联网综合系统中，数据贯穿了感知层、网络层、服务层和应用层，数据在这四层之间层层传递，因此需要设计一种合适的通信协议来完成数据的封装与通信。

通信协议在控制类节点中同样适用。在物联网综合系统中，远程设备和节点分别处于通信的两端，要实现两者间的数据识别就需要约定通信协议，通过约定的通信协议，远程设备发送的控制和查询指令才能够被节点识别并执行。通过前面的分析可知，节点拥有两种操作逻辑事件，分别为设备远程控制和设备状态查询。

控制类程序协议设计采用类 JSON 数据包格式，通信协议格式为{[参数]=[值],[参数]=[值]…}。

（1）每条数据以"{"作为起始字符。

（2）"{}"内的多个参数以","分隔。

（3）数据上行格式为{value=12,status=1}。

（4）数据下行查询指令格式为{value=?,status=?}，返回为{value=12,status=1}。

此处以 LoRa 排风系统为例定义协议内容。约定的通信协议如表 2.18 所示。

表 2.18　通信协议

数 据 方 向	协 议 格 式	说　　明
上行（节点往应用层发送数据）	{controlStatus=X}	X 表示节点的状态
下行（应用层往节点发送指令）	{controlStatus=?}	查询节点的状态，返回{controlStatus=X}，X 表示节点的状态
下行（应用层往节点发送指令）	{cmd=X}	发送控制指令，X 表示控制指令，根据设置进行相关控制节点的硬件操作

2．LoRa 控制类程序接口分析

1）LoRa 传感器应用程序接口

传感器应用层程序是在 sensor.c 文件中实现的，包括传感器初始化（sensorInit()）、传感器状态上报（sensorUpdate()）、传感器控制（sensorControl()）、处理下行的用户指令（ZXBeeUserProcess()）、传感器进程（PROCESS_THREAD(sensor, ev, data)），如表 2.19 所示。

表 2.19 传感器应用接口函数

函 数 名 称	函 数 说 明
sensorInit()	传感器初始化
sensorUpdate()	传感器状态上报
sensorControl()	传感器控制
ZXBeeUserProcess()	解析接收到的下行用户指令
PROCESS_THREAD(sensor, ev, data)	传感器进程

远程设备控制功能依附于无线传感器网络，在建立无线传感器网络后，才能对节点所携带的传感器进行初始化，然后初始化系统用户的任务，接着等待远程设备发送控制指令，当节点接收到控制指令时，通过约定的通信协议对无线数据包进行解包，解包完成后根据指令对相应的设备进行控制，待控制结束后将节点状态反馈给远程设备。

远程设备控制系统程序逻辑流程如图 2.59 所示。

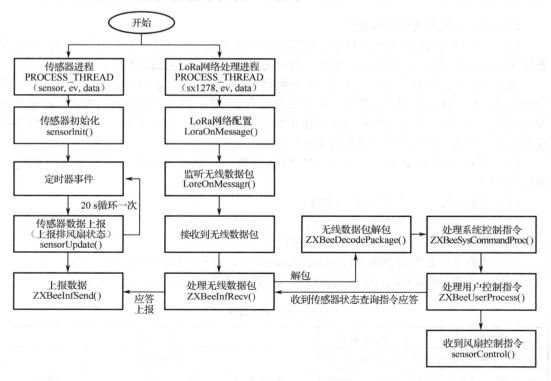

图 2.59 远程设备控制系统程序逻辑流程

2）LoRa 无线数据包收发函数

无线数据包的收发处理是在 zxbee-inf.c 文件中实现的，包括 LoRa 无线数据包收发处理函数，如表 2.20 所示。

表 2.20   无线数据包收发函数

函 数 名 称	函 数 说 明
ZXBeeInfSend()	节点发送无线数据包给汇聚节点
ZXBeeInfRecv()	处理节点收到无线数据包

（1）ZXBeeInfSend()函数的源代码如下：

```
/********************************************************************************
* 名称：ZXBeeInfSend
* 功能：ZXBee 底层发送接口
* 参数：p—ZXBee 格式数据；len—数据长度
********************************************************************************/
void    ZXBeeInfSend(char *p, int len)
{
    LoraNetSend(0, p, len);
}
```

其中的 LoraNetSend()函数源代码如下：

```
/********************************************************************************
* 名称：LoraNetSend
* 功能：LoRa 接口发送函数
* 参数：da—目的地址；buf—待发送数据；len—发送数据长度
********************************************************************************/
int LoraNetSend(unsigned short da, char *buf, int len)
{
    int r;
    static char sbuf[256];
    if (len >(255-6)){
        return -1;
    }
    sbuf[0] = LoraGetID();
    sbuf[1] = da >> 8;
    sbuf[2] = da & 0xff;
    sbuf[3] = NAddr >> 8;
    sbuf[4] = NAddr & 0xff;
    sbuf[5] = APP_PROTOCOL_VER;
    memcpy(sbuf+6, buf, len);
    r = LoraSendPackage(sbuf, len+6);
    if (r < 0) return -2;
    return r;
}
```

（2）ZXBeeInfRecv()函数的源代码如下：

```
/******************************************************************************
* 名称：ZXBeeInfRecv()
* 功能：节点接收无线数据包
* 参数：*pkg—收到的无线数据包
******************************************************************************/
void ZXBeeInfRecv(char *pkg, int len)
{
    char *p = ZXBeeDecodePackage(pkg, len);     //对接收到的无线数据包进行解包，并返回应答数据包
    if (p != NULL) {
        ZXBeeInfSend(p, strlen(p));             //将返回的应答数据包发送给汇聚节点
    }
}
```

3）LoRa 无线数据包解析函数

针对特定的通信协议，需要对无线数据进行封包、解包操作，无线数据的封包函数和解包函数是在zxbee.c文件中实现的，封包函数为ZXBeeBegin()、ZXBeeAdd(char* tag, char* val)、ZXBeeEnd(void)，解包函数为ZXBeeDecodePackage(char *pkg, int len)，如表 2.21 所示。

表 2.21　无线数据包解析函数

函 数 名 称	函 数 说 明
ZXBeeBegin()	增加 ZXBee 通信协议的帧头 "{"
ZXBeeEnd()	增加 ZXBee 通信协议的帧尾 "}"，并返回封包后的数据包指针
ZXBeeAdd()	ZXBee 通信协议的数据包中添加数据
ZXBeeDecodePackage()	对接收到的无线数据包进行解包

（1）ZXBeeBegin()函数的源代码如下：

```
/******************************************************************************
* 名称：ZXBeeBegin()
* 功能：ZXBee 通信协议的帧头 "{"
******************************************************************************/
int8 ZXBeeBegin(void)
{
    wbuf[0] = '{';                      //添加帧头 "{"
    wbuf[1] = '\0';
    return 1;
}
```

（2）ZXBeeEnd()函数的源代码如下：

```
/******************************************************************************
* 名称：ZXBeeEnd()
* 功能：为 ZXBee 通信协议的无线数据包添加结束帧 "}"，并返回封包后的数据包指针
* 参数：wbuf —返回封包后的数据包指针
******************************************************************************/
```

```
char* ZXBeeEnd(void)
{
    int offset = strlen(wbuf);
    wbuf[offset-1] = '}';                    //添加帧尾 "}"
    wbuf[offset] = '\0';                     //添加结束字符
    if (offset > 2) return wbuf;
    return NULL;
}
```

（3）ZXBeeAdd()函数的源代码如下：

```
/*******************************************************************************
* 名称：ZXBeeAdd()
* 功能：在 ZXBee 通信协议的无线数据包中添加数据
* 参数：tag—变量；val—值
* 返回：len—数据长度
*******************************************************************************/
int8 ZXBeeAdd(char* tag, char* val)
{
    sprintf(&wbuf[strlen(wbuf)], "%s=%s,", tag, val);   //添加无线数据包键值对
    return strlen(wbuf);
}
```

（4）ZXBeeDecodePackage()函数的源代码如下：

```
/*******************************************************************************
* 名称：ZXBeeDecodePackage()
* 功能：对接收到的无线数据包进行解包
* 参数：pkg—数据；len—数据长度
* 返回：p—返回的数据包
*******************************************************************************/
char* ZXBeeDecodePackage(char *pkg, int len)
{
    char *p;
    char *ptag = NULL;
    char *pval = NULL;
    if (pkg[0] != '{' || pkg[len-1] != '}') return NULL;    //判断数据帧头、帧尾格式
    ZXBeeBegin();                                           //为返回的指令响应添加帧头
    pkg[len-1] = 0;
    p = pkg+1;                                              //将无线数据包去掉帧头、帧尾
    do {
        ptag = p;
        p = strchr(p, '=');                                //判断键值对内的 "="
        if (p != NULL) {
            *p++ = 0;                                      //提取 "=" 左边 ptag
            pval = p;                                      //指针指向 pval
            p = strchr(p, ',');                            //判断无线数据包内键值对分隔符 ","
            if (p != NULL) *p++ = 0;                       //提取 "=" 右边 pval
            int ret;
```

```
                    ret = ZXBeeSysCommandProc(ptag, pval);   //将提取出来的键值对指令发送给系统函数处理
                    if (ret < 0) {
                            ret = ZXBeeUserProcess(ptag, pval);    //将提取出来的键值对指令发送给用户函数处理
                    }
            }
    } while (p != NULL);                                   //当无线数据包未解析完，则继续循环
    p = ZXBeeEnd();                                        //为返回的指令响应添加帧尾
    return p;
}
```

4）LoRa 排风系统设计

LoRa 排风系统是 LoRa 智慧畜牧系统中的一个子系统，主要实现对排风扇的远程控制，实现室内通风的管理。

LoRa 排风系统采用 LoRa 网络，通过部署传感器（排风扇）和 LoRa 节点，并与智能网关组网，然后连接到物联网云平台，最终通过智慧畜牧系统实现对排风扇的远程控制，如图 2.60 所示。

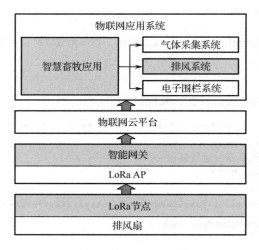

图 2.60　LoRa 排风系统

3．轴流风机

LoRa 排风系统的排风扇采用轴流风机，轴流风机主要用于加速空气流动和散热，应用非常广泛。轴流风机通常用在流量要求较高而压力要求较低的场合，轴流风机主要由风机、叶轮和机壳组成，结构简单但是对风速控制要求较高。轴流风机如图 2.61 所示。

图 2.61　轴流风机

　　轴流风机有三根引出线，这三根线分别是电源正极接线、电源负极接线、转速控制线。电源正极接线和电源负极接线是用来为轴流风机供电的，轴流风机的转速则是通过转速控制线来控制的，控制轴流风机转速的信号是一种脉冲宽度调制信号，简称 PWM 波。通过调制 PWM 波的脉冲宽度（占空比），可以实现对轴流风机的转速调节。PWM 波信号如图 2.62 所示。

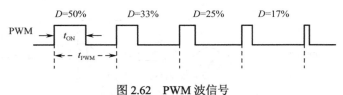

图 2.62　PWM 波信号

2.5.3　开发实践：LoRa 排风系统设计

1. 开发设计

　　项目任务目标是：以 LoRa 排风系统设计为例学习控制类程序的开发和应用。

　　LoRa 排风系统的节点携带了排风扇，排风扇是由 STM32 引脚的高低电平控制的。本系统将定时获取设备状态信息并进行上报，当远程设备发出查询指令时，控制节点能够执行指令并反馈设备状态信息。

　　LoRa 排风系统的设计分为两个部分，分别为硬件功能设计和软件协议设计。

1）硬件功能设计
LoRa 排风系统硬件架构如图 2.63 所示。

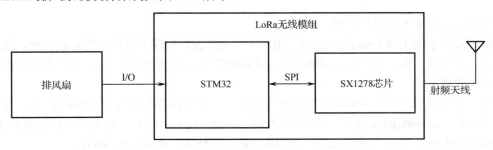

图 2.63　LoRa 排风系统硬件架构

　　排风扇采用 I/O 口通信，FAN_EN 引脚通过跳线连接到 LoRa 节点中 STM32 的 PA2 引脚，输出低电平时排风扇转动，输出高电平时排风扇停止。排风扇的硬件连接如图 2.64 所示。

2）软件协议设计
LoRa 排风系统的示例工程 LoRaFan 实现了排风扇的控制，具有以下功能：

（1）节点入网后，每隔 20 s 上传一次排风扇的状态。

（2）应用层可以下行发送查询指令读取排风扇的当前状态。

（3）应用层可以下行发送控制指令控制排风扇的转动。

LoRaFan 工程采用类 JOSN 格式的通信协议（{[参数]=[值],[参数]=[值]…}），如表 2.22 所示。

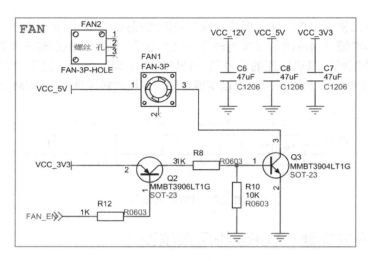

图 2.64　排风扇的硬件连接

表 2.22　通信协议

数 据 方 向	协 议 格 式	说　　　明
上行（节点往应用层发送数据）	{fanStatus=X}	X 为 1 表示排风扇为打开状态，X 为 0 表示排风扇为关闭状态
下行（应用层往节点发送指令）	{fanStatus=?}	查询当前排风扇状态，返回：{fanStatus=X}，X 为 1 表示排风扇为打开状态，X 为 0 表示排风扇为关闭状态
下行（应用层往节点发送指令）	{cmd=X}	排风扇控制指令，X 为 1 表示打开排风扇，X 为 0 表示关闭排风扇

2．功能实现

1）LoRa 排风系统程序分析

排风系统示例工程 LoRaFan 工程采用智云框架开发，实现了排风扇的远程控制、排风扇当前状态的查询、排风扇状态的循环上报、无线数据的封包/解包等功能。下面详细分析排风系统程序的逻辑。

（1）传感器应用是在 sensor.c 文件中实现的，包括传感器初始化（sensorInit()）、传感器状态上报（sensorUpdate()）、传感器控制（sensorControl()）、处理下行的用户指令（ZXBeeUserProcess()）、传感器进程（PROCESS_THREAD(sensor, ev, data)）。

（2）传感器驱动是在 FAN.c 文件中实现的，实现排风扇初始化、打开排风扇、关闭排风扇等功能。

（3）无线数据包的收发处理是在 zxbee-inf.c 文件中实现的，包括 LoRa 无线数据包的收发处理函数。

（4）无线数据的封包和解包是在 zxbee.c 文件中实现的，封包函数为 ZXBeeBegin()、ZXBeeAdd(char* tag, char* val)、ZXBeeEnd(void)，解包函数为 ZXBeeDecodePackage(char *pkg, int len)。

2）排风系统应用设计

排风系统属于控制类传感器的应用，主要完成远程设备的下行控制。

（1）传感器（排风扇）初始化：LoRa 无线协议进程运行后，启动传感器进程（在 sensor.c

文件中通过 PROCESS_THREAD(sensor, ev, data)函数实现）进行传感器应用处理，包括传感器初始化、启动传感器定时器（20 s 循环一次）、进行传感器数据上报：

```
PROCESS_THREAD(sensor, ev, data)
{
    static struct etimer et_update;
    static struct etimer et_check;
    PROCESS_BEGIN();
    ZXBeeInfInit();
    sensorInit();                                    //传感器初始化
    etimer_set(&et_update, CLOCK_SECOND*20);         //启动传感器定时器，20 s 循环一次
    while (1) {
        PROCESS_WAIT_EVENT_UNTIL(ev == PROCESS_EVENT_TIMER);
        if (etimer_expired(&et_update)) {
            printf("sensor->PROCESS_EVENT_TIMER: PROCESS_EVENT_TIMER trigger!\r\n");
            sensorUpdate();                          //触发定时器，进行调用传感器数据上报
            etimer_set(&et_update, CLOCK_SECOND*20); //循环启动定时器，20 s 循环一次
        }
    }
    PROCESS_END();
}
```

在 sensor.c 文件中通过 sensorInit()函数中实现传感器的初始化。

```
void sensorInit(void)
{
    printf("sensor->sensorInit(): Sensor init!\r\n");
    //初始化传感器代码
    FAN_init();
}
```

（2）传感器状态上报：控制类传感器在一定的间隔时间内上报一次当前的状态，这是在 sensor.c 文件中通过数据上报函数 sensorUpdate()实现的。

```
void sensorUpdate(void)
{
    char pData[16];
    char *p = pData;

    ZXBeeBegin();

    sprintf(p, "%u", fanStatus);                 //上报控制编码
    ZXBeeAdd("fanStatus", p);

    p = ZXBeeEnd();                              //无线数据包帧尾
    if (p != NULL) {
        ZXBeeInfSend(p, strlen(p));             //将需要上传的数据进行打包操作，并发送到 LoRa AP
    }
    printf("sensor->sensorUpdate(): fanStatus=%u\r\n", fanStatus);
}
```

（3）无线下行控制指令是通过 zxbee-inf.c 文件中的 ZXBeeInfInit()、LoraNetSetOnRecv()
和 ZXBeeInfRecv()函数进行处理的。当接收到发送过来的下行数据包时，会调用 zxbee-inf.c
文件中的 ZXBeeInfRecv()函数对无线数据包进行解包，并将解包后的数据发送给应用层。

```
void ZXBeeInfRecv(char *pkg, int len)
{
    char *p = ZXBeeDecodePackage(pkg, len);
    if (p != NULL) {
        ZXBeeInfSend(p, strlen(p));
    }
}
```

zxbee.c 文件中的 ZXBeeDecodePackage()函数用于对无线数据包进行指令解析，首先调用
zxbee-sys-command.c 文件中的 ZXBeeSysCommandProc()函数进行系统指令处理，最后调用
sensor.c 文件中的 ZXBeeUserProcess()函数进行用户指令处理，如当前排风扇状态的查询、排
风扇控制指令的处理等。

```
int ZXBeeUserProcess(char *ptag, char *pval)
{
    int val;
    int ret = 0;
    char pData[16];
    char *p = pData;
    printf("sensor->ZXBeeUserProcess(): Receive LoRa Data!\r\n");
    //将字符串变量 pval 解析转换为整型变量后赋值
    val = atoi(pval);
    //控制指令解析
    if (0 == strcmp("cmd", ptag)){                      //排风扇的控制指令
        sensorControl(val);
    }
    if (0 == strcmp("fanStatus", ptag)){                //查询执行器指令编码
        if (0 == strcmp("?", pval)){
            ret = sprintf(p, "%u", fanStatus);
            ZXBeeAdd("fanStatus", p);
        }
    }
    return ret;
}
```

（4）传感器（排风扇）控制：在收到排风扇控制指令后，程序调用 sensor.c 文件中的
sensorControl()函数进行处理。

```
void sensorControl(uint8_t cmd)
{
    //根据 cmd 参数处理对应的控制程序
    if(cmd & 0x01){                     //根据 cmd 参数处理对应的控制程序
        FAN_on(0x01);                   //开启排风扇
```

```
        printf("sensor->sensorControl(): FAN ON\r\n");
    } else{
        FAN_off(0x01);                      //关闭排风扇
        printf("sensor->sensorControl(): FAN OFF\r\n");
    }
    fanStatus = cmd;
}
```

3）排风系统传感器的驱动设计

传感器的驱动是在 FAN.c 文件中实现的，实现排风扇的打开和关闭等功能，如表 2.23 所示。

表 2.23　传感器（排风扇）驱动函数

函 数 名 称	函 数 说 明
FAN_init()	传感器初始化
FAN_on()	打开排风扇
FAN_off()	关闭排风扇

（1）控制器初始化。

```
/*************************************************************************
* 名称：led_init()
* 功能：LED 控制引脚初始化
*************************************************************************/
void FAN_init(void)
{
    GPIO_InitTypeDef    GPIO_InitStructure;
    RCC_APB2PeriphClockCmd(RCC_APB2Periph_GPIOA, ENABLE);        //使能 PA 端口
    GPIO_InitStructure.GPIO_Pin = FAN;
    GPIO_InitStructure.GPIO_Speed = GPIO_Speed_2MHz;
    GPIO_InitStructure.GPIO_Mode = GPIO_Mode_Out_PP;
    GPIO_Init(FAN_port, &GPIO_InitStructure);

    FAN_off(0x01);
}
```

（2）打开排风扇。

```
/*************************************************************************
* 名称：FAN_on()
* 功能：排风扇打开函数
* 返回：0 表示打开成功，-1 表示参数错误
*************************************************************************/
signed char FAN_on(unsigned char fan)
{
    if(fan & 0x01){                                    //如果要打开排风扇
        GPIO_SetBits(FAN_port,FAN);
```

```
        return 0;
    }
    return -1;      //参数错误，返回-1
}
```

（3）关闭排风扇。

```
/*******************************************************************************
* 名称：FAN_off()
* 返回：0 表示关闭成功，-1 表示参数错误
*******************************************************************************/
signed char FAN_off(unsigned char fan)
{
    if(fan &0x01){                              //如果要关闭排风扇
        GPIO_ResetBits(FAN_port,FAN);
        return 0;
    }
    return -1;                                  //参数错误，返回-1
}
```

3. 开发验证

（1）运行示例工程 LoRaFan，通过 IAR 集成开发环境进行程序的开发、调试，通过设置断点来理解程序的调用关系，示例工程 LoRaFan 的调试如图 2.65 所示。

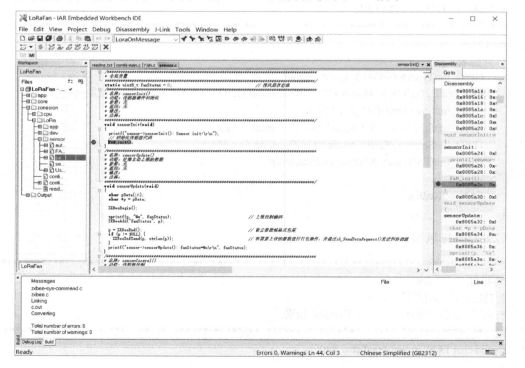

图 2.65　示意工程 LoRaFan 的调试

（2）根据程序设定，节点会每隔 20 s 上传一次排风扇状态到应用层。

（3）通过 xLabTools 工具发送排风扇状态查询指令（{fanStatus=?}），程序接收到响应后将会返回当前风扇状态到应用层，如图 2.66 所示。

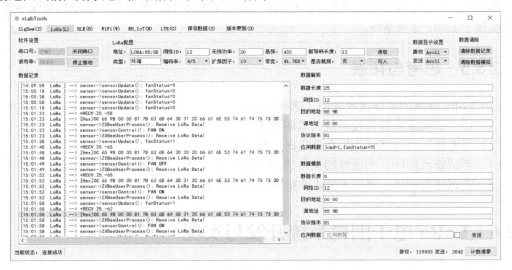

图 2.66　xLabTools 调试

（4）通过 xLabTools 工具发送排风扇控制指令（打开排风扇指令为{cmd=1}，关闭排风扇指令为{cmd=0}），程序接收到响应后将会控制风扇相应的执行动作。

验证效果如图 2.67 所示。

图 2.67　验证效果

2.5.4　小结

本节先分析了 LoRa 控制类程序的逻辑，介绍了通信协议，然后讲述了控制类程序接口，最后实现了 LoRa 排风系统。

2.5.5　思考与拓展

（1）LoRa 网络的数据接收使用了哪些函数？

（2）请尝试实现智慧畜牧系统的遮阳系统。

（3）思考控制类传感器为什么要定时上报自身的状态。

（4）尝试修改程序，实现控制类传感器在控制完成后立即返回新的状态。

（5）尝试修改程序，采用 PWM 波实现排风扇转速的控制。

2.6　LoRa 电子围栏系统开发与实现

为了保证牲畜在放养的过程中不走失，需要建立一个电子围栏，当牲畜触碰电子围栏时，电子围栏系统能够立即触发报警并通知农户及时处理牲畜走远的情况，以防造成不必要的经济损失，因此在智慧畜牧系统中使用电子围栏系统能够保证农户财产的安全。电子围栏系统是智慧畜牧系统中的重要组成部分，如图 2.68 所示。

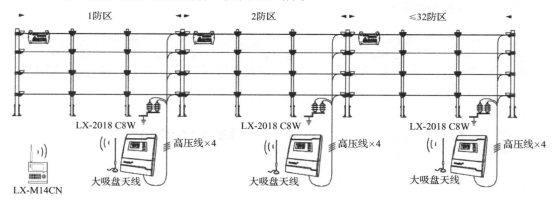

图 2.68　电子围栏系统

本节主要介绍安防类程序的开发、LoRa 安防类程序的逻辑和接口，构建 LoRa 电子围栏系统。

2.6.1　学习与开发目标

（1）知识目标：LoRa 安防类应用场景、LoRa 数据接收与发送、LoRa 通信协议。

（2）技能目标：了解 LoRa 网络安防类应用场景，掌握 LoRa 数据接收与发送程序接口的使用，掌握 LoRa 网络通信协议的设计。

（3）开发目标：构建 LoRa 电子围栏系统。

2.6.2　原理学习：LoRa 安防类程序

1. LoRa 安防类程序逻辑分析和通信协议设计

1）LoRa 安防类程序逻辑分析

LoRa 无线网络功能之一是能够实现对监测信息的报警，通过 LoRa 网络节点将报警数据发送到 LoRa 网关，再将数据发送到服务器，为数据分析和处理提供数据支持。

LoRa 安防类应用场景主要有：非法人员闯入、环境参数超过阈值、桥梁振动位移报警、车内人员滞留报警、城市低洼涵洞隧道内涝报警等。如何利用 LoRa 网络实现远程信息报警程序的设计呢？分析如下。

远程信息报警程序流程如图 2.69 所示，功能如下。

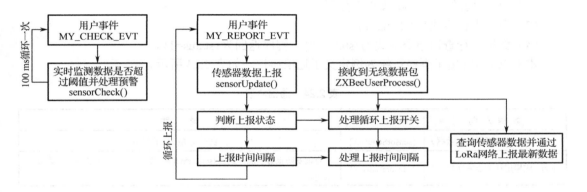

图 2.69　远程信息报警程序流程

（1）定时获取节点安全信息并上报是安防类节点的基本功能。在一个监测系统中，远程设备需要不断了解安防类节点所采集的安全信息，安全信息只有不断更新，系统的安全性才能得到保障。如果安全信息不能够持续更新，那么当设备出现故障或人为破坏时将会造成危险后果，因此安全信息的持续上报可以降低系统安全的不确定性。

（2）当节点监测到报警信息时能够迅速上报报警信息是安防类节点的重要功能。一个安防类节点如果不能够及时上报报警信息，则该节点的报警功能将是失效的。例如，路网的交通监测，如果一个路段发生大面积山体滑坡或者泥石流导致路段被毁，如果此时不能及时上报路段险情，那么必将造成巨大的经济损失和人员损伤。

（3）当报警信息解除时系统能够恢复正常是报警系统的必要功能。在物联网系统中，所有的设备都不是一次性的，很多设备都是要重复利用的，当危险解除后系统能够回到安全状态就需要安防类节点能够发出安全信息，让系统从危险警戒状态中退出。

（4）安防类节点的安全信息与报警信息的发送的实时性是不同的，安全信息可以在一段时间内更新一次，如半分钟或一分钟。而报警信息则相对紧急，报警信息的上报要保持在每秒更新一次，要对报警信息的变化进行实时的监控。

（5）当接收到查询指令时，能够响应指令并反馈安全信息是安防类节点的辅助功能。当管理员需要对设备进行调试或者主动查询当前的安全状态时，就需要通过使用远程设备向安防类节点主动发送查询指令来查询当前的安全状态，用以辅助更新安全信息。

2）LoRa 安防类通信协议设计

一个完整的物联网综合系统，数据贯穿了感知层、网络层、服务层和应用层，数据在这四层之间层层传递，因此需要设计一种合适的通信协议来完成数据的封装与通信。

安防类节点要将报警信息进行打包上报，并能够让远程的设备识别，或者远程设备向安防类节点发送信息能够被响应，这就是需要定义一套通信协议，这套通信协议是约定好的。根据前面所讲的内容，安防类节点的应用可分为三种场景，分别为安全信息上报、报警信息上报、报警信息解除和查询响应等。

安防类通信协议设计采用类 JSON 数据包格式，通信协议的格式为{[参数]=[值],[参数]=[值]…}。

（1）每条数据以"{"作为起始字符。

（2）"{}"内的多个参数以","分隔。

（3）数据上行格式为{status=1}。

（4）数据下行查询指令格式为{status=?}，程序返回为{status=1}。

本书以 LoRa 电子围栏系统为例定义了通信协议，如表 2.24 所示。

表 2.24　通信协议

数　据　方　向	协　议　格　式	说　　明
上行（节点往应用层发送数据）	{sensorStatus=X}	X 表示安防报警的状态
下行（应用层往节点发送指令）	{sensorStatus=?}	查询安防报警状态，返回{sensorStatus=X}，X 为 1 表示报警，X 为 0 表示正常

2. LoRa 安防类程序接口分析

1）LoRa 传感器应用程序接口

传感器应用程序是在 sensor.c 文件中实现的，包括传感器初始化（sensorInit()）、传感器状态的上报（sensorUpdate()）、传感器报警实时监测并处理（sensorCheck()）、处理下行的控制指令（ZXBeeUserProcess()）、传感器进程（PROCESS_THREAD(sensor, ev, data)）。传感器应用程序接口函数如表 2.25 所示。

表 2.25　传感器应用程序接口函数

函　数　名　称	函　数　说　明
sensorInit()	传感器初始化
sensorUpdate()	传感器状态的上报
sensorCheck()	传感器报警实时监测并处理
ZXBeeUserProcess()	处理下行的控制指令
PROCESS_THREAD(sensor, ev, data)	传感器进程

安防类传感器应用程序依赖于 LoRa 网络，在建立好 LoRa 网络后进行传感器的初始化，同时开启定时器，进行安防类传感器状态的实时监测。根据设计好的通信协议，将数据通过

智能网关发送到应用层进行数据处理。安防报警系统需要实时监测传感器数据，判断是否超出阈值，并根据判断结果进行报警通知。

安防类传感器应用程序流程如图 2.70 所示。

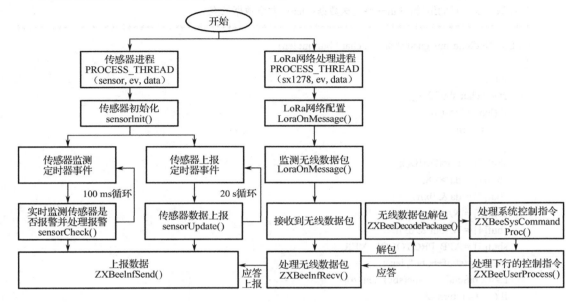

图 2.70　安防类传感器应用程序流程

2）LoRa 无线数据包收发程序接口

无线数据包的收发是在 zxbee-inf.c 文件中实现的，包括无线数据包收发函数，如表 2.26 所示。

表 2.26　无线数据包收发函数

函 数 名 称	函 数 说 明
ZXBeeInfSend()	节点发送无线数据包给汇聚节点
ZXBeeInfRecv()	处理节点收到无线数据包

（1）ZXBeeInfSend()函数的源代码如下：

```
/*********************************************************************************
* 名称：ZXBeeInfSend
* 功能：ZXBee 底层发送接口
* 参数：p—ZXBee 格式数据；len—数据长度
*********************************************************************************/
void    ZXBeeInfSend(char *p, int len)
{
    LoraNetSend(0, p, len);
}
```

LoraNetSend()函数（lora-net.c）的源代码如下：

```
/*******************************************************************************
* 名称：LoraNetSend
* 功能：LoRa 发送函数
* 参数：da—目的地址；buf—待发送数据；len—发送数据长度
*******************************************************************************/
int LoraNetSend(unsigned short da, char *buf, int len)
{
    int r;
    static char sbuf[256];
    if (len >(255-6)){
        return -1;
    }
    sbuf[0] = LoraGetID();
    sbuf[1] = da >> 8;
    sbuf[2] = da & 0xff;
    sbuf[3] = NAddr >> 8;
    sbuf[4] = NAddr & 0xff;
    sbuf[5] = APP_PROTOCOL_VER;
    memcpy(sbuf+6, buf, len);
    r = LoraSendPackage(sbuf, len+6);
    if (r < 0) return -2;
    return r;
}
```

（2）ZXBeeInfRecv()函数的源代码如下：

```
/*******************************************************************************
* 名称：ZXBeeInfRecv()
* 功能：节点收到无线数据包
* 参数：*pkg—收到的无线数据包
*******************************************************************************/
void ZXBeeInfRecv(char *pkg, int len)
{
    char *p = ZXBeeDecodePackage(pkg, len);      //对接收到的无线数据包进行解析并返回应答的数据包
    if (p != NULL) {
        ZXBeeInfSend(p, strlen(p));               //将返回的应答数据包发送给汇聚节点
    }
}
```

3）LoRa 无线数据包解析程序接口

针对特定的通信协议，需要对无线数据进行封包、解包操作，无线数据的封包函数和解包函数在 zxbee.c 文件中实现，封包函数为 ZXBeeBegin()、ZXBeeAdd(char* tag, char* val)、ZXBeeEnd(void)，解包函数为 ZXBeeDecodePackage(char *pkg, int len)，如表 2.27 所示。

表 2.27　LoRa 无线数据包解析函数

函 数 名 称	函 数 说 明
ZXBeeBegin()	增加 ZXBee 通信协议的帧头 "{"
ZXBeeEnd()	增加 ZXBee 通信协议的帧尾 "}"，并返回封包后的指针
ZXBeeAdd()	在 ZXBee 通信协议的无线数据包中添加数据
ZXBeeDecodePackage()	对接收到的无线数据包进行解包

（1）ZXBeeBegin()函数的源代码如下：

```
/*******************************************************************************
* 名称：ZXBeeBegin()
* 功能：增加 ZXBee 通信协议的帧头 "{"
*******************************************************************************/
int8 ZXBeeBegin(void)
{
    wbuf[0] = '{';                            //添加帧头 "{"
    wbuf[1] = '\0';
    return 1;
}
```

（2）ZXBeeEnd()函数的源代码如下：

```
/*******************************************************************************
* 名称：ZXBeeEnd()
* 功能：增加 ZXBee 通信协议的帧尾 "}"，并返回封包后的指针
* 参数：wbuf—返回封包后的指针
*******************************************************************************/
char* ZXBeeEnd(void)
{
    int offset = strlen(wbuf);
    wbuf[offset-1] = '}';                     //添加帧尾 "}"
    wbuf[offset] = '\0';                      //添加无线数据包结束符
    if (offset > 2) return wbuf;
    return NULL;
}
```

（3）ZXBeeAdd()函数的源代码如下：

```
/*******************************************************************************
* 名称：ZXBeeAdd()
* 功能：在 ZXBee 通信协议的无线数据包中添加数据
* 参数：tag —变量；val—值
* 返回：len—数据长度
*******************************************************************************/
int8 ZXBeeAdd(char* tag, char* val)
{
    sprintf(&wbuf[strlen(wbuf)], "%s=%s,", tag, val);   //添加无线数据包键值对
```

```
        return strlen(wbuf);
}
```

（4）ZXBeeDecodePackage()函数的源代码如下：

```
/****************************************************************************
* 名称：ZXBeeDecodePackage()
* 功能：对接收到的无线数据包进行解包
* 参数：pkg—数据；len—数据长度
* 返回：p—返回的无线数据包
****************************************************************************/
char* ZXBeeDecodePackage(char *pkg, int len)
{
    char *p;
    char *ptag = NULL;
    char *pval = NULL;
    if (pkg[0] != '{' || pkg[len-1] != '}')
    return NULL;                                //判断帧头、帧尾格式
    ZXBeeBegin();                               //为返回的指令响应添加帧头
    pkg[len-1] = 0;
    p = pkg+1;                                  //去掉帧头、帧尾
    do {
        ptag = p;
        p = strchr(p, '=');                     //判断键值对内的 "="
        if (p != NULL) {
            *p++ = 0;                           //提取 "=" 左边 ptag
            pval = p;                           //指针指向 pval
            p = strchr(p, ',');                 //判断无线数据包内键值对分隔符 ","
            if (p != NULL) *p++ = 0;            //提取 "=" 右边 pval
            int ret;
            ret = ZXBeeSysCommandProc(ptag, pval); //将提取出来的键值对指令发送给系统函数处理
            if (ret < 0) {
                ret = ZXBeeUserProcess(ptag, pval);   //将提取出来的键值对指令发送给用户函数处理
            }
        }
    } while (p != NULL);                        //当无线数据包未解析完，则继续循环
    p = ZXBeeEnd();                             //为返回的指令响应添加帧尾
    return p;
}
```

4）LoRa 电子围栏系统设计

电子围栏系统是智慧畜牧系统中的一个子系统，主要用于实时监测报警。

电子围栏系统采用 LoRa 网络，通过部署光栅传感器和 LoRa 节点，将采集到的数据通过智能网关发送到物联网云平台，最终通过智慧畜牧系统实现实时报警等功能，如图 2.71 所示。

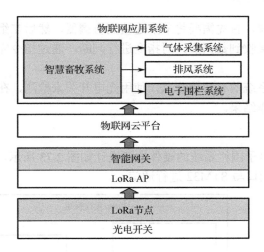

图 2.71　电子围栏系统

3．光电开关

电子围栏系统中的安防类传感器采用光电开关，光电开关（即光栅传感器）可以把发射端和接收端之间光的强弱变化转化为电流的变化，通过监测电流来达到检测遮挡物体的目的。由于光电开关输出回路和输入回路是光电隔离（即电缘绝），所以在工业控制领域得到很广泛的应用。光电开关分为漫反射式光电开关、镜反射式光电开关、对射式光电开关、槽式光电开关和光纤式光电开关。

本系统采用的是漫反射式光电开关，它是一种集发射器和接收器于一体的传感器。当有被检测物体经过时，物体将光电开关发射器发射的足够量的光线反射到接收器，于是光电开关就产生了检测开关信号；当被检测物体的表面光亮或其反光率极高时，漫反射式光电开关是首选的检测模式。光电检测原理如图 2.72 所示。

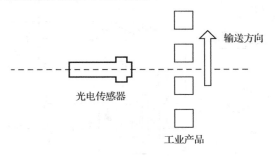

图 2.72　光电检测原理

2.6.3　开发实践：LoRa 电子围栏系统设计

1．开发设计

项目任务目标是：为了保证牲畜在放养过程中不走失，需要建立一个电子围栏，当牲畜触碰电子围栏时，电子围栏系统能够立即触发报警并通知农户及时处理，以防止造成不必要的经济损失。

要完成电子围栏系统，首先需要将节点连接到协调器，然后在组网连接的基础上实现数据的发送。终端节点在接收到数据后，对指令进行判断，通过指令完成设备的控制，并反馈控制结果。

为了实现电子围栏系统的有效性测试，使用光电开关来检测，在接收到光电开关触发信号后执行操作并反馈操作结果。

1）硬件功能设计

根据前面的分析，电子围栏系统的硬件框架设计如图 2.73 所示，安全状态监测使用了外接光电开关，通过 I/O 接口与 STM32 进行通信。

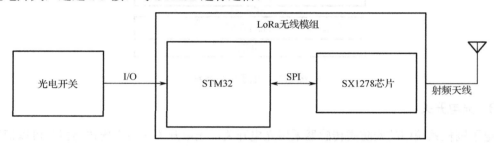

图 2.73　电子围栏系统节点硬件示意图

光电开关采用 I/O 接口通信，GRATING 引脚通过跳线连接到 STM32 的 PA7 引脚。光电开关的硬件连接如图 2.74 所示。

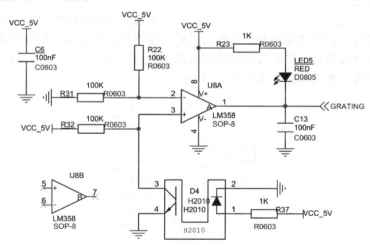

图 2.74　光电开关的硬件连接

2）软件协议设计

LoRa 电子围栏系统示例工程 LoRaGrating 具有以下功能：

（1）节点入网后，每隔 20 s 上传一次光电开关的数据。

（2）程序每隔 100 ms 检测一次光电开关的数据，若采集到报警信号则每隔 3 s 上传一次报警信号。

（3）应用层可以下行发送查询指令读取最新的光电开关的数据。

LoRa 电子围栏系统示例工程 LoRaGrating 采用类 JOSN 格式的通信协议（{[参数]=[值],[参数]=[值]…}），如表 2.28 所示。

表 2.28　通信协议

数 据 方 向	协 议 格 式	说　明
上行（节点往应用层发送数据）	{gratingStatus=X}	X 表示采集的光电开关数据
下行（应用层往节点发送指令）	{gratingStatus=?}	查询光电开关数据，返回 {gratingStatus=X}，X 表示采集的光电开关数据

2. 功能实现

1）电子围栏系统应用程序分析

电子围栏系统示例工程 LoRaGrating 采用智云框架开发，实现了光电开关数据的实时监测和报警、光电开关数据的查询、光电开关数据的循环上报、无线数据的封包解包等功能。下面详细分析电子围栏系统中安防类传感器的程序逻辑。

（1）传感器应用程序是在 sensor.c 文件中实现的，包括传感器初始化（sensorInit()）、传感器数据的上报（sensorUpdate()）、传感器报警实时监测并处理（sensorCheck()）、处理下行的控制指令（ZXBeeUserProcess()）、传感器进程（PROCESS_THREAD(sensor, ev, data)）。

（2）传感器驱动是在 grating.c 文件中实现的，通过 I/O 接口获取光电开关的数据。

（3）无线数据包的收发是在 zxbee-inf.c 文件中实现的，包括 LoRa 无线数据包的收发处理函数。

（4）无线数据的封包和解包是在 zxbee.c 文件中实现的，封包函数为 ZXBeeBegin()、ZXBeeAdd(char* tag, char* val)、ZXBeeEnd(void)，解包函数为ZXBeeDecodePackage(char *pkg, int len)。

2）电子围栏系统应用程序设计

LoRa 电子围栏系统属于安防类传感器应用，主要完成传感器的实时监测。

（1）传感器初始化：LoRa 无线协议进程运行后，启动传感器进程（通过 sensor.c 文件中的 PROCESS_THREAD(sensor, ev, data)函数实现）来进行传感器应用处理，如传感器初始化、启动传感器数据上报定时任务（20 s 循环一次）、启动传感器监测定时任务（100 ms 循环一次）、传感器数据上报、传感器安防监测。

```
PROCESS_THREAD(sensor, ev, data)
{
    static struct etimer et_update;
    static struct etimer et_check;

    PROCESS_BEGIN();
    ZXBeeInfInit();
    sensorInit();                              //传感器初始化
    etimer_set(&et_update, CLOCK_SECOND*20);   //启动传感器数据上报定时器，20 s 循环一次
    etimer_set(&et_check, CLOCK_SECOND/10); //100 Hz  //启动传感器数据上报定时器，100 ms 循环一次
    while (1) {
```

```
                        PROCESS_WAIT_EVENT_UNTIL(ev == PROCESS_EVENT_TIMER);
                        if (etimer_expired(&et_check)) {
                            sensorCheck();              //传感器监测
                            etimer_set(&et_check, CLOCK_SECOND/10);
                        }
                        if (etimer_expired(&et_update)) {
                            sensorUpdate();             //传感器数据上报
                            etimer_set(&et_update, CLOCK_SECOND*20);
                        }
                    }
                    PROCESS_END();
                }
```

在 sensor.c 文件中的 sensorInit()函数实现了传感器（光电开关）的初始化。

```
void sensorInit(void)
{
    printf("sensor->sensorInit(): Sensor init!\r\n");
    //初始化传感器代码
    grating_init();                      //传感器初始化
}
```

（2）传感器数据循环上报：在 sensor.c 文件中 sensorUpdate()函数实现了传感器的数据上报，该函数调用 updateGrating()函数更新传感器（光电开关）的状态，并通过 ZXBeeBegin()、ZXBeeAdd(char* tag, char* val)、ZXBeeEnd(void)函数实现对数据的封包，最后调用 zxbee-inf.c 文件中的 ZXBeeInfSend(char *p, int len)函数将无线数据包发送给应用层。

```
void sensorUpdate(void)
{
    char pData[16];
    char *p = pData;
    //更新光电开关的状态
    updateGrating();
    ZXBeeBegin();                        //无线数据包帧头
    sprintf((char*)p, "%u", gratingStatus);
    ZXBeeAdd("gratingStatus", p);
    p = ZXBeeEnd();                      //无线数据包帧尾
    if (p != NULL) {
        ZXBeeInfSend(p, strlen(p));      //将传感器数据（无线数据包）上传到智云平台（应用层）
    }
    printf("sensor->sensorUpdate(): gratingStatus=%u\r\n", gratingStatus);
}
```

（3）传感器实时监测及报警处理：在 sensor.c 文件中的 sensorCheck()函数实现了传感器的监测和报警处理，并每隔 100 ms 循环一次。

```
void sensorCheck(void)
{
    static char lastgratingStatus = 0;
```

```
static uint32_t ct0=0;
char pData[16];
char *p = pData;
//更新光电开关状态
updateGrating();
ZXBeeBegin();
if (lastgratingStatus != gratingStatus || (ct0 != 0 && clock_time() > (ct0+3000))) {
    sprintf(p, "%u", gratingStatus);
    ZXBeeAdd("gratingStatus", p);
    ct0 = clock_time();
    if (gratingStatus == 0) {
        ct0 = 0;
    }
    lastgratingStatus = gratingStatus;
}
p = ZXBeeEnd();
if (p != NULL) {
    int len = strlen(p);
    ZXBeeInfSend(p, len);
    printf("sensor->sensorCheck: Grating alarm!\r\n");
}
}
```

在 sensorCheck()函数中，程序会判断当前光电开关的状态是否为 1，若为 1 则每隔 3 s 上报一次报警信号；如果为 0，则在光电开关的状态翻转后仅上报一次。

（4）下行控制指令是通过 zxbee-inf.c 文件中的 ZXBeeInfInit()、LoraNetSetOnRecv()和 ZXBeeInfRecv()函数来处理的，当接收到下行数据包时，会调用 zxbee-inf.c 文件中的 ZXBeeInfRecv()函数对无线数据包进行解包，并将解包后的数据发送到应用层。

```
void ZXBeeInfRecv(char *pkg, int len)
{
    char *p = ZXBeeDecodePackage(pkg, len);
    if (p != NULL) {
        ZXBeeInfSend(p, strlen(p));
    }
}
```

zxbee.c 文件中的 ZXBeeDecodePackage()函数对接收到的无线数据包进行解析，首先调用 zxbee-sys-command.c 文件中的 ZXBeeSysCommandProc()函数进行系统指令处理，然后调用 sensor.c 文件中的 ZXBeeUserProcess()函数进行用户指令处理。

```
int ZXBeeUserProcess(char *ptag, char *pval)
{
    int ret = 0;
    char pData[16];
    char *p = pData;
    printf("sensor->ZXBeeUserProcess(): Receive LoRa Data!\r\n");
```

```
//控制指令解析
if (0 == strcmp("gratingStatus", ptag)){
    if (0 == strcmp("?", pval)){
        updateGrating();
        ret = sprintf(p, "%u", gratingStatus);
        ZXBeeAdd("gratingStatus", p);
    }
}
return ret;
}
```

3）电子围栏系统驱动设计

传感器的驱动是在 grating.c 文件中实现的，如表 2.29 所示。

表 2.29　传感器驱动函数

函 数 名 称	函 数 说 明
grating_init()	传感器初始化
get_grating_status()	获取传感器状态

（1）传感器初始化。

```
/***********************************************************************
* 名称：grating_init()
* 功能：传感器初始化
***********************************************************************/
void grating_init(void)
{
    GPIO_InitTypeDef    GPIO_InitStructure;
    RCC_APB2PeriphClockCmd(RCC_APB2Periph_GPIOA, ENABLE);          //使能 PA 端口
    GPIO_InitStructure.GPIO_Pin = GPIO_Pin_7;
    GPIO_InitStructure.GPIO_Speed = GPIO_Speed_2MHz;
    GPIO_InitStructure.GPIO_Mode = GPIO_Mode_IN_FLOATING;
    GPIO_Init(GPIOA, &GPIO_InitStructure);
}
```

（2）获取传感器状态。

```
/***********************************************************************
* 名称：unsigned char get_grating_status(void)
* 功能：获取传感器状态
***********************************************************************/
unsigned char get_grating_status(void)
{
    if(GPIO_ReadInputDataBit(GPIOA,GPIO_Pin_7))          //检测传感器引脚
        return 1;                                        //检测到信号返回 1
    else
        return 0;                                        //没有检测到信号返回 0
}
```

3．开发验证

（1）运行示例工程 LoRaGrating，通过 IAR 集成开发环境进行程序的开发、调试，通过设置断点来理解程序的调用关系，如图 2.75 所示。

图 2.75　示例工程 LoRaGrating 的调试

（2）根据程序设定，节点每隔 20 s 会向应用层上传一次传感器（光电开关）的数据，同时通过 ZCloudTools 工具发送查询指令（{gratingStatus=?}），程序接收到响应后会将传感器的状态返回应用层。

（3）当物体穿过光电开关时会遮挡光信号，可令光电开关的数据发生变化，使其输出为 1，在 ZCloudTools 工具中每隔 3 s 会收到报警信息（{gratingStatus=1}）。

（4）根据光电开关数据的变化，理解安防类传感器的应用场景及报警函数的应用，调试如图 2.76、图 2.77 和如 2.78 所示。

图 2.76　硬件调试

图 2.77　xLabTools 调试

图 2.78　ZCloudTools 调试

2.6.4　小结

本节先分析了 LoRa 安防类程序的逻辑，介绍了通信协议，然后讲述了安防类传感器应用程序接口，以及 LoRa 无线数据包收发程序接口、无线数据包封包与解包程序接口，最后构建了 LoRa 电子围栏系统。

2.6.5　思考与拓展

（1）通信协议主要用于实现什么功能？

（2）LoRa 网络的危险报警使用了哪些接口函数？

（3）设计程序来实现智慧畜牧系统有害气体的报警。

（4）理解实时监测传感器数据的函数，并优化算法。

窄带物联网（Narrow Band Internet of Things，NB-IoT）长距离无线通信技术是在 NB-CIOT 技术和 NB-LTE 技术的基础上发展起来的。NB-IoT 支持包交换的频分半双工的数据传输模式，基于蜂窝网络的基站部署，其上行的数据传输采用单载波频分多址技术，分别在频率为 3.75 kHz 和 15 kHz 的带宽中进行单通道低速或双通道高速的数据传输；下行数据的传输在频率为 180 kHz 带宽中进行，使用正交频分多址技术，数据传输速率为 250 kbps 左右，主要应用于智能环境监测、智能抄表、智能家居、物流跟踪等场景中。

本章主要介绍基于 NB-IoT 长距离无线通信技术（简称 NB-IoT 技术）的城市环境信息采集系统设计，具体如下：

（1）NB-IoT 长距离无线通信技术开发基础，学习 NB-IoT 无线传感网络（简称 NB-IoT 网络）的特点、应用、架构。

（2）NB-IoT 开发平台和开发工具，学习 NB-IoT 网络的常用模块 WH-NB71 与 AT 指令，NB-IoT 工程的创建及其常用工具的使用。

（3）NB-IoT 协议栈解析与应用开发，学习 NB-IoT 协议栈的原理与应用，并基于 NB-IoT 构建智慧城市系统。

（4）NB-IoT 扬尘监测系统开发与实现，学习基于 NB-IoT 采集程序的逻辑和接口，并进行 NB-IoT 扬尘监测系统程序开发。

（5）NB-IoT 防空报警系统开发与实现，学习基于 NB-IoT 控制类程序的逻辑和接口，并进行 NB-IoT 防空报警系统程序开发。

（6）NB-IoT 火灾监测系统开发与实现，学习基于 NB-IoT 安防类程序的逻辑和接口，并进行 NB-IoT 火灾监测系统程序开发。

3.1 NB-IoT 长距离无线通信技术开发基础

NB-IoT 系统如图 3.1 所示，对移动通信网络的频带占用极小，又由于频段用于物联网的数据传输，因此这种建立在蜂窝网上、带宽占用极小、专门用于物联网数据传输的网络称为窄带物联网。

本节主要讲述 NB-IoT 技术概念、NB-IoT 网络架构、NB-IoT 组网过程、NB-IoT 应用场景，最后通过构建智慧城市系统，实现对 NB-IoT 技术的学习与开发实践。

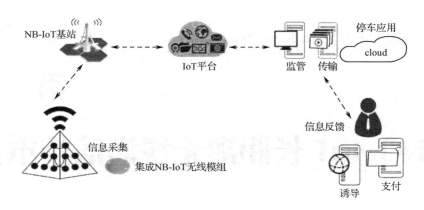

图 3.1　NB-IoT 系统

3.1.1　学习与开发目标

（1）知识目标：NB-IoT 特征、NB-IoT 技术架构、NB-IoT 网络架构。

（2）技能目标：了解并掌握 NB-IoT 特征；了解 NB-IoT 的应用场景。

（3）开发目标：通过构建智慧城市系统，了解 NB-IoT 的网络参数、网络架构、节点类型、组网过程、常用工具的使用。

3.1.2　原理学习：NB-IoT 网络、协议栈和架构

1．NB-IoT 网络

NB-IoT 可直接部署在 GSM、UMTS 或 LTE 网络上，可降低部署成本、实现平滑升级。由于 NB-IoT 部署方便、占用资源少，并具有蜂窝网覆盖广泛的特点，使得其有着广泛的应用前景，成为"万物互联"的一个重要分支。

NB-IoT 属于 LPWAN（低功耗广域网）范畴，NB-IoT 的一个基站可以提供 10 倍于 GSM 网络的面积覆盖，200 kHz 的频率可以提供 10 万个设备连接，因此可将 NB-IoT 的优势概括为覆盖广、成本低、海量连接、低功耗。

1）NB-IoT 简介

2013 年年初，华为与业内的运营商、设备厂商、芯片厂商一起开展了广泛而深入的需求和技术研讨，并迅速达成了推动窄带蜂窝物联网产业发展的共识，NB-IoT 研究正式开始。当时，大家为这个窄带蜂窝物联网起名为 LTE-M，名字蕴含的期望是基于 LTE 产生一种革命性的新空口技术，该技术要既能做到终端低成本低功耗，又能够和 LTE 网络共同部署。

在 2014 年 5 月份，LTE-M 在 3GPP RAN 工作组立项，名字变为 Cellular IoT，简称 CIoT。2015 年 5 月，在行业共识的基础上，共同宣布了一种融合的解决方案，上行采用 FDMA 技术，下行采用 OFDM 技术，融合之后的方案名字为 NB-CIoT（Narrow Band Cellular IoT）。

在 2015 年 8 月 10 日的会议上，3GPP RAN 提出了 NB-LTE（Narrow Band LTE）的概念。在 2015 年 9 月，最终达成了一致，NB-CIoT 和 NB-LTE 两个技术方案进行融合形成了 NB-IoT。NB-CIoT 演进到了 NB-IoT。

2016 年 6 月，3GPP RAN 全会第 72 次会议通过了 NB-IoT 对应的 3GPP 协议相关内容。

2）NB-IoT 特性

NB-IoT 具有海量连接、覆盖范围广、功耗低等优势，这些与生俱来的优势让它非常适合于传感、计量、监控等物联网应用，适用于智能抄表、智能停车、车辆跟踪、物流监控以及智慧农林牧渔业等领域。这些领域对广覆盖、低功耗、低成本的需求非常明确，目前广泛商用的 2G、3G、4G 及其他无线技术都无法满足这些挑战。NB-IoT 的特点如下：

（1）网络接入量大。NB-IoT 的上行容量是 2G、3G、4G 网络的 50～100 倍，在同一基站的情况下，NB-IoT 的网络接入量是现有无线网络的 50～100 倍。

（2）覆盖范围广。NB-IoT 的增益比 LTE 提升 20 dB，相当于发射功率提升了 100 倍，即覆盖能力提升了 100 倍，可以覆盖到地下室、地下管道等信号难以到达的地方。

（3）超低功耗。NB-IoT 主要用于小数据量、小速率的应用，因此 NB-IoT 设备功耗非常小。另外，NB-IoT 引入了超长 DRX（非连续接收）省电技术和 PSM 状态。NB-IoT 可以让设备时时在线，通过减少不必要的信令和在 PSM 状态时不接收寻呼信息来达到省电目的，保证电池有 5 年以上的使用寿命。

（4）成本低。低速率、低功耗、低带宽带来的优势是低成本。速率低不需要大缓存，低功耗不需要复杂的均衡算法等，这些因素使得 NB-IoT 芯片的尺寸做得比较小，尺寸越小，成本越低。

（5）稳定可靠。NB-IoT 可以直接部署于 GSM、UMTS 或 LTE 网络，与现有网络基站复用，以降低部署成本；单独使用 180 kHz 带宽，不占用现有网络的语音和数据带宽，保证传统业务和未来物联网业务可同时稳定、可靠地进行。

（6）占用资源少。NB-IoT 占用 180 kHz 带宽，这与在 LTE 帧结构中一个资源块的带宽是一样的。

NB-IoT 有以下三种可能的部署方式，如图 3.2 所示。

（1）独立部署：适用于 GSM 载波，GSM 的信道带宽为 200 kHz，这对 NB-IoT 180 kHz 的带宽足够了，两边还可留出来 10 kHz 的保护间隔。

（2）保护带部署：适用于 LTE 载波，利用 LTE 频段边缘的保护频带来部署 NB-IoT。

（3）带内部署：适用于 LTE 载波，直接利用 LTE 载波中间的资源块来部署 NB-IoT。

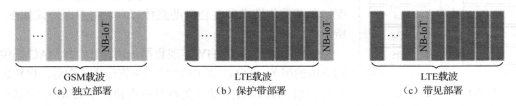

图 3.2　NB-IoT 的部署方式

2．NB-IoT 协议栈

1）NB-IoT 网络接口协议

无线接口指的是 UE（终端）和接入网之间的接口，也称为空中接口（简称空口）。在 NB-IoT 中，UE 和 eNB 基站之间的 Uu 接口是一个开放的接口，只要遵循 NB-IoT 标准，不同厂商之间的设备就可以相互通信。在 NB-IoT 的 E-UTRAN 无线接口协议架构中，分为物理层（L1）、数据链路层（L2）和网络层（L3）。NB-IoT 有两种数据传输模式，分别是控制面（Control Plane，CP）模式和用户面（User Plane，UP）模式。

（1）控制面协议。在 UE 侧，控制面协议负责 Uu 接口的管理，包括无线资源控制（Radio Resource Control，RRC）协议、分组数据汇聚（Packet Data Convergence Protocol，PDCP）、无线链路控制（Radio Link Control，RLC）协议、介质访问控制（Media Access Control，MAC）协议、PHY 协议和非接入层（Non-Access Stratum，NAS）协议。控制面协议要求 NB-IoT UE 和网络支持 CP 模式，IP 数据和非 IP 数据都封装在 NAS 数据包中，并采用 NAS 的安全协议进行报头的压缩。

UE 进入空闲状态后，UE 和 eNB 基站不保留接入层（Access Stratum，AS）的上下文。UE 再次进入连接状态时需要重新建立 RRC 连接请求。控制面协议栈如图 3.3 所示。

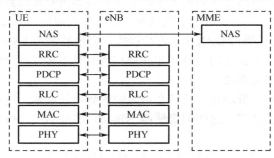

图 3.3　控制面协议

NAS 协议处理 UE 和移动管理实体（Mobility Management Entity，MME）之间信息的传输与控制。控制面协议的 NAS 协议包括连接性管理、移动性管理、会话管理和 GPRS 移动性管理等。

RRC 协议用于解决 UE 和 eNB 基站之间的信息传输。RRC 上载有建立、修改、释放 MAC 和 PHY 协议实体需要的所有参数，是 UE 和 E-UTRAN 之间控制信令的主要组成部分，主要用于发送相关信令和分配无线资源。RRC 协议负责建立无线承载，在接入层中实现控制功能，配置 eNB 和 UE 中间的 RRC 信令控制。

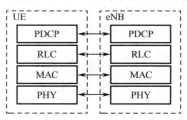

图 3.4　用户面协议

（2）用户面协议。用户面协议包括 PDCP、RLC 协议、MAC 协议和 PHY 协议，其作用是进行报头加密、压缩、调度、自动重传请求和混合自动重传请求。用户面协议如图 3.4 所示。

数据链路层通过 PHY 实现数据传输，PHY 为 MAC 提供传输信道的服务，MAC 为 RLC 提供逻辑信道的服务。PDCP 属于 Uu 接口的第二层，负责处理控制面协议中的 RRC 消息和用户面协议中的 IP 数据包。在用户面协议中，PDCP 先收到上层的 IP 数据，对 IP 数据进行处理，再传输到 RLC。在控制面协议中，PDCP 为 RRC 传递信令并完成信令的加密和一致性保护。

（3）CP 模式和 UP 模式的并存。CP 模式和 UP 模式分别适合传输小数据包和大数据包。在采用 CP 模式传输数据时，如需求传输大数据包，则可由 UE 发起从 CP 模式到 UP 模式的转换，再传输大数据包。

在空闲状态下，用户通过服务请求过程发起 CP 模式到 UP 模式的转换，MME 收到服务请求后，需删除和 CP 模式相关的信息，并为用户建立 UP 模式通道。在连接状态下，用户的 CP 模式到 UP 模式的转换可以由 UE 通过跟踪区更新（Tracking Area Update，TAU）过程发起，也可以通过 MME 直接发起，MME 收到终端携带激活标志的 TAU 消息时，或者检测到下行数据包较大时，MME 将删除和 CP 模式相关信息，并为用户建立 UP 模式通道。

2）NB-IoT 物理层

无线接口协议的最底层就是 PHY，PHY 为物理介质中的数据传输提供所需的全部功能，同时为 MAC 和高层传递信息服务。

NB-IoT 的物理层进行了大量的简化和修改，包括多址接入方式、工作频段、帧结构、调制/解调方式、天线端口、小区搜索、同步过程、功率控制等。物理层信道分为下行物理层信道和上行物理层信道，重新定义了窄带主同步信号（Narrowband Primary Synchronization Signal，NPSS）和窄带辅同步信号（Narrowband Secondary Synchronization Signal，NSSS），目的是进一步简化 UE 的接收机设计。NPSS 和 NSSS 在无线数据帧中的时域位置如图 3.5 所示，其中 NPSS 在每个无线数据帧的第 5 个子帧上发送，发送周期为 10 ms，而 NSSS 在偶数无线数据帧的第 9 个子帧上发送，发送周期为 20 ms。

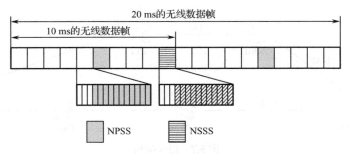

图 3.5　NPSS 和 NSSS 在无线数据帧中的时域位置

3. NB-IoT 架构

1）NB 总体网络架构

NB-IoT 总体网络架构采用端到端系统架构，如图 3.6 所示。

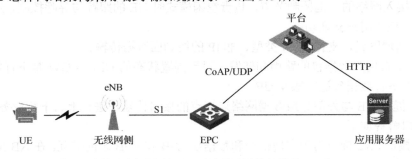

图 3.6　NB-IoT 端到端系统架构

终端（UE）：通过空口连接到基站 eNB。

无线网侧：包括两种组网方式，一种是整体式无线接入网，其中包括 2G、3G、4G 以及 NB-IoT 网，另一种是新建 NB-IoT。无线网侧主要承担空口接入处理、小区管理等相关功能，并通过 S1 接口与 EPC 进行连接，将非接入层数据转发给高层处理。

EPC：承担与 UE 非接入层交互的功能，并将 NB-IoT 业务相关数据转发到 NB-IoT 平台进行处理。

平台：目前以中国移动、中国电信和中国联通台为主。

应用服务器：通过 HTTP、HTTPS 协议和平台通信，通过调用平台开放的 API 来控制设备，平台把设备上报的数据推送给应用服务器。平台可以对设备数据进行协议解析，并转换成标准的 JSON 格式。

2）网络结构细化

NB-IoT 的网络架构和 LTE 的网络架构相同，都称为演进分组系统（Evolved Packet System，EPS）。EPS 包括 3 个部分，分别是演进的核心系统（Evolved Packet Core，EPC）、基站（eNB）、终端（UE）。EPS 架构如图 3.7 所示。

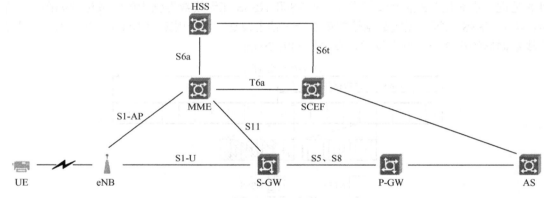

图 3.7　EPS 架构

NB-IoT 网络包括 NB-IoT 终端、基站、归属签约用户服务器（Home Subscriber Server，HSS）、移动的管理实体（Mobility Management Entity，MME）、服务网关（Serving Gateway，S-GW）、分组数据网关（PDN Gateway，P-GW）、业务能力开放单元（Service Capability Exposure Function，SCEF）和第三方应用服务器（Application Server，AS）等。

MME：接入网络的关键控制节点，负责空闲模式时 UE 的跟踪与寻呼控制，通过与 HSS 的信息交流，完成用户验证功能。

SCEF：新增网元，支持 PDN 类型、非 IP 的控制面数据传输。

S-GW：负责用户数据包的路由和转发。对于闲置状态的 UE，S-GW 是下行数据路径的终点，并且在下行数据到达时触发 UE。

P-GW：提供 UE 与外部分组数据网络连接点的接口传输，进行上、下行业务等级计费。

相关接口解释如下：

（1）X2 接口。X2 接口用于实现信令和数据在 eNB 和 eNB 之间交互。在 NB-IoT 网络中，X2 接口不支持 eNB 间的用户面操作，主要在控制面利用新的跨基站用户上下文恢复处理。在用户面传输方案下，挂起的终端移动到新基站发起 RRC 连接恢复过程，携带从旧基站获得的恢复 ID，新基站在 X2 接口向旧基站发起用户上下文获取流程，从旧基站获取终端在旧基站挂起时保存的用户上下文信息，以便在新基站上快速恢复该终端。

（2）S1 接口。S1 接口用于实现 eNB 和 MME 之间的信令传递，利用 S1 接口的用户面，可以实现 eNB 和 S-GW 之间的数据传输。在 NB-IoT 网络中，S1 接口的功能和特性主要包括：

上报无线网络接入技术类型、指示 UE 无线传输性能、优化信令流程、优化控制面传输方案，以及在 S1 接口增加连接挂起和恢复处理功能等。

3）传输方式

从传输内容看，可以传输三种数据类型：IP 数据、非 IP 数据、SMS 数据。由于单小区内 NB-IoT 的终端数量远大于 LTE 终端数，因此控制面的建立和释放次数远大于 LTE 网络，但是实现小数据包的发送和接收时，终端从空闲态转换到连接状态的网络信令开销远大于数据量本身。

下面将 NB-IoT 传输优化方案分为控制面传输优化方案与用户面传输优化方案来分别进行说明。

（1）控制面传输优先方案。控制面传输优化方案针对小包数据传输进行优化，可以将 IP 数据、非 IP 数据或 SMS 数据封装到协议数据单元（PDU）中进行传输，无须建立无线承载（DRB）和基站与 S-GW 间的 S1-U 承载。

当采用控制面传输优化方案时，小数据包通过 NAS 信令传输到 MME，并通过与 S-GW 间建立 S1-U 连接来实现小数据包在 MME 与 S-GW 间的传输。当 S-GW 收到下行数据时，如果 S1-U 连接存在，S-GW 将下行数据发给 MME，否则触发 MME 执行寻呼。

控制面传输优化方案的两个传输路径为：

$$UE \rightarrow eNB \rightarrow MME \rightarrow S\text{-}GW \rightarrow P\text{-}GW$$
$$UE \rightarrow eNB \rightarrow MME \rightarrow SCEF$$

（2）用户面传输优先方案。用户面传输优先方案通过重新定义挂起流程与恢复流程，可使空闲状态的终端快速恢复到连接态，从而可减少相关空口资源和信令开销。当终端从连接状态进入空闲状态时，eNB 挂起暂存该终端的 AS 信息、S1-AP（S1 接口）信息和承载上下文信息，终端存储 AS 信息，MME 存储终端的 S1-AP 信息和承载上下文信息，当有数据传输时可快速恢复，不需要重新建立承载和安全信息的重新协商。另外，小数据包通过用户面直接进行传输时，需要建立 S1-U 和 DRB。数据流向如图 3.8 所示。

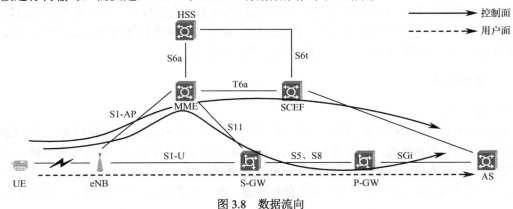

图 3.8 数据流向

4. NB-IoT 典型应用

NB-IoT 在智慧楼宇、智慧城市、智慧农业、智慧环境、消费电子、智慧物流、公共事业、智慧消防、财产追踪等方面有广泛应用。

3.1.3 开发实践：构建城市环境信息采集系统

1．开发设计

NB-IoT 是物联网的一部分，用于获取传感器数据和控制电气设备。为了对 NB-IoT 有一个完整的概念，需要在一个完整的物联网体系下对 NB-IoT 进行把握。

项目开发目标：使用 NB-IoT 构建城市环境信息采集系统，在城市环境信息采集系统中将节点采集到的信息定时发送至远程服务器，通过终端 App 或控制台实时获取这些信息，如图 3.9 所示。

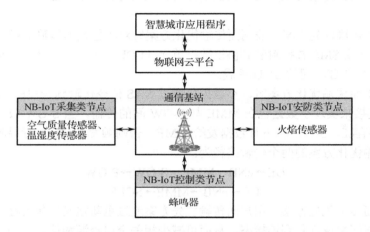

图 3.9　智慧城市 NB-IoT 部署架构图

本项目使用 xLab 未来开发平台中的安装有 NB-IoT 无线模组的 Lite 节点和 Sensor-A 传感器模拟开发环境，其中使用 Sensor-A 传感器的温湿度传感器和空气质量传感器作为城市环境信息采集传感器。

城市环境信息采集系统流程为：当节点与远程服务器建立连接后，可以通过 ZCloudTools 工具查看温湿度信息和空气质量信息，温湿度信息和空气质量信息每 30 s 上报一次。当发出查询指令时，可以获取实时的温湿度信息和空气质量信息。

2．功能实现

1）设备选型

根据应用场景，选择智能网关、节点、传感器；准备一个 Mini4418 智能网关，三个 LiteB 节点，选择相关的传感器：采集类 Sensor-A 传感器（空气质量传感器、温湿度传感器、光照度传感器、气压海拔传感器）、控制类 Sensor-B 传感器（如 RGB、步进电机、排风扇、蜂鸣器），以及安防类 Sensor-C 传感器（如光栅传感器、燃气传感器、红外传感器、火焰传感器）。

2）设备配置

（1）正确连接硬件，通过软件工具为智能网关、节点固化出厂镜像程序；通过 J-Flash ARM 工具固化节点程序。

（2）正确配置 NB-IoT 的网络参数和智能网关服务，通过软件工具修改 NB-IoT 节点的参数，正确设置智能网关，将节点接入到物联网云平台。

3）设备组网

（1）创建 NB-IoT 网络，并让节点正确接入网络。

（2）通过综合测试软件查看设备网络拓扑图，通过软件工具观察节点组网状况。

3．开发验证

节点连接到智云服务器，可以通过 ZCloudTools 工具可查看网络拓扑，如图 3.10 所示。

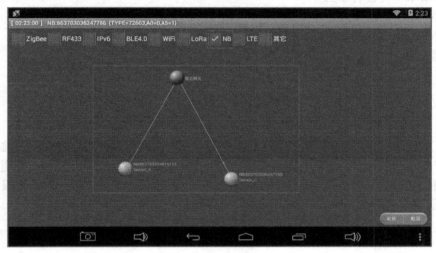

图 3.10　网络拓扑图

单击节点的图标就可以进入相应的节点控制界面，如图 3.11 所示。

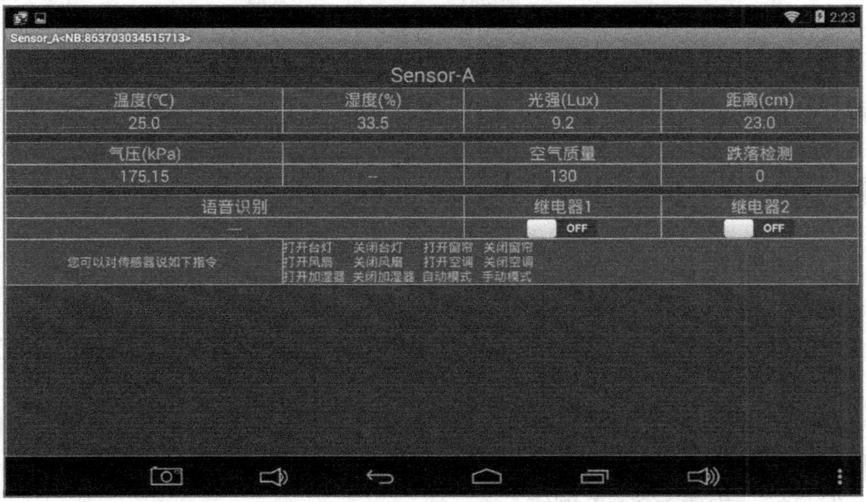

图 3.11　节点控制界面

3.1.4　小结

本节先介绍了 NB-IoT 的特征、网络参数、网络架构，然后通过开发实践，使用 NB-IoT

组建简单的城市环境信息采集系统，将各节点采集的数据发送至远程服务器，通过终端 App 实现数据的实时获取。

3.1.5　思考与拓展

（1）NB-IoT 特征有哪些？

（2）NB-IoT 的应用场景有哪些？

（3）NB-IoT 组建的物联网系统结构是怎样的？

（4）尝试组建更大的 NB-IoT 并进行相关测试。

3.2　NB-IoT 开发平台和开发工具

由于 NB-IoT 的网络特征和使用特点，使得其在物联网领域拥有广阔的发展前景。虽然 NB-IoT 有着众多的优势，但是其使用场景较为复杂，有时会应用在下水管道、楼道、城市角落等偏僻狭窄的地方，另外 NB-IoT 的数据直接由远程服务器处理，因此对远程服务器的稳定性提出了更高的要求。NB-IoT 链路如图 3.12 所示。

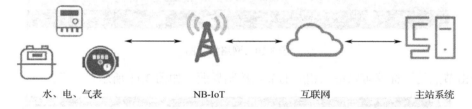

水、电、气表　　　　　　　　NB-IoT　　　　　　互联网　　　　　　主站系统

图 3.12　NB-IoT 链路

本节首先介绍用于开发 NB-IoT 的 WH-NB71 模块，以及常用的开发工具和调试工具，然后利用 WH-NB71 模块和这些工具进行 NB-IoT 的开发、调试、测试、运维，最后构建 NB-IoT 网络。

3.2.1　学习与开发目标

（1）知识目标：WH-NB71 模块、WH-NB71 模块的 AT 指令、NB-IoT 的开发工具及调试工具。

（2）技能目标：了解 WH-NB71 模块功能，掌握 WH-NB71 模块的 AT 指令，掌握 NB-IoT 的开发工具及调试工具的使用方法。

（3）开发目标：构建 NB-IoT 网络。

3.2.2　原理学习：WH-NB71 模块

NB-IoT 无线模组由 WH-NB71 模块和 STM32 组成，下面介绍 WH-NB71 模块。

1. WH-NB71 模块介绍

WH-NB71 是一款高性能、低功耗的用于开发 NB-IoT 的模块。WH-NB71 模块如图 3.13 所示，该模块支持多个频段，体积小、功耗低，可通过简单的 AT 指令进行设置，可通过串口与网络进行双向数据透明传输，同时支持 CoAP 协议、UDP 协议和 TCP 协议，可以方便用户快速地搭建服务器平台。WH-NB71 模块常被用于无线抄表、智慧城市、安防、资产追踪、智能家电、农业和环境监测等行业。

图 3.13　WH-NB71 模块

WH-NB71 模块有 4 种工作模式：CMD 指令模式、CoAP 透传模式（CoAP）、简单透传模式（NET）以及 OneNET 模式，可通过串口发送 AT 指令来实现参数设置，功能结构如图 3.14 所示。

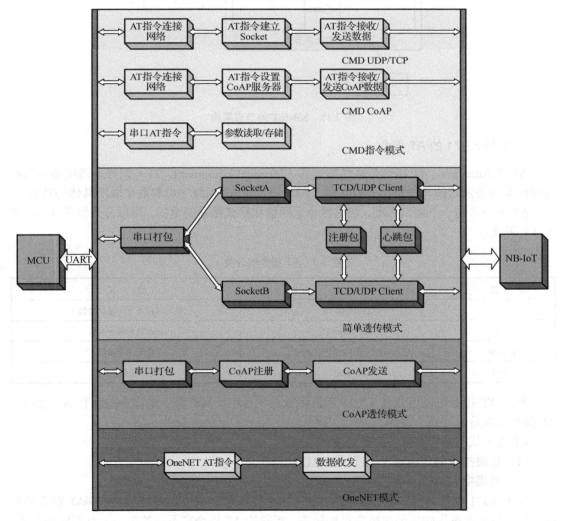

图 3.14　WH-NB71 模块的功能结构

2．NB-IoT 节点架构

WH-NB71 是一个承载 NB-IoT 的无线通信模块，通过 WH-NB71 模块可以实现 NB-IoT 的连接、NB-IoT 的数据通信、远程服务访问等。但 WH-NB71 模块本身并不具备数据传输和信息处理能力，因此为了实现物联网感知层中的传感器数据采集、硬件设备控制和通过 NB-IoT 的数据收发等功能，需要使用微处理器来驱动 WH-NB71 模块。WH-NB71 模块和 STM32 可构建全功能无线节点。NB-IoT 的节点架构如图 3.15 所示。

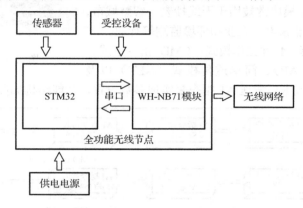

图 3.15　NB-IoT 的节点架构

3．WH-NB71 的 AT 指令

AT 即 Attention，AT 指令是从终端设备（Terminal Equipment，TE）向终端适配器或数据电路终端设备发送的，每条指令以字母"AT"开头，AT 后跟字母和数字表明具体的功能。

AT 指令作为一个接口标准，它的指令返回值和格式都是固定的，可以分为以下 4 类，如表 3.1 所示。

表 3.1　AT 指令的分类

分　　类	格　　式	含　　义
测试指令	AT+<cmd>=?	获取该指令下可能的参数值
读指令	AT+<cmd>?	读取当前指令参数
设置指令	AT+<cmd>=P1[,P2[,P3[……]]]	设置指令参数
执行指令	AT+<cmd>	执行相应的操作

多条 AT 指令可以用分号（";"）隔开后放在一行中，只有第一条指令前面有 AT 前缀。AT 指令可以是大写或小写的。

AT 指令状态报告有以下两种情况：

（1）如果指令格式错误，返回"ERROR"。

（2）如果指令执行成功，返回"OK"。

WH-NB71 模块的很多 AT 指令都来自 GSM 模块或者 4G 模块，所以很多 AT 指令都是通用的，但指令操作的结果与模块直接相关，相同的 AT 指令在不同的模块下有不同的含义。另外，针对 WH-NB71 模块本身的特点还定制了部分 AT 指令。

WH-NB71 模块的 AT 指令可分为 4 种类型，如表 3.2 所示。

表 3.2 WH-NB71 模块的 AT 指令分类

名　称	含　义	功　能
3GPP 标准指令	GSM 核心网络无线接口技术规范	用于入网连接
特殊指令	WH-NB71 模块特有指令	用于数据收发和参数配置
稳恒通用扩展指令	稳恒厂家信息扩展指令	用于查询产品生产信息
透传扩展指令	该类指令仅适用于透传模式	用于模块透传模式的配置

WH-NB71 模块的 AT 指令如表 3.3 所示。

表 3.3 WH-NB71 模块的 AT 指令

指令类型	指　令	功　能
3GPP 标准指令	AT+CGMI	给出生产厂家的标识
	AT+CGMM	获得生产厂家的标识
	AT +CGMR	获取定制的软件版本
	AT+CGSN	获取模块的 IMEI 序列号
	AT+CEREG	ESP 网络注册状态
	AT+CSCON	查询模块是否连接到网络
	AT+CLAC	罗列可用的指令表
	AT+CSQ	获取信号强度指标
	AT+CGPADDR	显示 PDP（分组数据协议）地址
	AT+COPS	公共网络选择
	AT+CGATT	设置模块接入网络
	AT+CIMI	获取 SIM 卡的 IMSI 序列号
	AT+CGDCONT	定义 PDP 上下文
	AT+CFUN	查询是否为全功能模式
	AT+CMEE	报告移动终端错误
	AT+CCLK	获取日期和时间
特殊指令	AT+NMGS	发送信息
	AT+NMGR	获取消息
	AT+NNMI	新消息指示
	AT+NSMI	已发信息指示
	AT+NQMGR	查询收到的消息
	AT+NQMGS	查询已发送的消息
	AT+NRB	设备重启
	AT+NCDP	配置和查询 CDP 服务器的设置
	AT+NUESTATS	设置模块状态
	AT+NEARFCN	指定搜索频率

续表

指 令 类 型	指 令	功 能
特殊指令	AT+NSOCR	创建套接字
	AT+NSOST	发送指令（仅用于 UDP）
	AT+NSOSTF	带标记的发送指令（仅用于 UDP）
	AT+NSORF	接收指令（仅用于 UDP）
	AT+NSOCL	关闭套接字
	AT+NSONMI	套接字消息到达指示符
	AT+NPING	测试到远程主机的 IP 网络连接
	AT+NBAND	查询当前模块的频段
	AT+NLOGLEVEL	设置调试日志级别
	AT+NCONFIG	设置模块工作模式
	AT+NATSPEED	配置调试串口波特率
稳恒通用扩展指令	AT+BUILD	查询固件时间版本
	AT+VER	查询固件版本号
	AT+PDTIME	查询模块生产时间
	AT+SN	查询模块 SN 码
透传扩展指令	该类指令仅适用于透传模式	

4．NB-IoT 的常用工具

LiteB-LR 节点集成了 STM32，可以采用 IAR 集成开发环境进行软件开发，WH-NB71 模块的 NB-IoT 无线协议示例工程均采用 IAR 集成开发环境开发。IAR 集成开发环境可用于 WH-NB71 模块的无线协议设计、开发和测试。

另外，还有 J-Flash ARM、ZCloudTools 和 ZCloudWebTools 等工具，请参考 2.2 节。

为了方便 NB-IoT 项目的学习和开发，本书根据 NB-IoT 的特性开发了一款专门用于数据收发调试的辅助开发和调试工具 xLabTools，该工具可以通过 NB-IoT 节点的调试串口获取节点当前配置的网络信息。

NB-IoT 节点硬件设置好后，打开 xLabTools 工具后选择"NB-IoT"选项，弹出如图 3.16 所示的界面。

使用 USB 串口线连接 NB-IoT 节点底板 USB 接口和计算机 USB 接口后，xLabTools 工具将自动识别当前可用的串口号，如图 3.17 所示，单击"打开串口"按钮后，xLabTools 将自动获取当前节点的网络信息，并开始接收数据（配置参数程序中已设置）。

NB-IoT 节点可以通过智云账号远程连接到服务器，服务器地址为"119.23.162.168"，请使用正确的 ID、KEY，如图 3.18 所示。

可以通过图 3.16 中的"数据显示设置"来选择接收或发送数据的显示方式，如 Hex 或 Ascii，例如图 3.19 所示的数据记录。

图 3.16　xLabTools 工具的 NB-IoT 界面

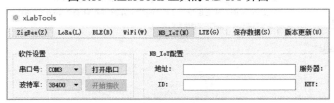

图 3.17　NB-IoT 节点功能选择

图 3.18　NB-IoT 节点配置信息的读取

图 3.19　xLabTools 工具显示的数据记录

5．WH-NB71 模块的 AT 指令调试

WH-NB71 模块的调试可以通过串口发送 AT 指令来实现。为了方便 WH-NB71 模块的脱机调试和操作，这里使用 PortHelper 工具来对 WH-NB71 模块进行脱机调试。

PortHelper 是一款功能强大的程序调试工具，该工具除了基本的串口调试功能，还集成了串口监视器、USB 调试、网络调试、网络服务器、蓝牙调试以及一些辅助的代码开发工具，这里使用的是 PortHelper 工具的串口调试功能。PortHelper 工具的串口调试界面如图 3.20 所示。

图 3.20　PortHelper 工具的串口调试界面

PortHelper 工具的串口调试界面中有 6 个窗口，这些窗口分别是串口配置窗口、线路控制窗口、线路状态窗口、辅助窗口、接收区窗口、发送区窗口。

下面通过 PortHelper 工具对 WH-NB71 模块进行 AT 指令调试，调试用的 AT 指令如表 3.4 所示。

表 3.4　调试用的 AT 指令

指　　令	功　　能
AT+NBAND?	查询当前模块的频段
AT+NCONFIG?	查询模块是否是自动模式
AT+CIMI	检测模块是否检测到 SIM 卡
AT+CFUN?	查询是否是全功能模式
AT+CSQ	查询信号强度指标
AT+CGATT?	查询模块是否附着网络

续表

指　令	功　能
AT+CEREG?	查询模块是否成功注网络
AT+CSCON?	查询模块是否已经连接到网络

　　WH-NB71 模块的 J3 跳线要设置到 USB，跳线旁的 J13 电源接口要外接 12 V 电源，使用 USB 串口线分别连接 WH-NB71 模块的 USB 接口与计算机 USB 接口，接着打开计算机端的 PortHelper 工具。

　　WH-NB71 模块的 AT 指令初始化连接入网操作如下：

　　（1）配置串口，选择正确的端口，波特率为 9600，数据位为 8，停止位为 1，校验为 NONE，然后单击"打开串口"按钮。输入"AT+NBAND?"后按下回车键，再单击"发送"按钮（查询当前模块的频段），接收到"+NBAND:5"和"OK"则说明为中国电信的网络。网络连接操作如图 3.21 所示。

图 3.21　网络连接操作

　　注：如果频段不正确可以使用"AT+NBAND=*"进行设置，*为 5 表示中国电信的网络，*为 8 表示中国移动或中国联通的网络。设置完频段之后需要重启模块，可以使用指令"AT+NRB"重启。

　　（2）输入"AT+NCONFIG?"后按下回车键，再单击"发送"按钮，可以查询模块是否是自动模式，如图 3.22 所示。

　　（3）输入"AT+CIMI"后按下回车键，再单击"发送"按钮，可以查询模块是否检测到 SIM 卡，如异常请检查 SIM 卡是否插好，如图 3.23 所示。

图 3.22 查询模块是否是自动模式

图 3.23 SIM 卡检测

（4）输入"AT+CFUN?"后按下回车键，再单击"发送"按钮，可以查询是否是全功能模式，如图 3.24 所示。需要注意的是，如果设置成自动配置模式时，在上电后模块会自动配置，自动打开全功能模式（上电后过段时间再查询）。如果通过该 AT 指令查询到模块及 SIM 卡正常，则会返回查询结果。

图 3.24　查询是否是全功能模式

注：如果不是全功能模式，则可以使用"AT+CFUN=1"进行设置。设置完频段之后需要重启模块，可以使用指令"AT+NRB"重启。

（5）输入"AT+CSQ"后按下回车键，再单击"发送"按钮，可以查询信号强度指标，如图 3.25 所示。如果返回时"99,99"，则说明没有信号。

图 3.25　查询信号强度指标

（6）输入"AT+CGATT?"后按下回车键，再单击"发送"按钮，可以查询模块是否附着网络，如图 3.26 所示。如果返回"+CGATT:1"，则表示已经成功附着网络，返回"+CGATT:0"则表示未附着网络，这时应确认卡是否是 NB-IoT 卡以及卡是否有效。

图 3.26　查询模块是否附着

（7）输入"AT+CEREG?"后按下回车键，再单击"发送"按钮，可以查询模块是否成功注册网络，如图 3.27 所示。如果返回"+CEREG:0,1"，则第一个参数表示禁止主动返回网络注册网状态，第二个参数表示注册网络的状态，0 为未注册网络，1 为已注册网络，2 为正在注册网络。

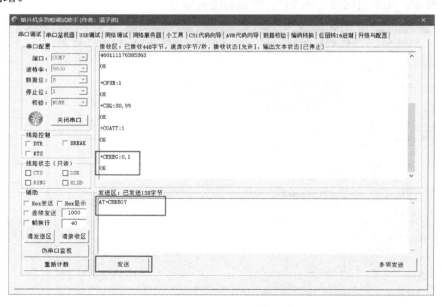

图 3.27　查询模块是否成功注册网络

（8）输入 "AT+CSCON?" 后按下回车键，再单击 "发送" 按钮，可以查询模块是否已经连接到网络，如图 3.28 所示。需要强调的是，由于 NB-IoT 的特征，模块并不会一直和基站连接。当模块没有数据交互时，会在 20 s 左右进入空闲模式。如果返回 "+CSCON:0,0" 则表示是正常的，返回 "+CSCON:0,1" 则表示已连接到网络。

图 3.28　查询模块是否已连接到网络

3.2.3　开发实践：构建 NB-IoT 网络

1. 开发设计

本项目的开发目标：使用 NB-IoT 构建城市环境信息采集系统，通过各种工具进行程序开发、调试和运维。本项目使用 xLab 未来开发平台中的安装有 NB-IoT 无线模组 LiteB 节点的 Sensor-A、Sensor-B 和 Sensor-C 模拟项目开发环境。

本项目主要包括以下工具的学习：

（1）IAR 集成开发环境：主要用于程序开发、调试。

（2）J-Flash ARM：主要用于程序的烧写固化。

（3）ZCloudTools：主要用于网络拓扑图分析、应用层数据分析。

（4）xLabTools：主要用于网络参数的修改、节点数据分析和模拟。

（5）PortHelper：串口调试助手。

2. 功能实现

1) IAR 集成开发环境

（1）安装无线协议系统，节点的示例工程将集成在协议栈目录内。

（2）通过 IAR 集成开发环境打开节点示例工程，完成工程源码的分析、调试、运行和下载，如图 3.29 所示。

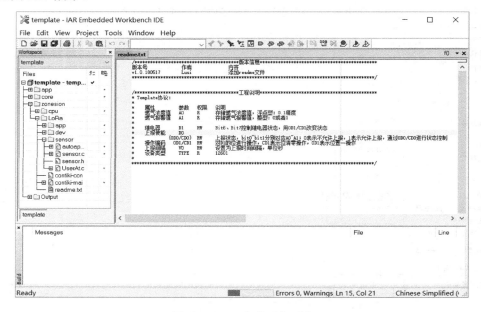

图 3.29　IAR 集成开发环境

（3）了解 NB-IoT 无线协议源码结构，通过 Contiki-conf.h 文件修改 NB-IoT 参数。

2) J-Flash ARM

通过 J-Flash ARM 工具可以对节点程序进行固化烧写，如图 3.30 所示。

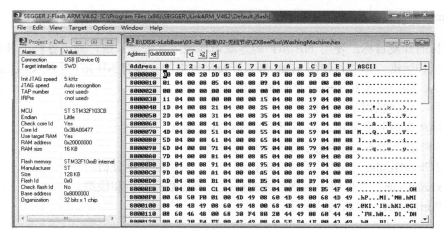

图 3.30　J-Flash ARM 工具

3）ZCloudTools

（1）通过 ZCloudTools 可以查看网络拓扑，如图 3.31 所示。

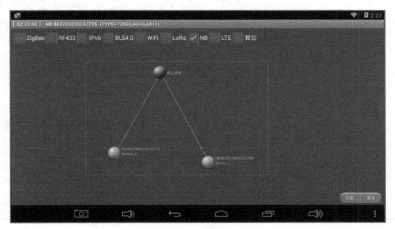

图 3.31　查看网络拓扑

（2）通过 ZCloudTools 可以查看节点应用层的数据，如图 3.32 所示。

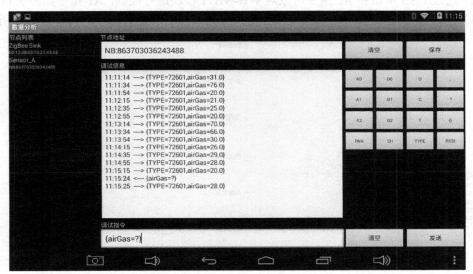

图 3.32　查看节点应用层的数据

4）xLabTools

通过 xLabTools 工具（见图 3.33）可以读取和修改 NB-IoT 网络参数；可以读取节点收到的数据包，并解析数据；可以通过连接的节点发送自定义的数据到应用层。通过连接 NB-IoT 节点，xLabTools 工具可以分析 NB-IoT 接收到的数据，并可下行发送数据进行调试。

3. 开发验证

（1）通过 IAR 集成开发环境和 J-Flash ARM 工具可以完成节点程序的开发、调试、运行和下载。

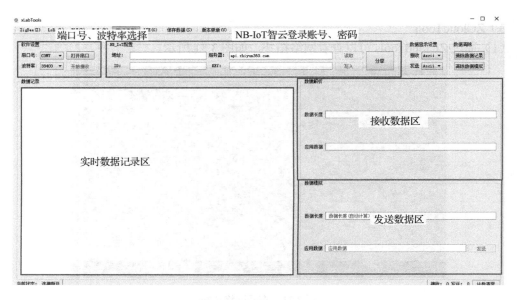

图 3.33　xLabTools 工具

（2）通过 USB 串口和 AT 指令可以对 WH-NB71 模块进行控制，AT 指令如图 3.34 所示。

（3）通过 xLabTools 工具完成节点数据的分析和调试，xLabTools 调试如图 3.35 所示。

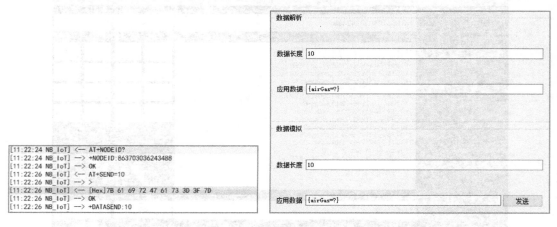

图 3.34　AT 指令　　　　　　　　　　　　　图 3.35　xLabTools 调试

（4）通过 ZCloudTools 工具完成节点数据的分析和调试，ZCloudTools 调试如图 3.36 所示。

图 3.36　ZCloudTools 调试

3.2.4 小结

本节先介绍了 WH-NB71 模块的功能和基本原理，然后介绍了 WH-NB71 模块的 AT 指令，发送不同的 AT 指令，WH-NB71 模块就会进行执行不同的操作和实现不同的功能，最后构建了 NB-IoT 网络。

3.2.5 思考与拓展

（1）NB-IoT 模块使用的 AT 指令有哪些类型？
（2）在 NB-IoT 中加入协议栈有何意义？
（3）简述 WH-NB71 模块的入网过程。
（4）试通过 PortHelper 工具分析网络数据。
（5）试通过 PortHelper 工具发送 AT 指令，从而对网络参数进行设置或修改。

3.3 NB-IoT 协议栈解析与应用开发

智慧城市系统中拥有着众多的子系统，如对城市环境进行定点监测的城市环境监测系统；对城市地段积水路段进行管理的道路监控系统；对城市消防、安防等进行报警的安全保障系统等。这些子系统共同构成了智慧城市系统，因此智慧城市系统拥有海量的无线控制节点。智慧城市系统的架构如图 3.37 所示。

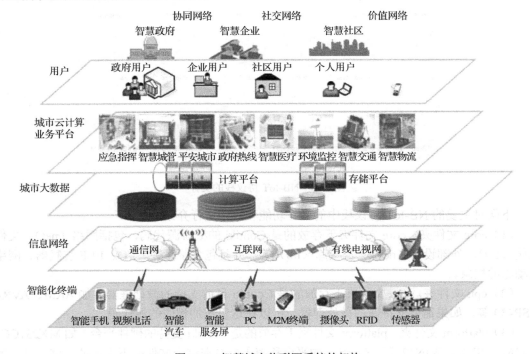

图 3.37 智慧城市物联网系统的架构

本节主要基于 STM32 和 NB-IoT 开发平台来学习 NB-IoT 协议，重点学习 SAPI 框架下 NB-IoT 组网、无线数据收发和处理等 API 的应用，通过构建 NB-IoT 智慧城市系统，来完成 NB-IoT 协议栈和传感器应用接口的学习与开发实践。

3.3.1 学习与开发目标

（1）知识目标：NB-IoT 协议栈的结构、工作流程、执行原理以及关键接口函数。

（2）技能目标：了解 NB-IoT 协议栈的工程结构、工作流程，掌握 NB-IoT 协议栈的执行原理以及关键接口函数的使用方法。

（3）开发目标：构建 NB-IoT 智慧城市系统。

3.3.2 原理学习：NB-IoT 协议栈原理与应用

1．NB-IoT 协议栈接口函数分析

1）NB-IoT 协议栈的文件

将 NB-IoT 协议栈的 contiki-3.0 的工程文件压缩包解压，可以看到整个工程文件中包含了 contiki-3.0 的核心源码、Contiki 提供的 contiki-3.0 项目案例、Contiki 支持的 CPU 类型和 Contiki 的工具等。NB-IoT 协议栈的文件，如图 3.38 所示。

图 3.38　NB-IoT 协议栈的文件

下面对主要的 NB-IoT 协议栈中的文件功能和内容进行介绍：

（1）core 文件夹。core 文件夹下存放的是 Contiki 的核心源代码，包括网络（net）、文件系统（cfs）、外部设备（dev）、链接库（lib）等，并且包含了时钟、I/O、ELF 装载器、网络驱动等的抽象。

（2）cpu 文件夹。cpu 文件夹下存放的是 Contiki 目前支持的微处理器，如 ARM、AVR、MSP430 等，如果需要支持新的微处理器，可以在这里添加相应的源代码。

（3）platform 文件夹。platform 文件夹下存放的是 Contiki 支持的硬件平台，如 MX231CC、MICAZ、SKY、WIN32 等。Contiki 的平台移植主要是在这个文件夹下完成的，这一部分的

源代码与相应的硬件平台相关。

（4）apps 文件夹。apps 文件夹下存放的是一些应用程序，如 FTP、Shell、WebServer 等，在项目开发过程中可以直接使用这些程序。

（5）examples 文件夹。examples 文件夹下存放的是针对不同平台的示例程序。

（6）doc 文件夹。doc 文件夹是 Contiki 帮助文档文件夹，对 Contiki 应用程序开发很有参考价值，使用前需要先用 Doxygen 进行编译。

（7）tools 文件夹。tools 文件夹下存放的是开发过程中常用的一些工具，如与文件系统相关的 makefsdata，与网络相关的 tunslip、cooja 和 mspsim 等。

（8）zonesion 文件夹。zonesion 文件夹下存放的是在 NB-IoT 协议栈下开发的工程文件。

2）NB-IoT 协议栈的工程文件结构

找到并打开 NB-IoT 协议栈中的 template.eww，可以看到协议栈的工程文件结构，如图 3.39 所示。

NB-IoT 协议栈的工程文件结构比较简单，只有三个文件夹，分别是 app、core、zonesion，其中 app 文件夹下存放的是系统的 Contiki 的脚本文件，core 文件夹下存放的是 Contiki 操作系统的系统文件，zonesion 文件夹下存放的是和 WH-NB71 模块相关的驱动文件及相关的协议文件。

三个文件中的前两个文件是系统文件，在项目开发过程中并不需要对其中的程序代码进行更改，需要处理的文件都在 zonesion 文件夹下。zonesion 文件夹下有两个文件夹，分别是 cpu 和 NB-IoT，如图 3.40 所示。其中 cpu 文件夹下存放的是 STM32 的 CPU 库文件，WH-NB71 模块是通过 STM32 来控制的，与 STM32 相关的库文件都存放在 cpu 文件夹下；NB-IoT 文件夹下存放的是 WH-NB71 模块的处理文件与用户任务处理文件，所有与 WH-NB71 模块相关的开发均是在这个文件夹下完成的。

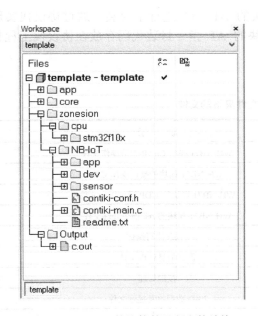

图 3.39　NB-IoT 协议栈的工程文件结构

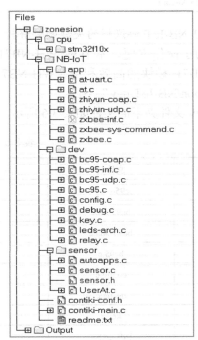

图 3.40　zonesion 文件夹中的文件

NB-IoT 文件夹下的关键文件如表 3.5 所示。

表 3.5　NB-IoT 文件夹下的关键文件

NB-IoT	
├── app	NB-IoT 应用层 API
│　├─ at-uart.c	调试串口初始化
│　├─ at.c	供串口调试用的 AT 交互协议
│　├─ zhiyun-coap.c	智云平台 CoAP 通信接口
│　├─ zhiyun-udp.c	智云平台 UDP 通信接口
│　├─ zxbee-sys-command.c	处理下行的用户指令
│　└─ zxbee.c	无线数据的封包、解包
├── dev	WH-NB71 模块的射频驱动及部分硬件驱动
│　├─ bc95-coap.c	WH-NB71 模块的 CoAP 通信操作文件
│　├─ bc95-inf.c	WH-NB71 模块的接口操作文件
│　└─ bc95-udp.c	WH-NB71 模块的 UDP 通信操作文件
│　└─ bc95.c	WH-NB71 模块的 AT 指令处理文件
├── sensor	NB-IoT 节点传感器驱动
│　├─ autoapps.c	Contiki 操作系统进程列表
│　└─ sensor.c	传感器进程、驱动及应用
├── contiki-conf.h	网络参数配置
└── contiki-conf.c	Contiki 操作系统入口

3）NB-IoT 协议栈的关键函数解析

为了操作方便，本节对 WH-NB71 模块的 AT 指令进行了封装，通过协议栈实现了 WH-NB71 模块的高效利用。WH-NB71 模块的 AT 指令封装代码存放在协议栈工程目录"zonesion/NB-IoT/dev"下。

dev 文件夹下的文件如表 3.6 所示。

表 3.6　dev 文件夹下的文件

编号	文件名	说　明
1	bc95-coap.c	WH-NB71 模块 CoAP 通信操作文件
2	bc95-inf.c	WH-NB71 模块的接口操作文件
3	bc95-udp.c	WH-NB71 模块的 UDP 通信操作文件
4	bc95.c	WH-NB71 模块的 AT 指令处理文件
5	config.c	Flash 读写操作
6	debug.c	调试信息处理文件
7	key.c	按键处理
8	leds-arch.c	LED 数据收发提示文件
9	relay.c	继电器驱动代码

对于表 3.6 中的 9 个文件，只需要关注前 4 个文件即可，后 5 个文件为通用文件，主要是对调试信息和数据收发进行控制，实际没有涉及 WH-NB71 模块的操作，config.c 为 Flash 读写文件，relay.c 为继电器操作文件。

在讲解协议栈接口函数前需要了解 WH-NB71 模块与 STM32 的连接关系，以便理解程序的设计思路。WH-NB71 模块与 SMT32 的连接关系如图 3.41 所示。

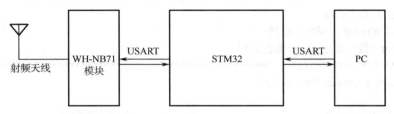

图 3.41　WH-NB71 模块与 SMT32 的连接关系

WH-NB71 模块是通过 USART 与 STM32 相连的，WH-NB71 模块的操作也是由 STM32 通过发送 AT 指令来实现的，当 WH-NB71 模块反馈数据时 STM32 可以通过 USART 接收数据。因此整个 WH-NB71 模块的操作都是通过 USART 实现的，因此协议栈源代码中更多地是对串口信息的解析和 AT 指令发送。当系统处于调试模式时，STM32 通过另一个 USART 与 PC 相连，PC 通过 USART 向 STM32 发送指令，当 STM32 接收到指令后再使用 USART 转发给 WH-NB71 模块，从而实现 WH-NB71 模块的 PC 端调试。

协议栈中真正涉及 WH-NB71 模块的操作的文件有 bc95-inf.c、bc95-udp.c、bc95-coap.c 和 bc95.c 文件，根据从底层到上层的设计流程，文件的操作顺序为 bc95-inf.c（初始化 WH-NB71 模块的操作 USART）、bc95.c（AT 指令操作及执行文件）、bc95-udp.c（UDP 连接与数据收发操作）与 bc95-coap.c（CoAP 连接与数据收发操作）。下面对这四个文件分别进行讲解。

（1）bc95-inf.c。该文件用于初始化 WH-NB71 模块的操作串口（即 USART），该文件下的源代码较为简短，如下所示。

```
#define RECV_BUF_SIZE    256
static struct ringbuf _recv_ring;
/**********************************************************************
* 名称：gsm_recv_ch
* 功能：调用 Contiki 的串口数据发送通道
**********************************************************************/
static int gsm_recv_ch(char ch)
{
    return ringbuf_put(&_recv_ring, ch);                //调用系统数据通道发送数据
}
/**********************************************************************
* 名称：gsm_inf_init
* 功能：WH-NB71 模块的操作串口初始化
**********************************************************************/
void gsm_inf_init(void)
{
```

```
        static uint8_t recv[RECV_BUF_SIZE];                //定义数据缓冲
        ringbuf_init(&_recv_ring, _recv, (uint8_t)RECV_BUF_SIZE);
        uart1_init(9600);                                  //初始化操作串口
        uart1_set_input(gsm_recv_ch);                      //调用系统输出函数
}
/*********************************************************************************
* 名称：gsm_uart_write
* 功能：向 WH-NB71 模块写数据
* 参数：buf—数据缓冲；len—数据长度
*********************************************************************************/
void gsm_uart_write(char *buf, int len)
{
    for (int i=0; i<len; i++) {                            //循环发送数据
        uart1_putc(buf[i]);
    }
}
/*********************************************************************************
* 名称：gsm_uart_read_ch
* 功能：获取 WH-NB71 模块发送数据
*********************************************************************************/
int gsm_uart_read_ch(void)
{
    return ringbuf_get(&_recv_ring);                       //从系统接口接收数据
}
```

上述源代码中一共定义了 4 个函数，这 4 个函数的功能是初始化串口。数据收发是通过 Contiki 的接口函数完成的。为什么要调用 Contiki 的接口函数完成数据收发呢？这主要与 Contiki 的工作机制有关。Contiki 的工作机制为轮询操作，数据收发也属于系统任务之一，数据在系统中不能够被立刻收发，需要在系统进程执行到时被处理，因此数据收发是在系统接口函数中完成的。

（2）bc95.c。该文件实现了 WH-NB71 模块的 AT 指令处理、执行与反馈函数，能够实现对 AT 指令的识别，并完成对 WH-NB71 模块的初始化配置，同时可以通过 AT 指令响应系统对 WH-NB71 模块的操作。该文件中最为重要的是 AT 指令的响应处理程序，该程序用于完成 AT 指令的处理、操作执行与内容反馈，是 WH-NB71 模块最核心的程序之一。AT 指令的响应处理程序的源代码如下：

```
//AT 指令收发响应进程
PROCESS_THREAD(gsm, ev, data)
{
    static struct etimer et;
    static int led2 = 0;
    static int led_t = 0;
    PROCESS_BEGIN();

    gsm_inf_init();
    etimer_set(&et, CLOCK_SECOND);                         //1000 ms
```

```
            PROCESS_WAIT_EVENT_UNTIL(ev == PROCESS_EVENT_TIMER);
            ctimer_set(&gsm_timer, CLOCK_SECOND, _gsm_timer_call, NULL);
            shell_register_command(&gsm_command);
            while (1) {
                _poll_request();
                _poll_response();
                if (gsm_info.gsm_status == 0){led2 = 0;}
                else if (gsm_info.simcard_status != 1) {
                    led_t += 1;
                    if (led_t % 50 == 0) {
                        led2 = !led2;
                        led_t = 0;
                    }
                }else if (gsm_info.ppp_status != 2) {
                    led_t += 1;
                    if (led_t % 16 == 0) {
                        led2 = !led2;
                        led_t = 0;
                    }
                } else {
                    led2 = 1;
                }
                if (led2 != 0) {
                    leds_on(2);
                } else {
                    leds_off(2);
                }
                etimer_set(&et, CLOCK_SECOND/100);
                PROCESS_YIELD();
            }
            PROCESS_END();
        }
```

AT 指令请求轮询函数的源代码如下：

```
/******************************************************************************
* 名称：_poll_request
* 功能：AT 请求轮询
******************************************************************************/
void _poll_request(void)
{
    if (current_at == NULL) {
        current_at = list_at;
        if (current_at != NULL) {
            DebugAT(" gsm <<< %s", (char*)current_at->req);
            if (strstr(current_at->req, "zipsend")) {
                DebugAT("\n");
```

```
                }
                current_at->timeout_tm = clock_time()+ current_at->timeout_tm;
                gsm_uart_write(current_at->req, strlen(current_at->req));
                list_at = list_at->next;
            }
        } else {
            unsigned int tm = clock_time();
            if (((int)(tm - current_at->timeout_tm)) > 0) {
                DebugAT(" gsm : timeout\r\n");
                if (current_at->fun != NULL) {
                    current_at->fun(NULL);
                }
                end_process_at();
            }
        }
    }
```

AT 指令响应处理函数的源代码如下：

```
/***********************************************************************************
* 名称：_poll_response
* 功能：AT 指令响应处理
***********************************************************************************/
void _poll_response(void)
{
    int ch;
    ch = gsm_uart_read_ch();                                    //获取串口接收数据
    while (ch >= 0) {        //数据是否存在
        if (gsm_response_mode == 0) {                           //模块是否处于响应模式
            if (_response_offset == 0 && ch == '>') {           //缓存是否为空
                if (current_at != NULL && current_at->fun != NULL) {
                    current_at->fun(">");
                }
            } else
            if (ch != '\n') { //判断操作是否不为换行符
                _response_buf[_response_offset++] = ch;         //将有效数据加入缓存
            } else {
                //判断指针是否不为空，同时数据缓存以回车符结尾
                if (_response_offset>0 && _response_buf[_response_offset-1] == '\r') {
                    _response_buf[_response_offset-1] = '\0';   //将回车符清 0
                    _response_offset -= 1;                      //数据指针减 1
                    if (_response_offset > 0) {                 //如果数据指针大于 0
                        printf(" gsm >>> %s\r\n", _response_buf); //向串口打印接收信息
                        if (current_at != NULL && current_at->fun != NULL) {
                            current_at->fun(_response_buf);
                        }
```

```c
    if ((memcmp(_response_buf, "OK", 2) == 0)              //比较模块反馈是否为 OK
    ||(memcmp(_response_buf, "ERROR", 5) == 0)//比较模块反馈是否为 ERROR
    ||(memcmp(_response_buf, "+CME ERROR", 10) == 0)
    ||(memcmp(_response_buf, "SEND OK", 7) == 0))//比较模块反馈是否为完成
    {
        end_process_at();                                  //清空缓存
    }
    /* unsolite message */
    if (memcmp(_response_buf, "+CSQ:", 5) == 0) {          //是否为"+CSQ:"信息
        char *p = & _response_buf[6];                      //获取缓存地址
        char *e = strchr(p, ',');                          //获取缓存中逗号地址
        *e = '\0';                                         //将逗号内容清空
        int v = atoi(p);                                   //获取有效数据
        if (v == 99) v = 0;                                //如果数据为 99 则为 0
        gsm_info.signal = v/6;                             //将信号强度分为 6 段
    }
    if (memcmp(_response_buf, "+CLIP: ", 7) == 0) {        //判断是否为"+CLIP:"
        //+CLIP: "13135308483",161,"","",0
        gsm_info.phone_status = PHONE_ST_RING;             //设置 SIM 卡有效
        char *p = & _response_buf[8];                      //获取数据缓存地址
        char *e = strchr(p, '\');                          //获取缓存中反斜杠地址
        *e = '\0';                                         //将反斜杠内容清空
        strcpy(gsm_info.phone_number, p);                  //获取电话号码
    }
    //判断是否有 SIM 卡
    if (memcmp(_response_buf, "NO CARRIER", 10) == 0) {
        gsm_info.phone_status = PHONE_ST_IDLE;             //设置 SIM 卡为空
    }
    if (memcmp(_response_buf, "BUSY", 4) == 0) {           //判断接收信息为"BUSY"
        gsm_info.phone_status = PHONE_ST_IDLE;             //设置 SIM 卡为空
    }
    //WH-NB71 模块
    //+CEREG:1,8F25,8F65153,7
    if (memcmp(_response_buf, "+CEREG:", 7) == 0) {        //判断是否为"+CEREG:"
        char *p = & _response_buf[7];                      //获取数据缓存指针
        int st = atoi(p);                                  //获取参数
        if (st == 1 || st==5) {                            //判断参数是否为 1 或 5
            gsm_info.ppp_status = 2;                        //设置 ppp 状态为 2
        } else {
            gsm_info.ppp_status = 1;                        //设置 ppp 状态为 1
        }
    }
    if (memcmp(_response_buf, "+NSONMI:", 8) == 0) { //判断是否为"+NSONMI:"
        void NB71_on_udp_data_notify(int sid, int len); //声明函数
        char *p = & _response_buf[8];                      //获取数据缓冲地址
        int sid = atoi(p);                                 //获取有效数据
        p = strchr(p, ',');                                //判断逗号位
```

```
                                       p += 1;                              //跳过逗号位地址
                                       int len = atoi(p);                   //获取数据信息
                                       NB71_on_udp_data_notify(sid, len);   //处理 UDP 连接信息
                                   }
                                   _response_offset = 0;                    //清空指针
                               }
                           }
                       }
                   }
               ch = gsm_uart_read_ch();                                     //循环接收数据
           }
       }
```

该函数主要是对 WH-NB71 模块的数据进行处理，同时将 WH-NB71 模块返回的数据发送至串口。该函数在 Contiki 协议栈中不断执行，不断地接收 WH-NB71 模块返回的数据，当数据接收完成，即接收到回车换行符后，再根据数据和 WH-NB71 模块的 AT 指令操作对接收数据进行处理。当接收到数据时触发 UDP 数据通知，将数据发送至应用层处理。

（3）bc95-udp.c。该文件用于 WH-NB71 模块建立 UDP 连接，以及完成数据的收发，在收发数据的过程中完全屏蔽了 AT 指令的操作内容。该文件中较为关键的函数有 3 个，分别是 UDP 连接函数（bc95_create_udp_socket）、UDP 连接断开（bc95_udp_close）和 UDP 数据发送（bc95_udp_send）。

UDP 连接函数源代码如下：

```
int bc95_create_udp_socket(int port, void (*f)(int))
{
    char buf[32] ;
    if (on_create_socket_call != NULL) {                    //是否已创建 UDP 连接
        return -1 ;
    }
    on_create_socket_call = f ;                             //获取 UDP 连接参数
    if (port == 0) {
        port = rand()%65535 ;                               //分配端口号
        if (port < 0) port = -port ;                        //取绝对值
    }
    sprintf(buf, " AT+NSOCR=DGRAM,17,%d,1\r\n ", port) ;    //写入端口号配置信息
    _request_at_3(buf, 3000, _on_create_udp_socket) ;       //创建 UDP 连接
    return 0 ;
}
```

这个函数首先判断 WH-NB71 模块是否已经创建 UDP 连接，如果已创建 UDP 连接则退出 UDP 的创建；如果没有创建 UDP 连接则通过函数指针调用 UDP 连接函数并配置端口，最后通过 UDP 请求操作函数完成 UDP 连接的创建。从上述源代码中可以看出，每次创建 UDP 连接的端口号都是重新生成的。

UDP 连接断开函数源代码如下：

```
void bc95_udp_close(int sid)
{
    char buf[32] ;                                   //数据缓存
    sprintf(buf, " at+nsocl=%d\r\n ", sid) ;         //将连接断开信息写入缓存
    _request_at_3(buf, 1000, NULL) ;                 //断开 UDP 连接操作
}
```

这个函数的工作原理比较简单,只需调用套接字连接断开的 AT 指令操作即可。输入的参数为建立 UDP 连接的 IP 地址。

UDP 数据发送函数源代码如下:

```
int bc95_udp_send(int sid, char *sip, int sport, char *dat, int len)
{
    static char buf[1024+64] ;                       //数据缓存
    //通过 AT 指令写入 IP 地址、端口号、数据内容、数据长度
    int rlen = sprintf(buf, " at+nsost=%d,%s,%d,%d, ", sid, sip, sport, len) ;
    //debug(" BC95 UDP <<< %s ", buf) ;
    for (int i=0 ; i<len ; i++) {                    //循环发送数据
        rlen += sprintf(&buf[rlen], " %02X ", dat[i]) ;
    }
    sprintf(&buf[rlen], " \r\n ") ;                  //发送终止符
    _request_at_3(buf, 3000, NULL) ;                 //3 s 后断开 UDP 连接
    return len ;                                     //返回数据长度
}
```

(4)bc95-coap.c。该文件用于 WH-NB71 模块建立 CoAP 连接,以及完成用户数据的收发,在数据收发的过程中完全屏蔽了 AT 指令的操作内容。该文件中较为关键的函数有 3 个,分别是 CoAP 初始化函数(bc95_coap_init)、CoAP 响应处理函数(_on_ncdp_rsp)和 CoAP 数据发送(bc95_coap_send)。相关源代码如下:

```
static char sip[32] ;
static void (*on_data_call)(char *dat, int len) ;
void bc95_coap_on_data_notify(char *p, int len)
{
    if (on_data_call != NULL) {
        on_data_call(p, len) ;
    }
}
int bc95_coap_send(char *dat, int len)
{
    static char buf[1024+64] ;

    int rlen = sprintf(buf, " at+nmgs=%d, ",  len) ;

    for (int i=0 ; i<len ; i++) {
        rlen += sprintf(&buf[rlen], " %02X ", dat[i]) ;
```

```
        }
        sprintf(&buf[rlen], " \r\n ") ;
        _request_at_3(buf, 5000, NULL) ;

        return len ;
}

void bc95_coap_register_on_data_call(void (*fun)(char *dat, int len))
{
        on_data_call = fun ;
}

static void _on_ncdp_rsp(char *rsp)
{
        if (memcmp(rsp, " +NCDP : ", 6) == 0 || memcmp(rsp, " ERROR ", 5)==0) {
                char *ip = &rsp[6] ;
                char buf[64] ;
                if (memcmp(rsp, " ERROR ", 5)==0 || strcmp(ip, sip) != 0) {
                        sprintf(buf, " at+ncdp=%s\r\n ", sip) ;
                        _request_at_3(buf, 3000, NULL) ;
                        _request_at_3(" AT+S\r\n ",3000, NULL) ;
                        _request_at_3(" AT+NRB\r\n ",5000, NULL) ;
                        _request_at_3(" at\r\n ", 3000, NULL) ;
                        _request_at_3(" at+nnmi=1\r\n ", 3000, NULL) ;
                        _request_at_3(" at+cgatt=1\r\n ", 3000, NULL) ;
                }
        }
}
void bc95_coap_init(char *ip)
{
        strcpy(sip, ip) ;
        _request_at_3(" at+nnmi=1\r\n ", 3000, NULL) ;
        _request_at_3(" at+ncdp ?\r\n", 3000, _on_ncdp_rsp);
}
```

2. NB-IoT 传感器应用程序接口分析

1）NB-IoT 智云框架

智云框架是在传感器应用程序接口和无线协议接口上的基础搭建起来的，通过合理调用相关接口函数，可以使 NB-IoT 的开发形成一套系统的开发逻辑。传感器应用程序接口函数是在 sensor.c 文件中实现的，具体的函数如表 3.7 所示。

表 3.7　传感器应用程序接口包括的函数

函 数 名 称	函 数 说 明
sensorInit()	传感器初始化
sensorUpdate()	传感器数据上报

续表

函 数 名 称	函 数 说 明
sensorControl()	传感器的控制
sensorCheck()	传感器报警监测及处理
ZXBeeInfRecv()	解析接收到的传感器控制指令
PROCESS_THREAD(sensor, ev, data)	传感器进程（处理传感器上报、传感器报警监测）

2）NB-IoT 传感器应用程序解析

智云框架下 NB-IoT 节点示例工程 NB-IoT Api Test 是基于 Contiki 开发的，传感器应用程序流程如图 3.42 所示。

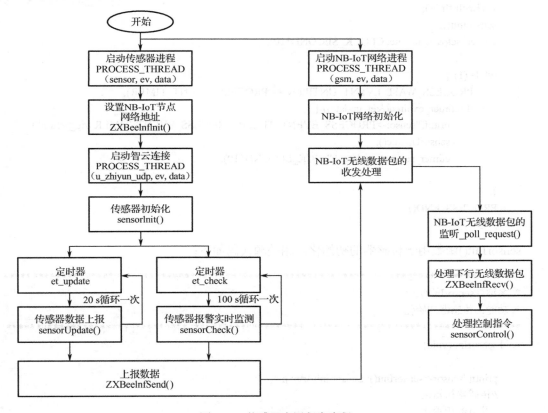

图 3.42 传感器应用程序流程

以示例工程 NB-IoTApiTest 为例，智云框架为 NB-IoT 协议栈提供了分层的软件设计结构，将传感器的操作部分封装在 sensor.c 文件中，用户任务中的处理事件和节点类型选择则封装在 sensor.h 文件中。sensor.h 文件中事件宏定义如下：

```
#ifndef SENSOR_H
#define SENSOR_H
#define NODE_NAME "601"
extern void sensorInit(void);
extern void sensorLinkOn(void);
```

```
extern void sensorUpdate(void);
extern void sensorCheck(void);
extern void sensorControl(uint8_t cmd);
#endif
```

sensor.h 文件中声明了 sensor.c 中的函数。
启动传感器进程的相关源代码如下：

```
PROCESS_THREAD(sensor, ev, data)
{
    static struct etimer et_update;
    PROCESS_BEGIN();
    ZXBeeInfInit();
    sensorInit();
    etimer_set(&et_update, CLOCK_SECOND*10);

    while (1) {
        PROCESS_WAIT_EVENT_UNTIL(ev == PROCESS_EVENT_TIMER);
        if (etimer_expired(&et_update)) {
            printf("sensor->PROCESS_EVENT_TIMER: PROCESS_EVENT_TIMER trigger!\r\n");
            sensorUpdate();
            etimer_set(&et_update, CLOCK_SECOND*10);
        }
    }
    PROCESS_END();
}
```

sensorInit()函数用于传感器的初始化，相关源代码如下：

```
/*******************************************************************************
* 名称：sensorInit()
* 功能：传感器初始化
*******************************************************************************/
void sensorInit(void)
{
    printf("sensor->sensorInit(): Sensor init!\r\n");
    //传感器初始化
    //继电器初始化
    relay_init();
}
```

sensorUpdate()函数用于传感器数据上报，相关源代码如下：

```
/*******************************************************************************
* 名称：sensorUpdate()
* 功能：传感器数据上报
*******************************************************************************/
void sensorUpdate(void)
{
```

```
    char pData[32];
    char *p = pData;
    //传感器采集的数据（100～110 之间的随机数）
    airGas = 100 + (uint16_t)(rand()%10);
    //传感器数据上报
    sprintf(p, "airGas=%.1f", airGas);
    if (pData != NULL) {
        ZXBeeInfSend(p, strlen(p));                          //上传数据到智云平台
    }
    printf("sensor->sensorUpdate(): airGas=%.1f\r\n", airGas);
}
```

ZXBeeInfSend()函数用于无线数据包的发送，相关源代码如下：

```
/*******************************************************************************
* 名称：ZXBeeInfSend()
* 功能：发送无线数据包到智云平台
* 参数：*p—要发送的无线数据包
*******************************************************************************/
void ZXBeeInfSend(char *p, int len)
{
    leds_on(1);
    clock_delay_ms(50);
    if (nbConfig.mode == COAP) {
        zhiyun_send_coap(p);
    } else {
        zhiyun_send_udp(p);
    }
    leds_off(1);
}
```

ZXBeeInfRecv()函数用于无线数据包的接收，相关源代码如下：

```
/*******************************************************************************
* 名称：ZXBeeInfRecv()
* 功能：接收无线数据包
* 参数：*pkg—收到的无线数据包
*******************************************************************************/
void ZXBeeInfRecv(char *buf, int len)
{
    uint8_t val;
    char pData[16];
    char *p = pData;
    char *ptag = NULL;
    char *pval = NULL;
    printf("sensor->ZXBeeInfRecv(): ReceiveNB-IoT Data!\r\n");
    leds_on(1);
    clock_delay_ms(50);
```

```
        ptag = buf;
        p = strchr(buf, '=');
        if (p != NULL) {
            *p++ = 0;
            pval = p;
        }
        val = atoi(pval);
        //控制指令解析
        if (0 == strcmp("cmd", ptag)){                        //对 D0 的位进行操作，CD0 表示位清 0 操作
            sensorControl(val);
        }
        leds_off(1);
}
```

sensorControl()函数用于传感器的控制，相关源代码如下：

```
/*******************************************************************************
* 名称：sensorControl()
* 功能：传感器控制
* 参数：cmd—控制指令
*******************************************************************************/
void sensorControl(uint8_t cmd)
{
    //根据 cmd 参数处理对应的控制程序
    if(cmd == 0){
        printf("sensor->sensorControl(): Beep OFF\r\n");
        relay_control(cmd);
    }
    else if(cmd == 1){
        printf("sensor->sensorControl(): Beep ON\r\n");
        relay_control(cmd);
    }
}
```

通过 sensor.c 文件中的具体函数可快速地完成 NB-IoT 项目的开发。

3.3.3 开发实践：构建 NB-IoT 智慧城市系统

1. 开发设计

项目开发目标：通过 NB-IoT 智慧城市系统，了解 NB-IoT 协议栈的工作原理和协议栈应用程序接口，学习和掌握协议栈应用程序接口的使用。

为了满足对 NB-IoT 应用程序接口的充分使用，本系统 NB-IoT 节点具有两种传感器，一种是空气质量传感器，另一种是继电器，其中空气质量传感器用于采集空气质量信息，继电器用于控制相关设备。

整个系统的实现可分为两个部分，分别为硬件功能设计和软件逻辑设计，下面分析系统

的这两部分设计。

1）硬件功能设计

由于本节重点讲解 NB-IoT 协议栈应用程序接口的使用，因此空气质量数据是通过 STM32 的随机数发生器产生的。

硬件框架设计如图 3.43 所示。

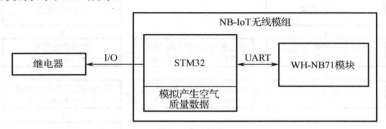

图 3.43　硬件框架设计

由图 3.43 可知，继电器是通过 I/O 进行控制的，继电器的硬件连接如图 3.44 所示。

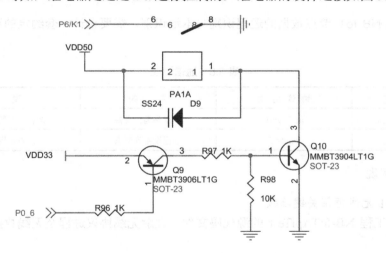

图 3.44　继电器的硬件连接

在图 3.44 中，继电器由 Q10 控制，而 Q10 又由 Q8 控制，其中 Q10 为 NPN 型三极管，通过输入高电平导通，而 Q9 为 PNP 型三极管，通过输入低电平导通，因此当 Q8 的基极配置为低电平时 Q9 导通，Q9 导通后 Q10 跟着导通，此时继电器导通；相反 Q9 的基极为高电平时，那么继电器断开。

2）软件逻辑设计

软件逻辑设计应符合 NB-IoT 协议栈的执行流程，NB-IoT 节点首先进行入网操作，入网完成后，再进行传感器初始化和用户任务初始化。当触发用户任务时，进行传感器数据上报。当节点接收到传感器数据时，如果接收的数据为继电器控制指令，那么执行继电器控制操作。软件逻辑设计如图 3.45 所示。

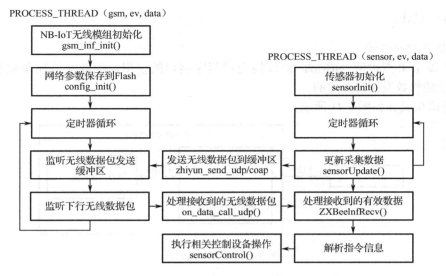

图 3.45　软件逻辑设计

为了实现 NB-IoT 节点数据的远程识别与本地识别，需要设计一套约定的通信协议，如表 3.8 所示。

表 3.8　通信协议

协　议　类　型	协　议　格　式	方　　向	说　　明
传感器数据上报	airGas =X	节点到远程设备	X 表示空气质量数据
设备控制指令	cmd=X	远程设备到节点	X 表示指令内容

2．功能实现

1）NB-IoT 无线框架关键函数

理解示例工程 NB-IoTApiTest 的源代码文件，理解无线协议进程及无线数据包收发函数的处理。

（1）NB-IoT 无线协议（UDP）进程是由 zhiyun-udp.c 文件中的 PROCESS_THREAD (u_zhiyun_udp, ev, data)函数实现的，上行发送无线数据包的源代码如下：

```
int zhiyun_send_udp(char *pkg)
{
    if (socket_id >= 0) {
        int len = snprintf(send_buf, 512, "{\"method\":\"sensor\",\"data\":\"%s\", \"addr\":\"NB:%s\"}",
                            pkg, gsm_info.imei);
        Debug("send <<< %s\r\n", send_buf);
        bc95_udp_send(socket_id, nbConfig.ip,nbConfig.port,(char*)send_buf, len);
        return strlen(pkg);
    }
    return -1;
}
/*****************************************************************************
```

```
* 名称：u_zhiyun
* 功能：NB-IoT 与智云服务器交互进程
**********************************************************************************/
PROCESS_THREAD(u_zhiyun_udp, ev, data)
{
    PROCESS_BEGIN();
    etimer_set(&timer, CLOCK_SECOND);
    while (1) {
        PROCESS_YIELD();

        if (ev == PROCESS_EVENT_TIMER && etimer_expired(&timer)) {
            if (gsm_info.ppp_status != 2) {
                etimer_set(&timer, CLOCK_SECOND);
            } else {
                if (socket_id < 0) {
                    bc95_create_udp_socket(0,on_create_udp_socket);
                } else {
                }
                etimer_set(&timer, CLOCK_SECOND*10);
            }
        }
    }
    PROCESS_END();
}
```

（2）NB-IoT 无线协议（CoAP）进程是由 zhiyun-coap.c 文件中的 PROCESS_THREAD (u_zhiyun_coap, ev, data)函数实现的，上行发送无线数据包的源代码如下：

```
int zhiyun_send_coap(char *pkg)
{
    if (init == 2) {

        int len = snprintf(send_buf, 512, "{\"method\":\"sensor\",\"data\":\"%s\", \"addr\":\"NB:%s\"}",
                                            pkg, gsm_info.imei);

        Debug("send <<< %s\r\n", send_buf);
        bc95_coap_send((char*)send_buf, len);
        return strlen(pkg);
    }
    return -1;
}
```

（3）网络参数配置代码。为确保节点能够正常入网，需要配 NB-IoT 的网络参数，网络参数是在 contiki-config.h 文件中进行配置的，相关源代码如下：

```
#define CONFIG_ZHIYUN_IP            "api.zhiyun360.com"     //服务器 IP
#define CONFIG_ZHIYUN_PORT          28082                   //服务器端口
#define CONFIG_ZHIYUN_UDP_PORT      40000                   //UDP 端口号
#define CONFIG_ZHIYUN_UDP_SERVER    "119.23.162.168"        //远程绑定服务器地址
```

```
#define AID "12345678"                              //注册 ID
#define AKEY "ABCDEFGHIJKLMNOPQRSTUVWXYZ"           //注册密钥
```

上述参数可按照电信服务商提供的参数进行设置，但相关参数要与需要连接的远程服务器的参数一致。

2）传感器应用程序关键函数

理解示例工程 NB-IoTApiTest 的源代码文件 sensor.c，理解传感器应用程序接口的设计。

（1）传感器进程：PROCESS_THREAD(sensor, ev, data)。

（2）传感器初始化：sensorInit()。

（3）传感器上报数据：sensorUpdate()。

（4）接收无线数据包：ZXBeeInfRecv(char *pkg, int len)。

（5）节点发送无线数据包到智云平台：ZXBeeInfSend(char *p, int len)。

（6）控制传感器：sensorControl()。

3. 开发验证

（1）运行示例工程 NB-IoTApiTest，通过 IAR 集成开发环境进行程序的开发、调试，通过设置断点理解 NB-IoT 协议栈关键函数的调用关系。

（2）根据程序设定，LiteB 节点（NB-IoT）会每隔 10 s 向应用层上传一次传感器采集到的数据（数据是通过 STM32 随机数发生器产生的），同时通过 ZCloudTools 工具发送联动设备控制指令（cmd=1 表示开启，cmd=0 表示关闭），可以对 LiteB 节点（NB-IoT）的联动设备（由继电器模拟）进行开关控制，如图 3.46 和图 3.47 所示。

图 3.46　xLabTools 调试

图 3.47　NB-IoT 节点数据

3.3.4　小结

本节先介绍了 NB-IoT 协议栈的工作原理和关键函数，然后介绍了 NB-IoT 传感器应用程序接口，最后通过开发实践构建了智慧城市系统。

3.3.5　思考与拓展

（1）NB-IoT 协议栈的工作流程是什么？
（2）NB-IoT 协议栈是如何封装 AT 指令的？
（3）NB-IoT 协议栈的无线数据包的收发是如何完成的？
（4）画出 sensor.c 文件中全部函数的调用与被调用关系图。
（5）试通过 Contiki 操作系统中 etimer 定时器，驱动一个新事件。

3.4　NB-IoT 扬尘监测系统开发与实现

传统的城市环境治理都是通过定时定点的方式对城市环境进行保障的，这种方式不仅维护成本过高，而且管理效率低下。扬尘监测系统通过在城市路段设置传感器，当传感器监测到扬尘超标时，管理部门可派出清洁车辆对扬尘进行处理。

本节主要介绍采集类节点的程序开发，首先分析 NB-IoT 采集类程序的逻辑和接口，最后构建 NB-IoT 扬尘监测系统。

3.4.1　学习与开发目标

（1）知识目标：NB-IoT 数据发送的应用场景、机制、程序接口，以及 NB-IoT 采集类通信协议的设计。

（2）技能目标：了解 NB-IoT 数据发送的应用场景，掌握 NB-IoT 数据发送程序接口的使用以及 NB-IoT 采集类通信协议的设计。

（3）开发目标：构建 NB-IoT 扬尘监测系统。

3.4.2　原理学习：NB-IoT 采集类程序

1．NB-IoT 采集类程序逻辑分析和通信协议设计

1）NB-IoT 采集类程序逻辑分析

NB-IoT 网络的功能之一是能够实现远程的数据传输，NB-IoT 节点可将采集到的数据通过蜂窝网络发送到远程服务器，为数据分析和处理提供支持。

NB-IoT 的远程数据采集有很多应用，如远程抄表、井盖监测、扬尘监测、空气质量采集等。如何利用 NB-IoT 实现远程传感器数据的采集程序设计呢？NB-IoT 采集类程序的设计逻辑如图 3.48 所示。

● 定时器循环事件用于定时查询当前传感器采集的数据；

● 根据软件设计逻辑来决定是否上报传感器采集的数据；

● 根据软件设计逻辑来控制传感器上报数据的时间间隔；

● 接收到远程的查询指令后，反馈最新的传感器数据。

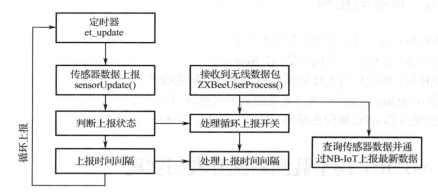

图 3.48　采集类程序的设计逻辑

具体如下：

（1）定时采集数据并进行上报是采集类节点的基本功能，在物联网项目中，并不需要持续地获取某个传感器的数据，只需要一段时间内获取一次即可。例如气象环境数据采集，可以每分钟更新一次数据，也可以每 5 分钟更新一次数据。另外，传感器数据的采集操作越频繁，节点的耗电量就越大，从而会提高系统的功耗。如果在一个网络中，多个采集类节点频繁地发送数据，会对无线网络的数据通信造成压力，严重时会造成网络阻塞、丢包等，因此

节点定时上报数据需要注意两点，定时上报的时间间隔和发送的数据量。

（2）在实际应用中可根据需求关闭传感器的数据上报功能，以节约设备供电能耗，延长设备的使用寿命。例如，在智慧城市的扬尘监测系统中，当没有施工时，可以关闭传感器的数据上报功能。

（3）节点接收到查询指令后立刻响应并反馈传感器采集的实时数据，这种功能通常出现在人为场景。例如，在智慧城市中，当管理员需要实时了解道路的空气质量信息时，就可以发出数据更新指令以获取实时数据，如果这时采集类节点不能及时响应数据采集操作，那么管理员就无法得到实时的数据，可能会对监测节点的调试操作造成影响。因此节点接收到查询指令后立即响应并反馈实时数据是采集类节点的必要功能。

（4）能够远程设定传感器数据更新的时间是采集类节点的辅助功能，这种功能通常运用在物联网自动调节的应用场景。例如，当扬尘监测系统工作在自动模式时，如果扬尘数据超出阈值，那么系统将会通告道路保障单位进行降尘操作。当环卫工人正在进行降尘操作时，道路的扬尘数据将持续变化，如果无法达到预期目标时，则需要出动更多的降尘设备以保证降尘效果。通过加快监测信息的更新，可以让环境的变化信息更快地反映到管理者，从而提供决策依据。

2）NB-IoT 采集类通信协议设计

一个完整的物联网综合系统，数据贯穿了感知层、网络层、服务层和应用层，数据在这四层之间层层传递，因此需要设计一种合适的通信协议来完成数据的封装与通信。

采集类节点要将采集的数据进行打包上报，并能够让远程的设备识别，或者远程设备向节点发送信息能够被节点响应，就需要定义一套通信协议。在这样一套协议下才能建立和实现节点与远程设备之间的数据交互。根据前面所讲内容，采集类节点分为三种逻辑场景：发送、查询、设置（暂不考虑对节点信息的配置）。

采集类程序通信协议设计采用类 JSON 数据包格式，格式为{[参数]=[值],[参数]=[值]…}。

（1）每条数据以"{"作为起始字符。

（2）"{}"内的多个参数以","分隔。

（3）数据上行格式为{value=12,status=1}。

（4）数据下行查询指令的格式为{value=?,status=?}，程序返回{value=12,status=1}。

本节以道路扬尘监测系统为例定义了发送和查询部分的通信协议，如表 3.9 所示。

表 3.9 通信协议

协议类型	协议格式	方　向	说　明
发送指令	{ airGas=X}	节点到远程设备	X 表示为空气质量（扬尘数据）
查询指令	{ airGas=?}	远程设备到节点	查询节点空气质量（扬尘数据）

遵照以上的通信协议，即可实现节点与远程设备之间通信。

2. NB-IoT 采集类程序接口分析

1）NB-IoT 传感器应用程序接口

要实现远程数据采集功能，就需要对整个功能进行分析。远程数据采集功能依附于无线传感器网络之上，在无线传感器网络建立完成后，才能够进行节点所携带的传感器初始化。

初始化完成后需要初始化系统任务，此后每次执行任务都会采集一次传感器的数据，并将传感器数据发送至协调器，最终通过服务器和互联网被用户所使用。为了保证数据的实时更新，项目设计中还需要设置传感器上报数据的时间间隔，如每分钟上报一次数据等。

采集类传感器应用程序流程如图 3.49 所示。

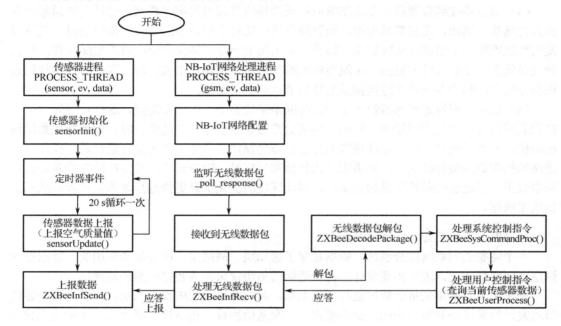

图 3.49　采集类传感器应用程序流程

在图 3.49 中，需要对 NB-IoT 网络进行配置，同时需要对用户任务进行配置，在用户任务配置的基础上还需要添加通信协议，整个过程较为复杂和烦琐。为了方便物联网无线传感网络的程序开发，使用智云框架会让程序开发变得较为方便和快速。3.4 讲述了基于无线传感器网络的智云框架结构，在此结构下程序开发方便快捷，易上手。

传感器应用层程序是在 sensor.c 文件中实现的，具体的接口函数如表 3.10 所示。

表 3.10　传感器应用程序接口函数

函 数 名 称	函 数 说 明
sensorInit()	传感器初始化
sensorUpdate()	传感器数据上报
ZXBeeUserProcess()	解析接收到的下行控制指令
PROCESS_THREAD(sensor, ev, data)	传感器进程

2）NB-IoT 无线数据包收发程序接口

无线数据包的收发是在 zxbee-inf.c 文件中实现的，包括 NB-IoT 无线数据的收发处理函数，如表 3.11 所示。

表 3.11　无线数据包收发函数

函 数 名 称	函 数 说 明
ZXBeeInfSend()	节点发送无线数据包
ZXBeeInfRecv()	节点接收无线数据包

（1）ZXBeeInfSend()函数的源代码如下：

```
/********************************************************************
* 名称：ZXBeeInfSend
* 功能：节点发送无线数据包
* 参数：p—ZXBee 格式数据；len—数据长度
********************************************************************/
void    ZXBeeInfSend(char *p, int len)
{
    leds_on(1);
    clock_delay_ms(50);
    if (nbConfig.mode == COAP) {
        zhiyun_send_coap(p);
    } else {
        zhiyun_send_udp(p);
    }
    leds_off(1);
}
```

zhiyun_send_udp()函数（zhiyun-udp.c）的源代码如下：

```
/********************************************************************
* 名称：zhiyun_send_udp
* 功能：ZXBee 底层发送接口（UDP）
********************************************************************/
int zhiyun_send_udp(char *pkg)
{
    if (socket_id >= 0) {
        int len = snprintf(send_buf, 512, "{\"method\":\"sensor\",\"data\":\"%s\", \"addr\":\"NB:%s\"}",
                                                    pkg, gsm_info.imei);
        Debug("send <<< %s\r\n", send_buf);
        bc95_udp_send(socket_id, nbConfig.ip,nbConfig.port,(char*)send_buf, len);
        return strlen(pkg);
    }
    return -1;
}
```

zhiyun_send_coap()函数（zhiyun-coap.c）的源代码如下：

```
/********************************************************************
* 名称：zhiyun_send_coap
* 功能：ZXBee 底层发送接口（CoAP）
```

```
**********************************************************************/
int zhiyun_send_coap(char *pkg)
{
    if (init == 2) {
        int len = snprintf(send_buf, 512, "{\"method\":\"sensor\",\"data\":\"%s\", \"addr\":\"NB:%s\"}",
                                                          pkg, gsm_info.imei);
        Debug("send <<< %s\r\n", send_buf);
        bc95_coap_send((char*)send_buf, len);
        return strlen(pkg);
    }
    return -1;
}
```

（2）ZXBeeInfRecv()函数的源代码如下：

```
/**********************************************************************
 * 名称：ZXBeeInfRecv()
 * 功能：节点接收无线数据包
 **********************************************************************/
void ZXBeeInfRecv(char *buf, int len)
{
    leds_on(1);
    clock_delay_ms(50);
    char *p = ZXBeeDecodePackage(buf, len);
    if (p != NULL) {
        ZXBeeInfSend(p, strlen(p));
    }
    leds_off(1);
}
```

3）NB-IoT 无线数据包解析程序接口

针对特定的通信协议，需要对无线数据包进行封包和解包操作，无线数据的封包函数和解包函数是在 zxbee.c 文件中实现的，封包函数为 ZXBeeBegin()、ZXBeeAdd(char* tag, char* val)、ZXBeeEnd(void)，解包函数为 ZXBeeDecodePackage(char *pkg, int len)，如表 3.12 所示。

表 3.12　无线数据包解析程序接口函数

函 数 名 称	函 数 说 明
ZXBeeBegin()	增加 ZXBee 通信协议的帧头 "{"
ZXBeeEnd()	增加 ZXBee 通信协议的帧尾 "}"，并返回封包后的数据包指针
ZXBeeAdd()	在 ZXBee 通信协议的无线数据包中添加数据
ZXBeeDecodePackage()	对接收到的无线数据包进行解包

（1）ZXBeeBegin()函数的源代码如下：

```
/**********************************************************************
 * 名称：ZXBeeBegin()
 * 功能：增加 ZXBee 通信协议的帧头 "{"
```

```
*****************************************************************/
void ZXBeeBegin(void)
{
    wbuf[0] = '{';
    wbuf[1] = '\0';
    char buf[16];
    sprintf(buf, "%d%d%s", CONFIG_RADIO_TYPE, CONFIG_DEV_TYPE, NODE_NAME);
    ZXBeeAdd("TYPE", buf);
}
```

（2）ZXBeeEnd()函数的源代码如下：

```
/*****************************************************************
* 名称：ZXBeeEnd()
* 功能：增加 ZXBee 通信协议的帧尾"}"，并返回封包后的数据包指针
* 参数：wbuf—返回封包后的数据包指针
*****************************************************************/
char* ZXBeeEnd(void)
{
    int offset = strlen(wbuf);
    wbuf[offset-1] = '}';
    wbuf[offset] = '\0';
    if (offset > 12) return wbuf;
    return NULL;
}
```

（3）ZXBeeAdd()函数的源代码如下：

```
/*****************************************************************
* 名称：ZXBeeAdd()
* 功能：在 ZXBee 通信协议的无线数据包中添加数据
* 参数：tag—变量；val—值
* 返回：len—数据长度
*****************************************************************/
int8 ZXBeeAdd(char* tag, char* val)
{
    sprintf(&wbuf[strlen(wbuf)], "%s=%s,", tag, val);           //添加无线数据包键值对
    return strlen(wbuf);
}
```

（4）ZXBeeDecodePackage()函数的源代码如下：

```
/*****************************************************************
* 名称：ZXBeeDecodePackage()
* 功能：对接收到的无线数据包进行解包
* 参数：pkg—数据；len—数据长度
* 返回：p—返回的无线数据包
*****************************************************************/
char* ZXBeeDecodePackage(char *pkg, int len)
```

```
{
    char *p;
    char *ptag = NULL;
    char *pval = NULL;
    if (pkg[0] != '{' || pkg[len-1] != '}') return NULL;        //判断帧头、帧尾
    ZXBeeBegin();                                                //为返回的指令响应添加帧头
    pkg[len-1] = 0;
    p = pkg+1;                                                   //去掉帧头、帧尾
    do {
        ptag = p;
        p = strchr(p, '=');                                      //判断键值对内的 "="
        if (p != NULL) {
            *p++ = 0;                                            //提取 "=" 左边 ptag
            pval = p;                                            //指针指向 pval
            p = strchr(p, ',');                                  //判断无线数据包内键值对分隔符 ","
            if (p != NULL) *p++ = 0;                             //提取 "=" 右边 pval
            int ret;
            ret = ZXBeeSysCommandProc(ptag, pval);              //将提取出来的键值对指令发送给系统函数处理
            if (ret < 0) {
                ret = ZXBeeUserProcess(ptag, pval);            //将提取出来的键值对指令发送给用户函数处理
            }
        }
    } while (p != NULL);                                         //当无线数据包未解析完，则继续循环
    p = ZXBeeEnd();                                              //为返回的指令响应添加帧尾
    return p;
}
```

4）NB-IoT 扬尘监测系统设计

扬尘监测系统是智慧城市系统中的一个子系统，在城市路段设置传感器，当传感器监测到扬尘超标时，管理部门可派出清洁车辆对扬尘进行处理。

扬尘监测系统采用 NB-IoT 技术，通过部署的空气质量传感器和 NB-IoT 节点，将采集到的数据发送到物联网云平台，最终通过扬尘监测系统进行空气质量数据的采集和展现，如图 3.50 所示。

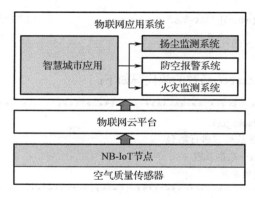

图 3.50　扬尘监测系统

3. 空气质量采集传感器

本系统采用 MP503 型空气质量传感器，具体请参考 2.4.2 节。

MP503 型空气质量传感器典型的灵敏度特性曲线如图 3.51 所示，图中 R_s 表示传感器在不同浓度气体中的电阻值，R_0 表示传感器在洁净空气中的电阻值。

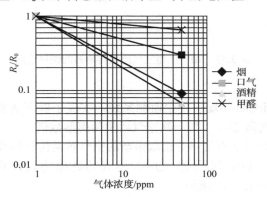

图 3.51　MP503 型空气质量传感器典型的灵敏度特性曲线

3.4.3　开发实践：NB-IoT 扬尘监测系统设计

1. 开发设计

项目任务目标是：道路环境信息采集与定时上报是智慧城市系统中的重要环节，本节以扬尘监测系统为例来介绍采集类程序的开发与应用。

为了满足对数据上报场景的模拟，基于 NB-IoT 的扬尘监测系统中的 NB-IoT 节点携带了 MP503 型空气质量传感器。系统中定时采集空气质量信息并定时上报，当远程控制设备发出查询指令时，NB-IoT 节点能够执行指令并反馈实时采集的数据。

整个扬尘监测系统的实现可分为两个部分，分别为硬件功能设计和软件协议设计。

1）硬件功能设计

根据前面的分析可知，为了模拟扬尘监测系统数据的上报场景，采用了 MP503 型空气质量传感器，通过该传感器定时获取空气质量信息并进行上报，以此完成数据的发送。扬尘监测系统的硬件框架设计如图 3.52 所示。

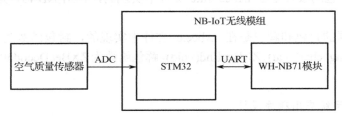

图 3.52　硬件框架设计

由图 3.52 可知，MP503 型空气质量传感器是通过 ADC 与 STM32 进行通信的。MP503 型空气质量传感器的硬件连接如图 3.53 所示。

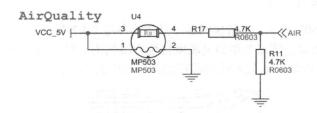

图 3.53　MP503 型空气质量传感器的硬件连接

2）软件协议设计

示例工程 NB-IoTAirGas 实现了扬尘监测系统，实现了以下功能：

（1）节点入网后，每隔 20 s 上传一次空气质量传感器数值。

（2）应用层可以下行发送查询指令读取最新的空气质量传感器数值。

示例工程 NB-IoTAirGas 采用类 JOSN 格式的通信协议，格式为 {[参数]=[值],[参数]=[值]…}。通信协议如表 3.13 所示。

表 3.13　通信协议

数 据 方 向	协 议 格 式	说　　　明
上行（节点往应用层发送数据）	{airGas=X}	X 表示采集的扬尘数据
下行（应用层往节点发送指令）	{airGas=?}	查询空气质量值，返回 { airGas =X}，X 表示采集的扬尘数据

2. 功能实现

1）扬尘监测系统应用程序分析

扬尘监测系统的示例工程基于智云框架开发，实现了传感器数据的定时上报、传感器数据的查询、无线数据包的封包和解包等功能。

（1）传感器应用程序是在 sensor.c 文件中实现的，包括传感器初始化（sensorInit()）、传感器数值上报（sensorUpdate()）、处理下行的用户指令（ZXBeeUserProcess()）、启动传感器进程（PROCESS_THREAD(sensor, ev, data)）。

（2）传感器驱动程序是在 MP-503.c 文件中实现的，通过 ADC 驱动传感器进行实时数据的采集。

（3）无线数据包的收发是在 zxbee-inf.c 文件中实现的，包括 NB-IoT 无线数据包的收发处理函数。

（4）无线数据的封包和解包是在 zxbee.c 文件中实现的，封包函数为 ZXBeeBegin()、ZXBeeAdd(char* tag, char* val)、ZXBeeEnd(void)，解包函数为 ZXBeeDecodePackage(char *pkg, int len)。

2）扬尘监测系统应用程序设计

扬尘监测系统属于采集类传感器的应用，主要任务是传感器数据的循环上报。

（1）NB-IoT 网络参数配置代码。NB-IoT 网络参数的配置是在 contiki-conf.h 文件下完成的，源代码如下：

```
#define CONFIG_ZHIYUN_IP           "api.zhiyun360.com"        //远程服务器网址
#define CONFIG_ZHIYUN_PORT         28082                      //远程服务器端口

#define CONFIG_ZHIYUN_UDP_PORT     40000                      //服务器 UDP 端口
#define CONFIG_ZHIYUN_UDP_SERVER   "119.23.162.168"           //服务器 UDP 连接 IP

#define AID "123456789"                                       //服务器注册 ID
#define AKEY "abcdefghijklmnopqrstuvwxyz"                     //服务器注册密钥
```

（2）启动传感器进程。NB-IoT 无线协议栈运行后，启动传感器进程（是通过 sensor.c 文件中的 PROCESS_THREAD(sensor, ev, data)函数启动的）后进行传感器应用处理，如传感器初始化、启动传感器定时任务（20 s 循环一次）、传感器数据上报。

```
PROCESS_THREAD(sensor, ev, data)
{
    static struct etimer et_update;
    PROCESS_BEGIN();
    ZXBeeInfInit();
    sensorInit();
    etimer_set(&et_update, CLOCK_SECOND*20);
    while (1) {
        PROCESS_WAIT_EVENT_UNTIL(ev == PROCESS_EVENT_TIMER);
        if (etimer_expired(&et_update)) {
            sensorUpdate();
            etimer_set(&et_update, CLOCK_SECOND*20);
        }
    }
    PROCESS_END();
}
```

（3）传感器初始化。传感器初始化函数 sensorInit()的相关源代码如下：

```
void sensorInit(void)
{
    //传感器初始化
    airgas_init();                              //传感器初始化（MP503 型空气质量传感器）
}
```

（4）传感器数据定时上报。传感器数据定时上报是由 sensor.c 文件中的 sensorUpdate()函数实现的，该函数调用 updateAirGas()函数更新传感器的数据，并通过 ZXBeeBegin()、ZXBeeAdd(char* tag, char* val)、ZXBeeEnd(void)函数对无线数据进行封包，最后调用 zxbee-inf.c 文件中的 ZXBeeInfSend(char *p, int len)函数将无线数据包发送给应用层。

传感器数据定时上报的相关源代码如下：

```
void sensorUpdate(void)
{
    char pData[16];
    char *p = pData;
```

```
//空气质量采集
updateAirGas();
ZXBeeBegin();                                    //帧头
//上报空气质量值
sprintf(p, "%.1f", airGas);
ZXBeeAdd("airGas", p);
p = ZXBeeEnd();                                  //帧尾
if (p != NULL) {
    ZXBeeInfSend(p, strlen(p));                  //将需要上传的数据发送到智云平台
}
}
```

（5）接收数据处理。当接收到发送过来的下行无线数据包时，会调用 zxbee-inf.c 文件中的 ZXBeeInfRecv()函数对无线数据包进行解包，并将解包后数据发送给应用层。

```
void ZXBeeInfRecv(char *buf, int len)
{
    leds_on(1);
    clock_delay_ms(50);
    char *p = ZXBeeDecodePackage(buf, len);
    if (p != NULL) {
        ZXBeeInfSend(p, strlen(p));
    }
    leds_off(1);
}
```

zxbee.c 文件中的 ZXBeeDecodePackage()函数用于对无线数据包进行指令解析，首先调用 zxbee-sys-command.c 文件中的 ZXBeeSysCommandProc()函数进行系统指令处理，然后调用 sensor.c 文件中的 ZXBeeUserProcess()函数进行用户指令处理。

ZXBeeUserProcess()函数相关源代码如下：

```
int ZXBeeUserProcess(char *ptag, char *pval)
{
    int ret = 0;
    char pData[16];
    char *p = pData;
    //控制指令解析
    if (0 == strcmp("airGas", ptag)){                        //查询执行器指令编码
        if (0 == strcmp("?", pval)){
            updateAirGas();
            ret = sprintf(p, "%.1f", airGas);
            ZXBeeAdd("airGas", p);
        }
    }
    return ret;
}
```

3）扬尘监测系统驱动程序设计

传感器驱动程序是在 MP-503.c 文件中实现的，通过 ADC 驱动传感器进行实时数据的采集。传感器驱动函数如表 3.14 所示。

表 3.14　传感器驱动函数

函 数 名 称	函 数 说 明
airgas_init()	传感器（MP503 型空气质量传感器）初始化
get_airgas_data()	获取传感器（MP503 型空气质量传感器）实时采集的数据

（1）传感器初始化：传感器采用 MP503 型空气质量传感器，通过 ADC 与 STM32 连接，传感器的初始化主要是 ADC 的初始化。

```
/*****************************************************************************
* 名称：airgas_init()
* 功能：传感器初始化
*****************************************************************************/
void airgas_init(void)
{
    ADC_InitTypeDef ADC_InitStructure;
    GPIO_InitTypeDef GPIO_InitStructure;
    RCC_APB2PeriphClockCmd(RCC_APB2Periph_GPIOA |RCC_APB2Periph_ADC1, ENABLE );
    RCC_ADCCLKConfig(RCC_PCLK2_Div6);                      //设置 ADC 分频因子为 6

    //PA1 作为模拟通道输入引脚
    GPIO_InitStructure.GPIO_Pin = GPIO_Pin_6;
    GPIO_InitStructure.GPIO_Mode = GPIO_Mode_AIN;          //模拟输入引脚
    GPIO_Init(GPIOA, &GPIO_InitStructure);
    ADC_DeInit(ADC1);                                      //复位 ADC1
    ADC_InitStructure.ADC_Mode = ADC_Mode_Independent;     //ADC 工作模式：ADC1 和 ADC2 工
作在独立模式
    ADC_InitStructure.ADC_ScanConvMode = DISABLE;          //模/数转换工作在单通道模式
    ADC_InitStructure.ADC_ContinuousConvMode = DISABLE;    //模/数转换工作在单次转换模式
    ADC_InitStructure.ADC_ExternalTrigConv = ADC_ExternalTrigConv_None;//转换由软件而不是外部
触发启动
    ADC_InitStructure.ADC_DataAlign = ADC_DataAlign_Right; //ADC 数据右对齐
    ADC_InitStructure.ADC_NbrOfChannel = 1;                //顺序进行规则组转换的 ADC 通道的数目
    ADC_Init(ADC1, &ADC_InitStructure);  //根据 ADC_InitStruct 中指定的参数初始化外设 ADCx 的
寄存器

    ADC_Cmd(ADC1, ENABLE);                                 //使能指定的 ADC1
    ADC_ResetCalibration(ADC1);                            //使能复位校准
    while(ADC_GetResetCalibrationStatus(ADC1));            //等待复位校准结束
    ADC_StartCalibration(ADC1);                            //开启 AD 校准
    while(ADC_GetCalibrationStatus(ADC1));                 //等待校准结束
}
```

（2）获取传感器采集的数据。

```
/*********************************************************************************
* 名称：unsigned int get_airgas_data(void)
* 功能：获取传感器采集的数据。
*********************************************************************************/
unsigned int get_airgas_data(void)
{
    //设置指定 ADC 的规则组通道，一个序列，采样时间
    ADC_RegularChannelConfig(ADC1, 6, 1, ADC_SampleTime_239Cycles5 );
    ADC_SoftwareStartConvCmd(ADC1, ENABLE);          //使能指定的 ADC1 由软件启动
    while(!ADC_GetFlagStatus(ADC1, ADC_FLAG_EOC ));  //等待转换结束
    return ADC_GetConversionValue(ADC1);             //返回最近一次 ADC1 规则组的转换结果
}
```

3．开发验证

（1）打开 ZCloudWebToos 工具进行协议分析和系统调试。传感器数据上报的时间间隔为 20 s，通过 ZCloudWebTools 工具的"实时数据"可查看发送的数据，如图 3.54 所示。

图 3.54　ZCloudWebTools 调试

在地址框中输入 NB-IoT 的节点地址，即"NB:863703036243488"，在数据框中输入"{airGas=?}"，可以实时查询数据，如图 3.55 所示。

（2）在传感器周围增加烟雾时可以改变传感器的数据。

（3）修改程序循环上报的时间间隔，记录传感器数据的变化。

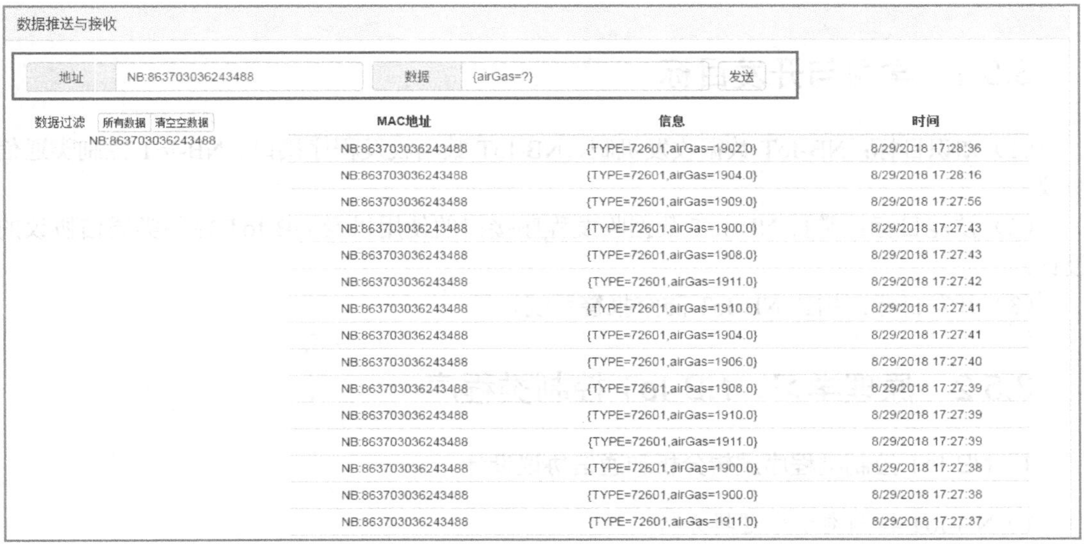

图 3.55　实时查询数据

3.4.4　小结

NB-IoT 的数据发送有很多的应用场合，如环境监测、远程抄表、停车场管理等。数据的格式是多种多样的，要实现收发双方对数据的有效识别，就需要建立一套通信协议，才能实现有效的数据收发。

本节先分析了 NB-IoT 采集类程序的逻辑以及通信协议，然后介绍了 NB-IoT 采集类程序的接口，最后构建了 NB-IoT 扬尘监测系统。

3.4.5　思考与拓展

（1）NB-IoT 的数据发送使用了哪些接口函数？

（2）本节中传感器数据主动上报的时间间隔为 20 s，请修改为 60 s。

（3）请尝试增加一项记录传感器数据最大值的功能，并增加一条查询命令"{airGasMax=?}"，通过这条指令可查询系统记录的传感器数据最大值。

3.5　NB-IoT 防空报警系统开发与实现

为了降低城市在受到不可抗的因素时造成市民生命财产损失，需建立严密的城市人防系统，实现城市报警信息的及时传达，如果报警信息不能及时传达，有可能造成极其严重的损失。因此高效的防空报警系统是必不可少的，在危险发生时可以实时地发布报警信息。

本节主要介绍控制类程序的逻辑和接口，通过构建 NB-IoT 防空报警系统，实现对 NB-IoT 控制类程序的学习与开发实践。

3.5.1　学习与开发目标

（1）知识目标：NB-IoT 数据收发机制、NB-IoT 数据收发程序接口、NB-IoT 控制类通信协议。

（2）技能目标：掌握 NB-IoT 数据收发程序接口的使用以及 NB-IoT 控制类通信协议的设计。

（3）开发目标：构建 NB-IoT 防空报警系统。

3.5.2　原理学习：NB-IoT 控制类程序

1．NB-IoT 控制类程序逻辑分析和通信协议设计

1）NB-IoT 控制类程序逻辑分析

NB-IoT 网络的功能之一是能够实现远程设备控制。为了满足实际需要，需要对远程的电气设备进行控制，此时就需要用户通过发送控制指令，该指令经由协调器发送至控制节点，控制节点执行控制指令，并反馈控制结果。

NB-IoT 的远程设备控制有很多应用场景，如小黄车开锁、电网限电、城市路障控制、城市内涝抽水电机控制、绿化带自动喷灌系统控制等。如何利用 NB-IoT 实现控制类程序的设计呢？下面将对控制类程序的逻辑进行分析。

对于控制类节点，主要的关注点是了解控制类节点对设备控制是否有效，以及控制结果。控制类节点的逻辑如图 3.56 所示。

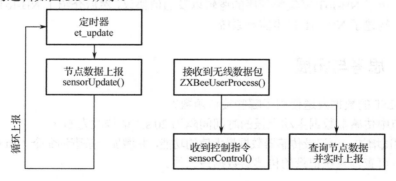

图 3.56　控制类节点逻辑

（1）远程设备向节点发送控制指令，节点实时响应并执行操作。

（2）远程设备发送查询指令后，节点实时响应并反馈结果。

（3）节点数据的实时上报。

具体如下：

（1）远程设备向节点发送控制指令，节点实时响应并执行操作。该功能主要是执行远程设备发送的指令。另外，节点要能够实时响应远程设备发送的控制指令，这对整个物联网信息而言非常重要。例如，当城市出现重大危险需要疏散居民时，就需要有关部门能够以最快的速度发布报警信息，如果不能够及时响应，那么必将造成严重的生命财产损失。因此，响

应的实时性是控制类节点的基本功能，必须实现。

（2）远程设备发送查询指令后，节点实时响应并反馈结果。远程设备并不确定节点是否完成了对设备的控制，这种不确定性对于一个调节系统而言是非常危险的，所以需要通过查询指令来了解节点对设备的操作结果，以确保控制指令执行的有效性。

上述的两种操作其实是一起进行的，即发送一条控制指令后紧跟一条查询指令，那么当节点执行完控制操作后会立即反馈结果。通过这种方式可以一次性完成远程设备的完整操作。

（3）节点状态的实时上报。这是控制节点的重要功能，在节点遭受到外界环境影响（如雷击或人为等因素）造成设备的重启时，设备的重启状态通常为默认状态，此时上报的设备状态将与远程设备需要的控制状态不符，此时远程控制设备就可以重新发送控制指令让节点回到正常的工作状态。

2）NB-IoT 控制类通信协议设计

一个完整的物联网综合系统，数据贯穿了感知层、网络层、服务层和应用层，数据在这四层之间层层传递，因此需要设计一种合适的通信协议来完成数据的封装与通信。

在物联网系统中，远程设备和节点分别处于通信的两端，要实现两者间的数据识别就需要约定通信协议，通过通信协议，远程设备发送的控制和查询指令才能被节点识别并执行。通过前面的分析可以了解到，节点拥有两种操作逻辑事件，分别为设备远程控制和设备状态查询。

控制类通信协议设计采用类 JSON 数据包格式，格式为{[参数]=[值],[参数]=[值]…}。

（1）每条数据以"{"作为起始字符；

（2）"{}"内的多个参数以","分隔；

（3）数据上行格式为{value=12,status=1}；

（4）数据下行查询指令格式为{value=?,status=?}，程序返回{value=12,status=1}。

本节以防空报警系统为例定义通信协议，如表 3.15 所示。

表 3.15　通信协议

协 议 类 型	协 议 格 式	方　　向	协 议 说 明
控制指令	{cmd=X}	远程设备到节点	X 表示控制内容
反馈指令	{beepStatus=X}	节点到远程设备	X 表示设备状态
查询指令	{beepStatus=?}	远程设备到节点	设备状态查询
混合指令	{cmd=X, beepStatus=?}	远程设备到节点	执行控制后查询状态

2．NB-IoT 控制类程序接口分析

在上述程序设计流程中，不仅需要对 NB-IoT 网络进行配置，还需要对用户任务进行配置，在用户任务配置的基础上添加通信协议，整个过程较为复杂和烦琐。为了方便控制类程序的开发，可以使用基于无线传感器网络的智云框架，在此框架下可方便快捷地开发控制类程序。

智云框架下的传感器开发是在 sensor.c 文件下进行的，sensor.c 文件为上层应用开发提供了接口函数。传感器应用程序接口函数如表 3.16 所示。

表 3.16　传感器应用程序接口函数

函 数 名 称	函 数 功 能
sensorInit()	传感器初始化
sensorUpdate()	传感器数据上报
sensorControl()	传感器执行程序
ZXBeeUserProcess()	传感器数据接收、执行与反馈

在智云框架下，远程设备控制的开发变得比较简便了。本节的程序中省略了节点组网和用户任务创建的过程，直接调用 sensorInti()函数实现了传感器的初始化，调用 sensorUpdate()函数实现了传感器数据的上报。

进行上述操作之前首先要配置网络参数，不仅需要配置 NB-IoT 节点要连接的远程服务器的地址和端口，还需要配置远程服务器注册信息。相关说明参考本章前面的内容，此处不再进行赘述。

网络参数配置完成后就可以开始调用 sensorInit()函数以及 sensorUpdate()函数，从而完成基于 NB-IoT 的物联网感知层的开发。由 3.3 节可知，传感器初始化、传感器数据上报等操作是在传感器进程中完成的。控制类传感器进程处理函数如下所示。

```
PROCESS(sensor, "sensor");                              //启动传感器进程
PROCESS_THREAD(sensor, ev, data)                        //进程处理函数
{
    static struct etimer et_update;                     //定义进程跳转结构体
    PROCESS_BEGIN();                                    //开始运行进程
    sensorInit();                                       //传感器初始化
    etimer_set(&et_update, CLOCK_SECOND*10);            //定义进程触发时间
    while (1) {                                         //进程循环体
        //如果系统事件为定时处理事件
        PROCESS_WAIT_EVENT_UNTIL(ev == PROCESS_EVENT_TIMER);
        if (etimer_expired(&et_update)) {               //如果系统时间溢出
            sensorUpdate();                             //执行传感器数据上报操作
            etimer_set(&et_update, CLOCK_SECOND*10);    //设定下次任务触发时间
        }
    }
    PROCESS_END();                                      //进程结束
}
```

传感器进程的操作顺序为启动进程、传感器初始化、配置进程进入事件、判断系统事件，然后进入进程主循环，在进程主循环中执行传感器设备更新操作和定时触发操作。

传感器初始化函数 sensorInit()的相关源代码如下：

```
void sensorInit(void)
{
    //初始化传感器代码
}
```

sensorInit()函数主要是对传感器设备进行初始化配置，sensorInit()函数是在进入传感器进

程时被调用的，因此 sensorInit()函数在传感器进程中只会被调用一次。

传感器初始化完成后就可进行传感器数据定时上报了。传感器数据定时上报的函数为 sensorUpdate()，相关源代码如下：

```
void sensorUpdate(void)
{
    char pData[16];
    char *p = pData;
    //传感器数据采集信息

    //将有效数据写入无线数据包并发送
    p = ZXBeeEnd();                                    //无线数据包帧尾
    if (p != NULL) {
        ZXBeeInfSend(p, strlen(p));                    //将需要上传的无线数据包发送到智云平台
    }
}
```

传感器数据定时上报函数将数据打包后调用 ZXBeeInfSend()函数将数据发送出去，ZXBeeInfSend()函数请参考 3.3 节，此处不再赘述。sensorUpdate()函数是在传感器进程中调用的，调用的时间间隔为 CLOCK_SECOND×20，也就是 20 s。

在传感器初始化和传感器数据定时上报完成后还需要对 NB-IoT 接收的远程查询指令进行响应，处理函数为 ZXBeeUserProcess()，相关源代码如下：

```
int ZXBeeUserProcess(char *ptag, char *pval)
{
    int ret = 0;
    char pout[16];
    //控制指令解析代码
    return ret;
}
```

上述代码中主要有两个参数，分别是指令和指令信息。指令携带的是指令操作对象，指令信息携带的是指令内容。通过识别指令可以确定指令操作的对象，通过分析指令信息可以执行相应的操作。

读者可能会发现本节的数据接收处理函数与 3.3 节中的函数处理方式不同，这是由于节点在接收数据的过程中还有其他有效数据，因此在实际的代码设计中又对 ZXBeeInfRecv()函数进行了封装，用于识别其他有效数据并进行处理。ZXBeeInfRecv()函数的封装如下：

```
//数据接收处理函数
void ZXBeeInfRecv(char *pkg, int len)
{
}
```

在 ZXBeeInfRecv()函数中封装的 ZXBeeDecodePackage()用于对无线数据包进行解包，解包完成后再由 ZXBeeSysCommandProc()函数处理系统指令，由 ZXBeeUserProcess()函数处理用户指令，返回反馈信息后再由数据接收函数 ZXBeeInfRecv()中的 ZXBeeInfSend()函数将数据发送出去。

经过前面的分析可知，ZXBeeUserProcess()函数只有在节点接收到数据时才会被触发，函数触发后会对指令进行解析，如果是查询指令则进行传感器数据上报，函数中还可以通过添加事件来修改时间控制参数，从而实现对数据上报时间间隔的控制。

在数据处理过程中，如果指令为控制指令，则节点需要执行传感器控制程序函数 sensorControl()函数，相关的源代码如下：

```
void sensorControl(uint8_t cmd)
{
    //根据 cmd 参数处理对应的控制程序
}
```

上述函数是在确认指令为控制指令后才被执行的，如果是查询指令则不执行该函数。

1）NB-IoT 传感器应用程序接口

要实现远程设备控制功能，就需要对整个功能进行分析。远程设备控制功能依附于无线传感器网络，在建立无线传感器网络后，才能够进行传感器的初始化，然后初始化系统任务，接着等待远程设备发送的控制指令，当节点接收到控制指令时，通过约定的通信协议对无线数据包进行解包，解包完成后根据指令信息对相应的传感器设备进行控制，在控制完成后将结果打包反馈给远程服务器，从而完成控制指令的执行。

控制类程序的逻辑设计如图 3.57 所示。

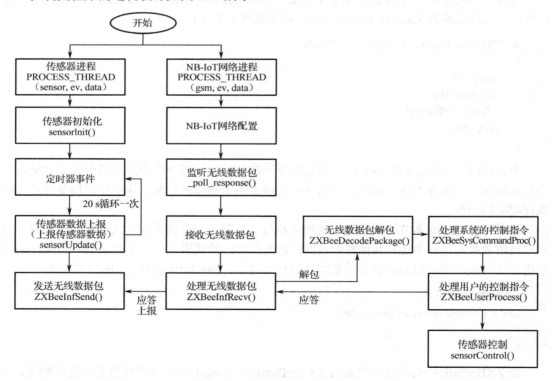

图 3.57　控制类程序的逻辑设计

传感器应用程序是在 sensor.c 文件中实现的，包括的接口函数如表 3.17 所示。

表 3.17　传感器应用程序接口函数

函 数 名 称	函 数 说 明
sensorInit()	传感器初始化
sensorUpdate()	传感器数据实时上报
sensorControl()	传感器控制
ZXBeeUserProcess()	解析接收到的下行控制指令
PROCESS_THREAD(sensor, ev, data)	传感器进程

2）NB-IoT 无线数据包收发函数

无线数据包的收发是在 zxbee-inf.c 文件中实现的，包括 NB-IoT 无线数据包的收发函数，如表 3.18 所示。

表 3.18　无线数据包的收发函数

函 数 名 称	函 数 说 明
ZXBeeInfSend()	节点发送无线数据包给汇聚节点
ZXBeeInfRecv()	接收无线数据包

（1）ZXBeeInfSend()函数的源代码如下：

```
/*******************************************************************
* 名称：ZXBeeInfSend
* 功能：发送无线数据包
* 参数：p—ZXBee 格式数据；len—数据长度
*******************************************************************/
void ZXBeeInfSend(char *p, int len)
{
    leds_on(1);
    clock_delay_ms(50);
    if (nbConfig.mode == COAP) {
        zhiyun_send_coap(p);
    } else {
        zhiyun_send_udp(p);
    }
    leds_off(1);
}
```

zhiyun_send_udp()函数（zhiyun-udp.c）的源代码如下：

```
/*******************************************************************
* 名称：zhiyun_send_udp
* 功能：ZXBee 底层发送接口（UDP）
*******************************************************************/
int zhiyun_send_udp(char *pkg)
{
    if (socket_id >= 0) {
```

```
        int len = snprintf(send_buf, 512, "{\"method\":\"sensor\",\"data\":\"%s\", \"addr\":\"NB:%s\"}",
                            pkg, gsm_info.imei);
        Debug("send <<< %s\r\n", send_buf);
        bc95_udp_send(socket_id, nbConfig.ip, nbConfig.port,(char*)send_buf, len);
        return strlen(pkg);
    }
    return -1;
}
```

zhiyun_send_coap()函数（zhiyun-coap.c）的源代码如下：

```
/**************************************************************************************
 * 名称：zhiyun_send_coap
 * 功能：ZXBee 底层发送接口（CoAP）
 **************************************************************************************/
int zhiyun_send_coap(char *pkg)
{
    if (init == 2) {
        int len = snprintf(send_buf, 512, "{\"method\":\"sensor\",\"data\":\"%s\", \"addr\":\"NB:%s\"}",
                            pkg, gsm_info.imei);
        Debug("send <<< %s\r\n", send_buf);
        bc95_coap_send((char*)send_buf, len);
        return strlen(pkg);
    }
    return -1;
}
```

（2）ZXBeeInfRecv()函数的源代码如下：

```
/**************************************************************************************
 * 名称：ZXBeeInfRecv()
 * 功能：接收无线数据包
 **************************************************************************************/
void ZXBeeInfRecv(char *buf, int len)
{
    leds_on(1);
    clock_delay_ms(50);
    char *p = ZXBeeDecodePackage(buf, len);
    if (p != NULL) {
        ZXBeeInfSend(p, strlen(p));
    }
    leds_off(1);
}
```

3）NB-IoT 无线数据包解析程序接口

根据约定的通信协议，还需要对无线数据进行封包和解包操作，无线数据的封包函数和解包函数是在 zxbee.c 文件中实现的，封包函数为 ZXBeeBegin()、ZXBeeAdd(char* tag, char* val)、ZXBeeEnd(void)，解包函数为 ZXBeeDecodePackage(char *pkg, int len)，如表 3.19 所示。

表 3.19　无线数据包解析程序接口函数

函 数 名 称	函 数 说 明
ZXBeeBegin()	增加 ZXBee 通信协议的帧头 "{"
ZXBeeEnd()	增加 ZXBee 通信协议的帧尾 "}"，并返回封包后的指针
ZXBeeAdd()	在 ZXBee 通信协议的无线数据包中添加数据
ZXBeeDecodePackage()	对接收到的无线数据包进行解包

（1）ZXBeeBegin()函数的源代码如下：

```
/*******************************************************************************
* 名称：ZXBeeBegin()
* 功能：增加 ZXBee 通信协议的帧头 "{"
*******************************************************************************/
void ZXBeeBegin(void)
{
    wbuf[0] = '{';
    wbuf[1] = '\0';
    char buf[16];
    sprintf(buf, "%d%d%s", CONFIG_RADIO_TYPE, CONFIG_DEV_TYPE, NODE_NAME);
    ZXBeeAdd("TYPE", buf);
}
```

（2）ZXBeeEnd()函数的源代码如下：

```
/*******************************************************************************
* 名称：ZXBeeEnd()
* 功能：增加 ZXBee 通信协议的帧尾 "}"，并返回封包后的指针
* 参数：wbuf—返回封包后的指针
*******************************************************************************/
char* ZXBeeEnd(void)
{
    int offset = strlen(wbuf);
    wbuf[offset-1] = '}';
    wbuf[offset] = '\0';
    if (offset > 12) return wbuf;
    return NULL;
}
```

（3）ZXBeeAdd()函数的源代码如下：

```
/*******************************************************************************
* 名称：ZXBeeAdd()
* 功能：在 ZXBee 通信协议的无线数据包中添加数据
* 参数：tag—变量；val—值
* 返回：len—数据长度
*******************************************************************************/
int8 ZXBeeAdd(char* tag, char* val)
```

```
{
        sprintf(&wbuf[strlen(wbuf)], "%s=%s,", tag, val);              //添加无线数据包键值对
        return strlen(wbuf);
}
```

（4）ZXBeeDecodePackage()函数的源代码如下：

```
/*****************************************************************************
* 名称：ZXBeeDecodePackage()
* 功能：对接收到的无线数据包进行解包
* 参数：pkg—数据；len—数据长度
* 返回：p—返回的数据包
*****************************************************************************/
char* ZXBeeDecodePackage(char *pkg, int len)
{
        char *p;
        char *ptag = NULL;
        char *pval = NULL;
        if (pkg[0] != '{' || pkg[len-1] != '}') return NULL;           //帧头、帧尾
        ZXBeeBegin();                                                  //为返回的指令响应添加帧头
        pkg[len-1] = 0;
        p = pkg+1;                                                     //去掉帧头、帧尾
        do {
                ptag = p;
                p = strchr(p, '=');                                   //判断键值对内的 "="
                if (p != NULL) {
                        *p++ = 0;                                     //提取 "=" 左边 ptag
                        pval = p;                                     //指针指向 pval
                        p = strchr(p, ',');                           //判断无线数据包内键值对分隔符 ","
                        if (p != NULL) *p++ = 0;                       //提取 "=" 右边 pval
                        int ret;
                        ret = ZXBeeSysCommandProc(ptag, pval); //将提取出来的键值对指令并发送给系统函数处理
                        if (ret < 0) {
                                ret = ZXBeeUserProcess(ptag, pval);   //将提取出来的键值对指令并发送给用户函数处理
                        }
                }
        } while (p != NULL);                                          //当无线数据包未解析完，则继续循环
        p = ZXBeeEnd();                                               //为返回的指令响应添加帧尾
        return p;
}
```

4）NB-IoT 防空警报系统设计

防空报警系统是智慧城市系统中的一个子系统，通过在城市设置报警传感器，城市管理部门在危险的情况下发生时可远程实时地发布报警信息。

防空报警系统采用 NB-IoT 技术，通过部署报警传感器（蜂鸣器）和 NB-IoT 节点，然后连接到物联网云平台，最终通过防空报警系统对报警器进行控制，如图 3.58 所示。

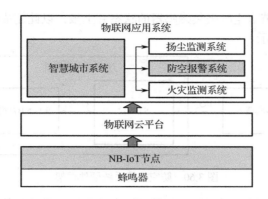

图 3.58　NB-IoT 防空警报系统

3．蜂鸣器

蜂鸣器是一种发生器件，广泛应用于计算机、打印机、复印机、报警器、电子玩具、汽车电子设备、电话机、定时器等电子产品中，如图 3.59 所示。

蜂鸣器主要分为压电式蜂鸣器和电磁式蜂鸣器两种类型。

（1）电压式蜂鸣器。压电式蜂鸣器主要由多谐振荡器、压电蜂鸣片、阻抗匹配器、共鸣箱、外壳等组成，有的压电式蜂鸣器外壳上还装有发光二极管。

图 3.59　蜂鸣器

多谐振荡器由晶体管或集成电路构成。当接通电源后（1.5～15 V 直流工作电压），多谐振荡器起振，输出 1.5～2.5 kHz 的音频信号，阻抗匹配器推动压电蜂鸣片发声。

压电蜂鸣片由锆钛酸铅或铌镁酸铅压电陶瓷材料制成，在陶瓷片的两面镀上银电极，经极化和老化处理后，再与黄铜片或不锈钢片黏在一起。

（2）电磁式蜂鸣器。电磁式蜂鸣器由振荡器、电磁线圈、磁铁、振动膜片及外壳等组成。接通电源后，振荡器产生的音频信号通过电磁线圈，使电磁线圈产生磁场。振动膜片在电磁线圈和磁铁的相互作用下，周期性地振动发声。

3.5.3　开发实践：NB-IoT 防空报警系统设计

1．开发设计

项目任务目标是：本节以防空报警系统为例介绍控制类程序的开发，学习并掌握控制类程序的逻辑接口的使用。

基于 NB-IoT 的防空报警控制系统的 NB-IoT 节点携带了蜂鸣器，蜂鸣器是由 STM32 引脚输出的高低电平来控制的。本系统定时上报传感器数据，当远程设备发出查询指令时，节点能够执行指令并反馈设备状态信息。

防空报警控制系统的实现可分为两个部分，分别为硬件功能设计和软件协议设计。

1）硬件功能设计

根据前面的分析可知，为了实现对设备控制情况与数据上报的模拟，硬件中使用蜂鸣器对防空报警进行模拟，节点定时采集蜂鸣器的状态并上报，以此完成数据上报。防空报警系统硬件框架如图 3.60 所示。

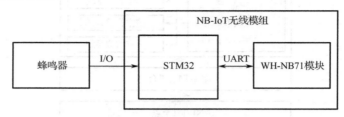

图 3.60　防空报警系统硬件框架

由图 3.60 可知，蜂鸣器是由 STM32 引脚输出的高低电平控制的。蜂鸣器的硬件连接如图 3.61 所示。

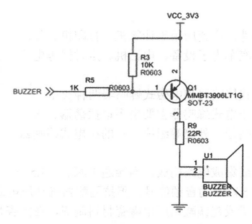

图 3.61　蜂鸣器的硬件连接

2）软件协议设计

软件设计要符合协议栈的执行流程，NB-IoT 节点首先进行入网操作，然后初始化传感器和用户任务。当用传感器任务被触发时，可进行传感器数据上报。当节点接收到数据时，如果是查询指令，那么节点将获取并上报设备状态；如果是控制指令，那么节点执行相应的控制操作。

示例工程 NB-IoTAlarm 实现了防空报警系统，具有以下功能：

（1）节点入网后，每隔 20 s 上传一次蜂鸣器状态。

（2）应用层可以通过下行发送查询指令来读取当前的蜂鸣器状态。

（3）应用层可以通过下行发送控制指令来控制蜂鸣器。

示例工程 NB-IoTAlarm 采用类 JOSN 格式的通信协议，格式为 {[参数]=[值],[参数]=[值]…}，如表 3.20 所示。

表 3.20　通信协议

协议类型	协议格式	方　向	协议说明
控制指令	{cmd=X}	远程设备到节点	X 表示控制内容
反馈指令	{beepStatus=X}	节点到远程设备	X 表示设备状态

续表

协议类型	协议格式	方　向	协议说明
查询指令	{beepStatus=?}	远程设备到节点	查询设备状态
混合指令	{cmd=X, beepStatus=?}	远程设备到节点	执行控制后查询状态

2．功能实现

1）NB-IoT 防空报警系统应用程序分析

示例工程 NB-IoTAlarm 采用智云框架开发，实现了蜂鸣器的远程控制、蜂鸣器当前状态的查询、蜂鸣器状态的循环上报、无线数据的封包和解包等功能。下面详细分析防空报警系统应用程序的逻辑。

（1）传感器应用程序是在 sensor.c 文件中实现的，包括传感器器初始化（sensorInit()）、传感器状态上报（sensorUpdate()）、传感器控制（sensorControl()）、处理下行的用户指令（ZXBeeUserProcess()）、传感器进程（PROCESS_THREAD(sensor, ev, data)）。

（2）传感器驱动是在 beep.c 文件中实现的，包括蜂鸣器初始化、打开蜂鸣器、关闭蜂鸣器等。

（3）无线数据包的收发是在 zxbee-inf.c 文件中实现的，包括无线数据包的收发处理函数。

（4）无线数据的封包和解包是在 zxbee.c 文件中实现的，封包函数为 ZXBeeBegin()、ZXBeeAdd(char* tag, char* val)、ZXBeeEnd(void)，解包函数为 ZXBeeDecodePackage(char *pkg, int len)。

2）NB-IoT 防空报警系统应用程序设计

防空报警系统属于控制类传感器的应用，主要完成远程设备的控制。

（1）NB-IoT 网络参数配置代码。首先需要配置网络参数，配置 NB-IoT 节点要连接的远程服务器地址和端口号，以及用于获取服务器使用权的注册账号和密钥。配置信息是在 contiki-config.h 文件下完成的。contiki-config.h 网络属性配置代码段如下：

```
#define CONFIG_ZHIYUN_IP            "api.zhiyun360.com"          //远程服务器地址
#define CONFIG_ZHIYUN_PORT          28082                        //远程服务器端口
#define CONFIG_ZHIYUN_UDP_PORT      40000                        //服务器 UDP 连接端口
#define CONFIG_ZHIYUN_UDP_SERVER    "119.23.162.168"             //服务器 UDP 连接 IP
#define AID "123456789"                                          //服务器注册 ID
#define AKEY "abcdefghijklmnopqrstuvwxyz"                        //服务器密钥
```

（2）启动传感器进程。NB-IoT 无线协议运行后，启动传感器进程（是通过 sensor.c 文件中的 PROCESS_THREAD(sensor, ev, data)函数启动的）后进行传感器应用处理，如传感器初始化、启动传感器定时任务（20 s 循环一次）、传感器数据上报。

```
PROCESS_THREAD(sensor, ev, data)
{
    static struct etimer et_update;
    PROCESS_BEGIN();
    ZXBeeInfInit();
    sensorInit();
    etimer_set(&et_update, CLOCK_SECOND*20);
```

```
    while (1) {
        PROCESS_WAIT_EVENT_UNTIL(ev == PROCESS_EVENT_TIMER);
        if (etimer_expired(&et_update)) {
            sensorUpdate();
            etimer_set(&et_update, CLOCK_SECOND*20);
        }
    }
    PROCESS_END();
}
```

（3）传感器初始化。传感器初始化函数 sensorInit()的相关源代码如下：

```
void sensorInit(void)
{
    //传感器初始化代码
    Beep_init();
}
```

（4）传感器数据定时上报。传感器数据定时上报是通过 sensor.c 文件中的 sensorUpdate()函数实现的，该函数使用状态量 beepStatus 更新传感器数据，并通过 ZXBeeBegin()、ZXBeeAdd(char* tag, char* val)、ZXBeeEnd(void)函数实现对无线数据的封包，最后调用 zxbee-inf.c 文件中的 ZXBeeInfSend(char *p, int len)函数将无线数据包发送给应用层。

传感器数据定时上报的相关源代码如下：

```
void sensorUpdate(void)
{
    char pData[16];
    char *p = pData;

    ZXBeeBegin();

    sprintf(p, "%u", beepStatus);          //传感器（蜂鸣器）的状态
    ZXBeeAdd("beepStatus", p);

    p = ZXBeeEnd();                        //无线数据包的帧尾
    if (p != NULL) {
        ZXBeeInfSend(p, strlen(p));        //对需要上传的无线数据进行打包操作,并通过 zb_SendDataRequest()
发送到协调器
    }
}
```

（5）接收数据处理。当接收到下行无线数据包时，会调用 zxbee-inf.c 文件中的 ZXBeeInfRecv()函数对无线数据包进行解包，并将解包后数据包发送给应用层。

```
void ZXBeeInfRecv(char *buf, int len)
{
    leds_on(1);
    clock_delay_ms(50);
    char *p = ZXBeeDecodePackage(buf, len);
```

```
        if (p != NULL) {
            ZXBeeInfSend(p, strlen(p));
        }
        leds_off(1);
}
```

zxbee.c 文件中的 ZXBeeDecodePackage()函数用于对无线数据包进行指令解析，该函数先调用 zxbee-sys-command.c 文件中的 ZXBeeSysCommandProc()函数进行系统指令处理，然后调用 sensor.c 文件中的 ZXBeeUserProcess()函数进行用户指令处理。

ZXBeeUserProcess()的相关源代码如下：

```
int ZXBeeUserProcess(char *ptag, char *pval)
{
    int val;
    int ret = 0;
    char pData[16];
    char *p = pData;
    //将字符串变量 pval 转换为整型变量并赋值
    val = atoi(pval);
    //控制指令解析
    if (0 == strcmp("cmd", ptag)){                          //控制指令
        sensorControl(val);
    }
    if (0 == strcmp("beepStatus", ptag)){                   //查询指令
        if (0 == strcmp("?", pval)){
            ret = sprintf(p, "%u", beepStatus);
            ZXBeeAdd("beepStatus", p);
        }
    }
    return ret;
}
```

（6）传感器控制源代码如下：

```
/**************************************************************************
* 名称：sensorControl()
* 功能：传感器控制
* 参数：cmd—控制指令
**************************************************************************/
void sensorControl(uint8_t cmd)
{
    if(cmd & 0x01){                                         //根据 cmd 参数处理对应的控制程序
        Beep_on(0x01);                                      //开启蜂鸣器
    } else{
        Beep_off(0x01);                                     //关闭蜂鸣器
    }
    beepStatus = cmd;
}
```

3）NB-IoT 防空报警系统驱动设计

蜂鸣器驱动是在 beep.c 文件中实现的，STM32 通过 GPIO 实现对蜂鸣器的远程控制。蜂鸣器驱动函数如表 3.21 所示。

表 3.21　蜂鸣器驱动函数

函　数　名　称	函　数　说　明
Beep_init(void)	蜂鸣器初始化
Beep_on(unsigned char fan)	打开蜂鸣器
Beep_off(unsigned char fan)	关闭蜂鸣器

（1）蜂鸣器初始化的源代码如下：

```
void Beep_init(void)
{
    GPIO_InitTypeDef    GPIO_InitStructure;
    RCC_APB2PeriphClockCmd(RCC_APB2Periph_GPIOA, ENABLE);          //使能 PA 端口
    GPIO_InitStructure.GPIO_Pin = BEEP;
    GPIO_InitStructure.GPIO_Speed = GPIO_Speed_2MHz;
    GPIO_InitStructure.GPIO_Mode = GPIO_Mode_Out_PP;
    GPIO_Init(BEEP_port, &GPIO_InitStructure);
    Beep_off(0x01);
}
```

（2）打开蜂鸣器的源代码如下：

```
signed char Beep_on(unsigned char fan)
{
    if(fan & 0x01){                        //如果要打开设备
        GPIO_ResetBits(BEEP_port,BEEP);
        return 0;
    }
    return -1;                             //参数错误，返回-1
}
```

（3）关闭蜂鸣器的源代码如下：

```
signed char Beep_off(unsigned char fan)
{
    if(fan &0x01){                         //如果要关闭设备
        GPIO_SetBits(BEEP_port, BEEP);
        return 0;
    }
    return -1;                             //参数错误，返回-1
}
```

3．开发验证

（1）根据控制类程序的设定，系统每隔 20 s 会上传一次传感器数据到应用层。

（2）通过 ZCloudWebToos 工具的"实时数据"下发控制指令，能够控制蜂鸣器的开启和关闭，其中，cmd=0 表示蜂鸣器关闭，cmd=1 表示蜂鸣器打开。在地址框中输入 NB-IoT 节点地址，即"NB:863703036243488"，在数据框中输入"{cmd=1, beepStatus=?}"，可以实时控制蜂鸣器与查询状态，如图 3.62 所示。

图 3.62　验证效果

3.5.4　小结

本节先分析了 NB-IoT 控制类程序的逻辑，介绍了约定的通信协议，然后讲述了控制类程序接口，最后构建了防空报警系统。

3.5.5　思考与拓展

（1）NB-IoT 的远程设备控制应用场景有哪些？
（2）NB-IoT 的远程设备控制的要点是什么？
（3）NB-IoT 的数据收发使用了哪些接口函数？
（4）尝试增加 LED1 灯的控制功能，编写 LED1 驱动，通过指令{cmd=X}来实现（cmd=2 表示关闭 LED1，cmd=3 表示打开 LED1。）

3.6　NB-IoT 火灾监测系统开发与实现

为了能够及时发现火灾并控制火情，为消防员救火争取时间，需要火灾监测系统，当发生火灾时，系统及时将火灾信息发送至消防部门，消防部门即可派出消防车将火灾消灭在萌芽状态，以保障声明财产安全。

本节主要介绍安防类程序的开发，通过设计火灾监测系统理解安防类程序的逻辑和接口。

3.6.1　学习与开发目标

（1）知识目标：NB-IoT 数据接收与反馈机制、NB-IoT 数据收发程序接口；NB-IoT 安防类通信用协议设计。
（2）技能目标：掌握 NB-IoT 数据收发程序接口的使用；掌握 NB-IoT 安防类通信协议的设计。
（3）开发目标：构建 NB-IoT 火灾监测系统。

3.6.2　原理学习：NB-IoT 安防类程序

1．NB-IoT 安防类程序逻辑分析和通信协议设计

1）NB-IoT 安防类程序逻辑分析

NB-IoT 网络功能之一是能够实现对监测信息的报警，通过 NB-IoT 节点可将报警数据发送到远程服务器，为数据分析和处理提供支持。

远程信息报警功能有很多应用场景，如非法人员闯入、环境参数超过阈值、城市低洼涵洞隧道内涝报警、桥梁振动位移报警、车辆内人员滞留报警等。NB-IoT 网络的远程信息报警的使用场景众多，但要如何利用 NB-IoT 网络实现远程信息报警的程序设计呢？下面将对远程信息报警应用程序的逻辑进行分析。

远程信息报警应用程序的逻辑如图 3.63 所示。

（1）定时获取并上报节点安全信息。

（2）当节点监测到报警信息时，能迅速上报报警信息。

（3）当报警信息解除时，能够恢复正常。

（4）当查询信息时，节点能够响应指令并反馈安全信息。

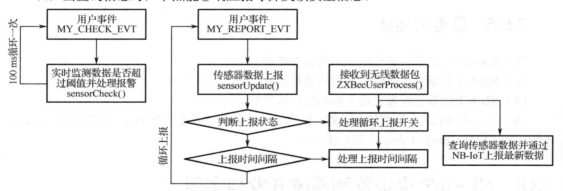

图 3.63　远程信息报警应用程序的逻辑

具体如下：

（1）定时获取并上报节点安全信息。在一个监测系统中，远程设备需要不断了解安防类节点出所采集的安全信息，只有不断地更新安全信息，系统的安全性才能得到保障。如果安全信息不能够持续得到更新，那么当设备出现故障或遭到人为破坏时将会造成危险后果。因此安全信息的持续更新可以降低系统安全的不确定性。

（2）当节点监测到报警信息时，能够迅速上报报警信息。一个安防类节点如果不能够及时上报报警信息，则该节点的报警功能将是失效的。例如，当发现较大范围的明火时，如果室内的火灾报警系统不能及时发送危险信息，那么等到火势蔓延时救火就将变得异常困难。当室内发现较较大面积明火时，消防部门应最先收到消防报警，通知消防人员及时到达现场处理火情，将火灾消灭在萌芽状态。因此报警信息的及时上报是安防类节点的关键功能。

（3）当报警信息解除时，能够恢复正常。在物联网系统中，很多设备都是要重复利用的，所以在危险解除后要使系统能够恢复正常，就需要节点能够发出安全信息让系统从危险状态退出。

（4）节点的安全信息与报警信息发送的实时性有区别。安全信息可以一段时间内更新一次，如半分钟或一分钟；而报警信息则相对紧急，报警信息的上报频率要保持在 1 s 更新一次，也就是要对报警信息的变化进行实时监测，以确保对报警信息变化的实时掌握。

（5）当查询信息时，节点能够响应指令并反馈安全信息。当需要对设备进行调试或者主动查询当前的安全状态时，就需要通过使用远程设备向节点主动发送查询信息，用以查询当前的安全信息。

2）NB-IoT 安防类通信协议分析

一个完整的物联网综合系统，数据贯穿了感知层、网络层、服务层和应用层，数据在这四层之间层层传递，因此需要设计一种合适的通信协议来完成数据的封装与通信。

安防类节点要将报警数据进行打包上报，并能够让远程设备识别，或者远程设备向节点发送的信息能够被节点响应，需要定义一套通信协议，这套协议对于节点和远程设备都是约定好的。安防类节点有三种功能：安全信息上报、报警信息上报，以及报警信息解除和查询响应等。

安防类协议采用类 JSON 数据包格式，格式为{[参数]=[值],[参数]=[值]…}。

（1）每条数据以"{"作为起始字符。

（2）"{}"内的多个参数以","分隔。

（3）数据上行格式参考为{status=1}。

（4）数据下行查询指令格式为{status=?}，程序返回{status=1}。

本节以火灾监测系统为例来定义通信协议，如表 3.22 所示。

表 3.22　通信协议

协议类型	协议格式	方　向	说　明
发送指令	{fireStatus=X}	节点到远程设备	X 表示安全信息
查询指令	{fireStatus=?}	远程设备到节点	查询节点安全信息

2. NB-IoT 安防类程序接口分析

1）远程信息报警程序的逻辑

要实现远程信息报警功能，就需要对整个功能进行分析。远程信息报警功能依附于无线传感器网络，在建立无线传感器网络完成后，才能够进行传感器的初始化。然后初始化系统任务，此后每次任务执行都会采集一次传感器数据，并将传感器数据发送至协调器，最终数据通过服务器和互联网被用户所使用。为了保证数据的实时更新，还需要设置传感器数据上报的时间间隔，如每分钟上报一次数据等。远程信息报警程序的逻辑如图 3.64 所示。

传感器应用程序是在 sensor.c 文件中实现的，包括的接口函数如表 3.23 所示。

表 3.23　传感器应用接口函数

函 数 名 称	函 数 说 明
sensorInit()	传感器初始化
sensorUpdate()	传感器数据上报
sensorCheck()	实时监测传感器报警状态
ZXBeeUserProcess()	解析接收到的下行控制指令
PROCESS_THREAD(sensor, ev, data)	传感器进程

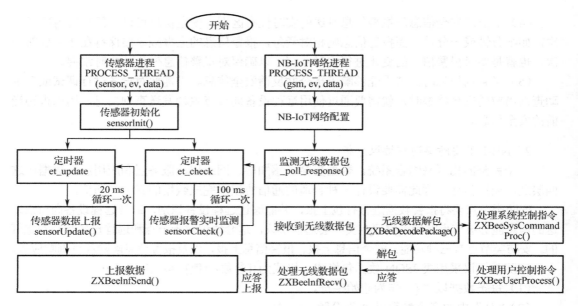

图 3.64 远程信息报警程序的逻辑

2）NB-IoT 无线数据包收发程序接口

无线数据包的收发程序是在 zxbee-inf.c 文件中实现的。NB-IoT 无线数据包的收发函数，如表 3.24 所示。

表 3.24 无线数据包的收发函数

函 数 名 称	函 数 说 明
ZXBeeInfSend()	节点发送无线数据包给汇聚节点
ZXBeeInfRecv()	节点接收无线数据包

（1）ZXBeeInfSend()函数的源代码如下：

```
/*****************************************************************************
* 名称：ZXBeeInfSend
* 功能：节点发送无线数据包
* 参数：p—ZXBee 格式数据；len—数据长度
*****************************************************************************/
void    ZXBeeInfSend(char *p, int len)
{
    leds_on(1);
    clock_delay_ms(50);
    if (nbConfig.mode == COAP) {
        zhiyun_send_coap(p);
    } else {
        zhiyun_send_udp(p);
    }
    leds_off(1);
}
```

zhiyun_send_udp()函数（zhiyun-udp.c）的源代码如下：

```
/******************************************************************************
* 名称：zhiyun_send_udp
* 功能：ZXBee 底层发送接口（UDP）
******************************************************************************/
int zhiyun_send_udp(char *pkg)
{
    if (socket_id >= 0) {
        int len = snprintf(send_buf, 512, "{\"method\":\"sensor\",\"data\":\"%s\", \"addr\":\"NB:%s\"}",
                            pkg, gsm_info.imei);
        Debug("send <<< %s\r\n", send_buf);
        bc95_udp_send(socket_id, nbConfig.ip,nbConfig.port,(char*)send_buf, len);
        return strlen(pkg);
    }
    return -1;
}
```

zhiyun_send_coap()函数（zhiyun-coap.c）的源代码如下：

```
/******************************************************************************
* 名称：zhiyun_send_coap
* 功能：ZXBee 底层发送接口（CoAP）
******************************************************************************/
int zhiyun_send_coap(char *pkg)
{
    if (init == 2) {
        int len = snprintf(send_buf, 512, "{\"method\":\"sensor\",\"data\":\"%s\", \"addr\":\"NB:%s\"}",
                            pkg, gsm_info.imei);
        Debug("send <<< %s\r\n", send_buf);
        bc95_coap_send((char*)send_buf, len);
        return strlen(pkg);
    }
    return -1;
}
```

（2）ZXBeeInfRecv()函数的源代码如下：

```
/******************************************************************************
* 名称：ZXBeeInfRecv()
* 功能：节点收到无线数据包
******************************************************************************/
void ZXBeeInfRecv(char *buf, int len)
{
    leds_on(1);
    clock_delay_ms(50);
    char *p = ZXBeeDecodePackage(buf, len);
    if (p != NULL) {
        ZXBeeInfSend(p, strlen(p));
```

```
    }
    leds_off(1);
}
```

3）NB-IoT 无线数据包解析程序接口

针对约定的通信协议，需要对无线数据进行封包和解包操作，无线数据的封包函数和解包函数是在 zxbee.c 文件中实现的，封包函数为 ZXBeeBegin()、ZXBeeAdd(char* tag, char* val)、ZXBeeEnd(void)，解包函数为 ZXBeeDecodePackage(char *pkg, int len)，如表 3.25 所示。

表 3.25　无线数据包解析程序接口函数

函 数 名 称	函 数 说 明
ZXBeeBegin()	增加 ZXBee 通信协议的帧头 "{"
ZXBeeEnd()	增加 ZXBee 通信协议的帧尾 "}"，并返回封包后的数据包指针
ZXBeeAdd()	在 ZXBee 通信协议的无线数据包中添加数据
ZXBeeDecodePackage()	对接收到的无线数据包进行解包

（1）ZXBeeBegin()函数的源代码如下：

```
/********************************************************************************
* 名称：ZXBeeBegin()
* 功能：增加 ZXBee 通信协议的帧头 "{"
********************************************************************************/
void ZXBeeBegin(void)
{
    wbuf[0] = '{';
    wbuf[1] = '\0';
    char buf[16];
    sprintf(buf, "%d%d%s", CONFIG_RADIO_TYPE, CONFIG_DEV_TYPE, NODE_NAME);
    ZXBeeAdd("TYPE", buf);
}
```

（2）ZXBeeEnd()函数的源代码如下：

```
/********************************************************************************
* 名称：ZXBeeEnd()
* 功能：增加 ZXBee 通信协议的帧尾 "}"，并返回封包后的指针
* 参数：wbuf—返回封包后的指针
********************************************************************************/
char* ZXBeeEnd(void)
{
    int offset = strlen(wbuf);
    wbuf[offset-1] = '}';
    wbuf[offset] = '\0';
    if (offset > 12) return wbuf;
    return NULL;
}
```

（3）ZXBeeAdd()函数的源代码如下：

```
/*********************************************************************
* 名称：ZXBeeAdd()
* 功能：在 ZXBee 通信协议的无线数据包中添加数据
* 参数：tag—变量；val—值
* 返回：len—数据长度
*********************************************************************/
int8 ZXBeeAdd(char* tag, char* val)
{
    sprintf(&wbuf[strlen(wbuf)], "%s=%s,", tag, val);          //添加无线数据包键值对
    return strlen(wbuf);
}
```

（4）ZXBeeDecodePackage()函数的源代码如下：

```
/*********************************************************************
* 名称：ZXBeeDecodePackage()
* 功能：对接收到的无线数据包进行解包
* 参数：pkg—数据；len—数据长度
* 返回：p—返回的无线数据包
*********************************************************************/
char* ZXBeeDecodePackage(char *pkg, int len)
{
    char *p;
    char *ptag = NULL;
    char *pval = NULL;
    if (pkg[0] != '{' || pkg[len-1] != '}')
    return NULL;                                          //判断帧头、帧尾
    ZXBeeBegin();                                         //为返回的指令响应添加帧头
    pkg[len-1] = 0;
    p = pkg+1;                                            //去掉帧头、帧尾
    do {
        ptag = p;
        p = strchr(p, '=');                              //判断键值对内的 "="
        if (p != NULL) {
            *p++ = 0;                                    //提取 "=" 左边 ptag
            pval = p;                                    //指针指向 pval
            p = strchr(p, ',');                          //判断无线数据包内键值对分隔符 ","
            if (p != NULL) *p++ = 0;                     //提取 "=" 右边 pval
            int ret;
            ret = ZXBeeSysCommandProc(ptag, pval);       //将提取出来的键值对指令发送给系统函数处理
            if (ret < 0) {
                ret = ZXBeeUserProcess(ptag, pval);      //将提取出来的键值对指令发送给用户函数处理
            }
        }
    } while (p != NULL);                                 //当无线数据包未解析完，则继续循环
    p = ZXBeeEnd();                                      //为返回的指令响应添加帧尾
    return p;
}
```

4）NB-IoT 火灾监测系统设计

火灾监测系统是智慧城市系统的一个子系统。当发生火灾时，火灾监测系统将火灾信息发送至消防部门，消防部门即可派出消防车将火灾消灭在萌芽状态，以保障声明财产安全。

火灾监控系统采用 NB-IoT 技术，通过部署火焰传感器和 NB-IoT 节点，将采集到的数据发送到物联网云平台，最终实现火灾监测系统的实时报警等功能，如图 3.65 所示。

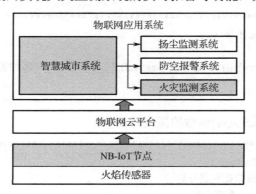

图 3.65　NB-IoT 火灾监测系统

3. 火焰传感器

火焰传感器主要由感烟、感温、感光型火焰传感器。感烟、感温型火焰传感器虽然漏报率很低，但是易受环境湿气、温度等因素的影响。火焰传感器主要是检测火焰光谱中的特征波长的光线，根据不同特征波长的光线，可将火焰传感器分为红外火焰传感器和紫外火焰传感器，又可细分为单紫外、单红外、双红外和三红外火焰传感器。紫外火焰传感器响应快速，对人和高温物体不敏感，红外火焰传感器易受高温物体、人、日光等影响。

火焰光谱分段如图 3.66 所示，在火焰红外线辐射光谱范围内，辐射强度最大的波长位于 $4.1\sim4.7\ \mu m$。在探测过程中，红外火焰传感器容易受到环境辐射干扰，干扰源主要为太阳光。在红外光谱分布区，太阳辐射在穿越地球大气层时，波长小于 $2.7\ \mu m$ 大部分的辐射被 CO_2 和水蒸气吸收，波长大于 $4.3\ \mu m$ 的太阳辐射被 CO_2 吸收。因此，如果采用具有带通性质的滤光片，仅让波长在 $4.3\ \mu m$ 附近的火焰红外线通过，可减小背景辐射对红外火焰传感器造成的干扰。

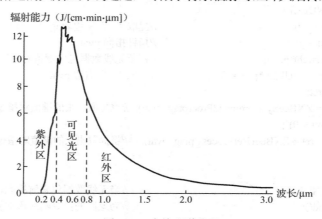

图 3.66　火焰光谱分段

3.6.3　开发实践：NB-IoT 火灾监测系统设计

1. 开发设计

项目任务目标是：智慧城市中的火灾监测系统是为了能够及时发现火灾，为消防员救火争取时间，本节以火灾监测系统为例学习安防类程序的开发。

为了满足对安防类程序的充分使用，基于 NB-IoT 的火灾监测系统中的 NB-IoT 节点携带了火焰传感器。火焰传感器定时采集数据，当检测到火焰时，报警信息每 100 ms 发送一次；当未检测到火焰信息时，安全信息每 20 s 上报一次；当节点接收到查询指令时，节点获取安全状态后发送至远程服务器。

整个火灾监测系统的实现可分为两个部分，分别为硬件功能设计和软件协议设计。

1）硬件功能设计

根据前面的分析，为了实现对火灾监测系统数据上报的模拟，使用火焰传感器作为报警信息来源，通过火焰传感器定时获取数据并上报，以此完成数据的发送。火灾监测系统的硬件框架如图 3.67 所示。

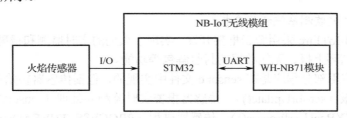

图 3.67　火灾监测系统的硬件框架

由图 3.67 可知，STM32 通过 I/O 接口读取火焰传感器采集的数据。火焰传感器的硬件连接如图 3.68 所示。

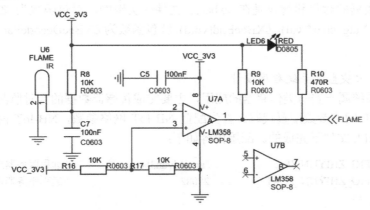

图 3.68　火焰传感器的硬件连接

2）软件协议设计

软件设计应符合 NB-IoT 协议栈的执行流程，NB-IoT 节点首先进行入网操作，然后启动传感器进程，在进程中初始化传感器。当触发更新时间和报警事件时，节点上报安全状态和监测安全信息；当节点接收到远程设备发送的查询指令时，节点获取当前安全信息并返回结果。

示例工程 NB-IoTFire 实现了火灾监测系统，具体功能如下：

（1）节点入网后，每隔 20 s 上报一次火焰传感器采集的数据。

（2）每隔 100 ms 监测一次火焰传感器采集的数据，若采集到火焰报警信号则每隔 3 s 上传一次报警信息。

（3）远程设备可以发送查询指令读取火焰传感器的最新数据。

示例工程 NB-IoTFire 采用类 JOSN 格式的通信协议，格式为{[参数]=[值],[参数]=[值]…}，如表 3.26 所示。

表 3.26　通信协议

协议类型	协议格式	方　向	说　明
发送指令	{fireStatus=X}	节点到远程设备	X 表示安全状态
查询指令	{fireStatus=?}	远程设备到节点	查询节点安全状态

2．功能实现

1）NB-IoT 火灾监测系统程序分析

示例工程 NB-IoTFire 采用智云框架开发，实现了火焰的实时监测和报警、火焰状态的查询、火焰状态的循环上报、无线数据的封包解包等功能。

（1）传感器应用部分程序是在 sensor.c 文件中实现的，包括传感器初始化（sensorInit()）、传感器数据的上报（sensorUpdate()）、传感器报警实时监测并处理（sensorCheck()）、处理下行的用户指令（ZXBeeUserProcess()）、传感器进程（PROCESS_THREAD(sensor, ev, data)）。

（2）传感器驱动是在 Flame.c 文件中实现的，通过 I/O 接口获取传感器的数据。

（3）无线数据包的收发是在 zxbee-inf.c 文件中实现的，包括 NB-IoT 无线数据包的收发函数。

（4）无线数据的封包和解包是在 zxbee.c 文件中实现的，封包函数为 ZXBeeBegin()、ZXBeeAdd(char* tag, char* val)、ZXBeeEnd(void)，解包函数为 ZXBeeDecodePackage(char *pkg, int len)。

2）NB-IoT 火灾监测系统程序设计

火灾监测系统属于安防类传感器的应用，主要完成传感器数据的实时监测和上报。

（1）NB-IoT 网络参数配置代码。首先配置 NB-IoT 网络参数，NB-IoT 网络参数的配置是在 contiki-conf.h 文件下完成的。配置内容如下：

```
#define CONFIG_ZHIYUN_IP           "api.zhiyun360.com"      //远程服务器地址
#define CONFIG_ZHIYUN_PORT         28082                    //远程服务器端口

#define CONFIG_ZHIYUN_UDP_PORT     40000                    //服务器 UDP 连接端口
#define CONFIG_ZHIYUN_UDP_SERVER   "119.23.162.168"         //服务器 UDP 连接 IP

#define AID "123456789"                                     //服务器注册 ID
#define AKEY "abcdefghijklmnopqrstuvwxyz"                    //服务器注册密钥
```

（2）启动传感器进程。NB-IoT 无线协议运行后，启动传感器进程（是通过 sensor.c 文件中的 PROCESS_THREAD(sensor, ev, data)函数启动的）进行传感器应用处理，如传感器初始化、启动传感器定时任务（20 s 循环一次）、传感器数据上报等。

```
PROCESS_THREAD(sensor, ev, data)
{
    static struct etimer et_update;
    static struct etimer et_check;
    PROCESS_BEGIN();
    ZXBeeInfInit();
    sensorInit();
    etimer_set(&et_update, CLOCK_SECOND*20);
    etimer_set(&et_check, CLOCK_SECOND/10); //100 Hz
    while (1) {
        PROCESS_WAIT_EVENT_UNTIL(ev == PROCESS_EVENT_TIMER);
        if (etimer_expired(&et_check)) {
            sensorCheck();
            etimer_set(&et_check, CLOCK_SECOND/10);
        }
        if (etimer_expired(&et_update)) {
            sensorUpdate();
            etimer_set(&et_update, CLOCK_SECOND*20);
        }
    }
    PROCESS_END();
}
```

（3）传感器初始化。传感器初始化函数 sensorInit()的相关源代码如下：

```
void sensorInit(void)
{
    //初始化传感器代码
    flame_init();                              //传感器（火焰传感器）初始化
}
```

（4）传感器数据定时上报。传感器数据定时上报是通过 sensor.c 文件中的 sensorUpdate()函数实现的，该函数先调用 updateFire()更新传感器数据，然后通过 ZXBeeBegin()、ZXBeeAdd(char* tag, char* val)、ZXBeeEnd(void)函数对无线数据进行封包，最后调用 zxbee-inf.c 文件中的 ZXBeeInfSend(char *p, int len)函数将无线数据包发送给应用层。

传感器数据定时上报函数的相关源代码如下：

```
void sensorUpdate(void)
{
    char pData[16];
    char *p = pData;
    //更新传感器数据
    updateFire();
    ZXBeeBegin();                              //无线数据包帧头
```

```
        sprintf(p, "%u", fireStatus);
        ZXBeeAdd("fireStatus", p);
        p = ZXBeeEnd();                                //无线数据包帧尾
        if (p != NULL) {
            ZXBeeInfSend(p, strlen(p));                //将需要的无线数据包上传到智云平台
        }
        printf("sensor->sensorUpdate(): fireStatus=%u\r\n", fireStatus);
    }
```

（5）接收数据处理。当接收到发送过来的下行无线数据包时，会调用 zxbee-inf.c 文件中的 ZXBeeInfRecv()函数对无线数据包进行解包，并将解包后数据包发送给应用层。

```
    void ZXBeeInfRecv(char *buf, int len)
    {
        leds_on(1);
        clock_delay_ms(50);
        char *p = ZXBeeDecodePackage(buf, len);
        if (p != NULL) {
            ZXBeeInfSend(p, strlen(p));
        }
        leds_off(1);
    }
```

zxbee.c 文件中的 ZXBeeDecodePackage()函数用于对无线数据包进行解析，该函数首先调用 zxbee-sys-command.c 文件中的 ZXBeeSysCommandProc()函数进行系统指令处理，再调用 sensor.c 文件中的 ZXBeeUserProcess()函数进行用户指令处理。

节点接收数据处理函数 ZXBeeUserProcess()的相关源代码如下：

```
    int ZXBeeUserProcess(char *ptag, char *pval)
    {
        int ret = 0;
        char pData[16];
        char *p = pData;
        //控制指令解析
        if (0 == strcmp("fireStatus", ptag)){                //查询指令
            if (0 == strcmp("?", pval)){
                updateFire();
                ret = sprintf(p, "%u", fireStatus);
                ZXBeeAdd("fireStatus", p);
            }
        }
        return ret;
    }
```

（6）传感器监测。

```
/*******************************************************************************
* 名称：sensorCheck()
* 功能：传感器监测
```

```
*******************************************************************/
void sensorCheck(void)
{
    static char lastfireStatus = 0;
    static uint32_t ct0=0;
    char pData[16];
    char *p = pData;
    //更新传感器数据
    updateFire();
    ZXBeeBegin();
    if (lastfireStatus != fireStatus || (ct0 != 0 && clock_time() > (ct0+3000))) {
        sprintf(p, "%u", fireStatus);
        ZXBeeAdd("fireStatus", p);
        ct0 = clock_time();
        if (fireStatus == 0) {
            ct0 = 0;
        }
        lastfireStatus = fireStatus;
    }
    p = ZXBeeEnd();
    if (p != NULL) {
        int len = strlen(p);
        ZXBeeInfSend(p, len);
    }
}
```

3）传感器驱动程序设计

传感器的驱动程序是在 Flame.c 文件中实现的，STM32 通过 I/O 接口驱动传感器进行远程信息报警。传感器驱动程序接口函数如表 3.27 所示。

表 3.27　传感器驱动程序接口函数

函 数 名 称	函 数 说 明
flame_init(void)	传感器初始化
char get_flame_status(void)	获取传感器状态

（1）传感器初始化。

```
/*******************************************************************
* 名称：flame_init()
* 功能：传感器初始化
*******************************************************************/
void flame_init(void)
{
    GPIO_InitTypeDef    GPIO_InitStructure;
    RCC_APB2PeriphClockCmd(RCC_APB2Periph_GPIOA, ENABLE);          //使能 PA 端口时钟
    GPIO_InitStructure.GPIO_Pin = GPIO_Pin_2;
```

```
    GPIO_InitStructure.GPIO_Speed = GPIO_Speed_2MHz;
    GPIO_InitStructure.GPIO_Mode = GPIO_Mode_IN_FLOATING;
    GPIO_Init(GPIOA, &GPIO_InitStructure);
}
```

（2）获取传感器状态。

```
/******************************************************************************
* 名称：unsigned char get_flame_status(void)
* 功能：获取传感器状态
******************************************************************************/
unsigned char get_flame_status(void)
{
    if(GPIO_ReadInputDataBit(GPIOA,GPIO_Pin_2))                        //检测引脚电平
        return 1;
    else
        return 0;
}
```

3．开发验证

（1）传感器数据上报的时间间隔为 20 s，通过 ZCloudWebTools 工具的"实时数据"可查看传感器数据。在地址框中输入 NB 节点地址，如"NB:863703036243488"，在数据框中输入"{fireStatus=?}"，可以实时查询传感器的状态，如图 3.69 所示。

地址	NB:863703036243488		数据	{fireStatus=?}		发送

数据过滤　所有数据　清空数据	MAC地址	信息	时间
NB:863703036243488	NB:863703036243488	{TYPE=72603}	8/29/2018 18:0:23
	NB:863703036243488	{TYPE=72603}	8/29/2018 18:0:23
	NB:863703036243488	{TYPE=72603}	8/29/2018 18:0:23
	NB:863703036243488	{TYPE=72603}	8/29/2018 18:0:22
	NB:863703036243488	{TYPE=72603}	8/29/2018 18:0:22
	NB:863703036243488	{TYPE=72603}	8/29/2018 18:0:22
	NB:863703036243488	{TYPE=72603,fireStatus=1}	8/29/2018 18:0:21
	NB:863703036243488	{TYPE=72603}	8/29/2018 18:0:21
	NB:863703036243488	{TYPE=72603}	8/29/2018 18:0:21

图 3.69　数据查询

（2）用打火机在传感器（火焰传感器）附近打火，可实现传感器数据的变化，传感器输出为 1，在 ZCloudTools 工具中每隔 3 s 会收到报警信息（{ fireStatus=1}）。

（3）根据传感器数据的变化，理解安防类传感器的应用场景及报警程序的应用。

3.6.4　小结

本节先介绍了 NB-IoT 安防类程序的逻辑和通信协议，然后介绍了安防类传感器应用程序的设计，最后构建了 NB-IoT 火灾监测系统。

3.6.5　思考与拓展

（1）NB-IoT 的危险报警使用了哪些接口函数？

（2）修改程序，将安全信息监测事件触发时间设置为 200 ms。

（3）修改程序，将防止重复报警时间间隔设置为 10 s。

（4）尝试新增通过指令启用/禁止 sensorCheck 函数的功能，协议指令为{cmd=X}，cmd=0 表示启用 sensorCheck 函数，cmd=1 表示禁止 sensorCheck 函数。

第4章
LTE 长距离无线通信技术开发

LTE（Long Term Evolution）是一种用于手机以及数据终端的全球高速数据通信标准。LTE 上行链路采用单载波频分多址（SC-FDMA）技术，下行链路采用正交频分多址（OFDM）技术。LTE 的信号覆盖范围和传输速率相较于 3G 技术而言，提高了数倍甚至是数十倍。4G LTE 最大的数据传输速率超过 100 Mbps，并通过 ID 应用程序成为个人身份鉴定设备，它也可以接收高分辨率的电影和电视节目，从而成为合并广播和通信的新基础设施中的一个纽带。

本章讲解基于 LTE 长距离无线通信技术（简称 LTE 技术）的智慧交通系统设计，具体如下：

（1）LTE 长距离无线通信技术开发基础，介绍 LTE 网络的特点、应用、架构。

（2）LTE 长距离无线通信技术开发平台和开发工具，介绍 LTE 无线传感器网络（简称 LTE 网络）的常用模块 EC20 与 AT 指令，以及常用的工具。

（3）LTE 协议栈解析与应用开发，介绍 LTE 协议栈的工作原理和程序接口。

（4）LTE 路网气象监测系统开发与实现，介绍采集类程序的逻辑和接口，并进行 LTE 路网气象监测系统开发。

（5）LTE 交通灯控制系统开发与实现，介绍控制类程序的逻辑和接口，并进行 LTE 交通灯控制系统开发。

（6）LTE 道路安全报警系统开发与实现，介绍安防类程序的逻辑和接口，并进行 LTE 道路安全报警开发。

4.1 LTE 长距离无线通信技术开发基础

LTE 技术已广泛应用于物联网系统，如 4G 增强车载/运输管理系统、LTE 联网视频摄影机和 4G 自动贩卖机等。LTE 智慧交通系统可以合理地疏导城市交通，通过道路报警和城市路线规划，可以有效地缓减城市拥堵问题。LTE 应用如图 4.1 所示。

本节主要介绍 LTE 技术、LTE 网络架构、LTE 网络组网过程、LTE 网络应用场景，最后通过构建智慧交通系统，完成 LTE 长距离

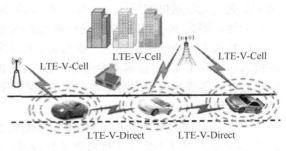

图 4.1 LTE 应用

无线通信技术的学习与开发实践。

4.1.1　学习与开发目标

（1）知识目标：LTE 网络特征、LTE 技术架构、LTE 网络架构。
（2）技能目标：了解并掌握 LTE 网络特征，了解 LTE 网络的应用场景。
（3）开发目标：构建 LTE 智慧交通系统。

4.1.2　原理学习：LTE 网络的概述、架构与通信过程

1. LTE 网络概述

LTE 网络的上行链路采用 SC-FDMA 技术，下行链路采用 OFDM 技术。LTE 传输机制的核心是采用共享信道传输，用户之间可以动态地共享时频资源，由基站的调度器决定将共享的时频资源分配给哪些用户。调度内容主要包括上行链路调度、下行链路调度和小区间干扰协调等。在调度时，对瞬时下行链路信道质量进行测量后，将测得的信道状态反馈给基站，调度器根据收到的信道质量来给不同的用户分配时频资源。LTE 网络采用了带有软合并的快速混合自动重传请求技术，允许用户对接收到的错误传输块进行快速请求重传；LTE 网络支持多天线关键技术，实现了发射分集、接收分集和不同形式的波束赋形，以及空分复用。

LTE 网络能够在成对和非成对频谱上配置基于 LTE 网络的无线接入，具有高度的频谱灵活性，支持频分双工（FDD）和时分双工（TDD），FDD 操作成对频谱，TDD 操作非成对频谱，如图 4.2 所示。

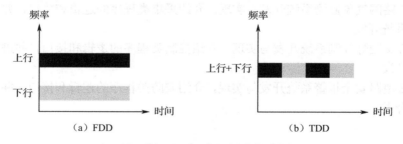

图 4.2　频分双工和时分双工

LTE 技术并没有脱离传统的通信技术，而是以传统通信技术为基础，利用新的通信技术来不断提高无线通信的网络效率和功能。如果说，3G 能为人们提供一个高速传输的无线通信环境的话，那么 4G LTE 通信则是一种超高速无线网络。

LTE 技术为全球移动通信产业指明了技术发展的方向，设备制造商纷纷加大在 LTE 领域的投入，推动了 LTE 技术不断前进，使 LTE 的作用相比其他竞争技术更加令人期待。2009年年底已具备满足商用网络基本要求的核心网设备，并在第一个 FDD-LTE 商用网络中得到了成功应用。

通过引入 OFDM、多天线 MIMO、64QAM、全 IP 扁平的网络结构、优化的帧结构、简化的 LTE 状态以及小区间干扰协调等新技术，LTE 实现了更高的带宽、更大的容量、更高的数据传输速率和更低的传输时延的效果。

（1）LTE 未来演进 LTE-Advanced。LTE-Advanced（LTE-A）是 LTE 的演进版本，其目的是为了满足无线通信市场的更高需求和更多应用，同时保持对 LTE 较好的后向兼容性。

2008 年 6 月，3GPP 完成了 LTE-A 的技术需求报告，提出了 LTE-A 的最小需求：下行峰值速率为 1 Gbps，峰值频谱利用率达到 30 Mbps/Hz；上行峰值速率为 500 Mbps，峰值频谱利用率达到 15 Mbps/Hz。

（2）LTE 应用情况。由于 LTE 可以降低无线网络的时延，可为该网络提供大带宽、低时延的数据，从而提高远程操作的安全性、可视性和工作效率，可用于石油、天然气开采和地下矿井工作等风险性较高的行业。例如，资源开采的高风险行业，开采所需的数据需要经过高效的传输和处理，如钻头的实时深度、矿井内的压力大小、油泵的输出流量等重要数据必须传回到数据中心进行计算，计算后的数据再回传到每个控制中心，以便更好地维护设备、更安全地进行生产。LTE 在安防领域也有广泛的应用，如指挥中心凭借无线通信设备、车载终端和手持 LTE 数据设备构成协作式设备组合。LTE 网络如图 4.3 所示。

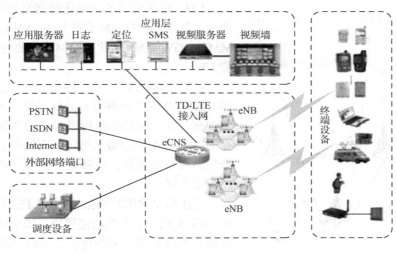

图 4.3　LTE 网络

2．LTE 网络的工作机制

1）LTE 网络架构

LTE 采用由 eNB 构成的单层架构，这种架构有利于简化网络和减小时延，满足了低时延、低复杂度和低成本的要求。与传统的 3GPP 接入网相比，LTE 减少了 RNC 节点。名义上 LTE 是 3GPP 的演进，但事实上它对 3GPP 的整个体系架构做了革命性的变革，逐步趋近于典型的 IP 宽带网结构。

3GPP 初步确定的 LTE 架构如图 4.4 所示，也称为演进型 UTRAN 结构（E-UTRAN）。接入网主要由演进型 NodeB（eNB）和接入网关（aGW）两部分构成。aGW 是一个边界节点，若将其视为核心网的一部分，则接入网主要由 eNB 构成。eNB 不仅具有原来 NodeB 的功能，还能完成原来 RNC 的大部分功能，包括物理层、MAC 层、RRC、调度、接入控制、承载控制、接入移动性管理和小区间 RRM 等。eNB 和 eNB 之间将采用网格方式直接互连，这也是对原有 UTRAN 架构的重大修改。

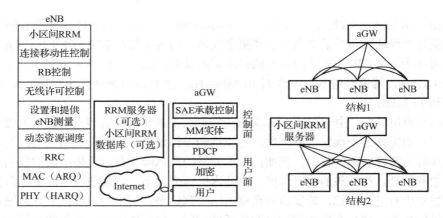

图 4.4　LTE 架构

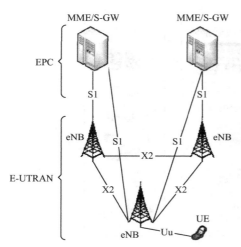

图 4.5　LTE 无线接入网络架构

LTE 网络采用了扁平化的网络架构，如图 4.5 所示，其中 E-UTRAN 系统只由 eNB 组成，EPC 由 MME/S-GW 组成，因此 LTE 网络主要包括 EPC、eNB 和 UE。

EPC 指核心网，包括两个部分，分别是 MME 和 S-GW。MME 能够分发寻呼信息给 eNB，进行安全控制，在空闲状态时可进行移动性管理、处理信令等； S-GW 负责数据处理，支持由于用户移动而产生的用户面切换，能够终止由于寻呼原因产生的用户面数据。

采用扁平化的网络架构后，LTE 无线接入网络中 eNB 集成了更多的功能模块，如小区间无线资源管理、无线资源分配和调度、无线资源控制、分组数据汇聚协议、无线链路控制、媒体接入控制、物理层等等，而且 eNB 具有更短的无线网络时延，并且控制信令时延小于 100 ms，单向用户数据延迟小于 5 ms。

LTE 网络的 eNB 之间通过 X2 接口进行通信，实现小区间无线资源管理的优化。下面对 LTE 的功能模块进行分析。

（1）分组数据汇聚协议（PDCP）。可以减少在无线接口上传输的数据量，并对传输的数据包进行 IP 数据包压缩。

（2）无线链路控制（RLC）。分割来自 PDCP 的 IP 数据包，并将已经被分割的数据包按照一定的方式进行级联，从而形成一定大小的数据包。为了向高层协议提供争取的数据传输服务，需要使用 RLC 的重传机制。

（3）媒体接入控制（MAC）。主要控制逻辑信道的复用、混合自动重传请求 HARQ，以及上行链路和下行链路的调度， MAC 以逻辑信道的形式为 RLC 提供服务。

（4）物理层（PHY）。控制着数据的编码、解码、物理层 HARQ 处理、调制、解调、多天线处理，以及信号到相应物理时频资源的映射，并且向 MAC 以传输信道的形式提供服务。

2）传输资源结构

在 LTE 下行链路中，主要的传输资源包括时间、频率和空间，如何合理地利用和分配传输资源，是通信领域长期关注的问题，所以传输资源结构的合理设计显得尤为重要。LTE 的下行链路以层的概念对空间进行测量，其空域维度主要是靠接入在基站（Base Station，BS）的天线端口来实现的，即每个天线端口使用一个参考信号，使得用户能够通过信道估计来估计信道状态信息。对于每个天线端口，LTE 依据时间和频谱来进行资源分配，其中，最大的时间单元是无线数据帧，每个无线数据帧为 10 ms，1 个无线数据帧又可分为 10 个 1 ms 的子帧，1 个子帧又可分为 2 个 0.5 ms 的时隙。

在时域上，当小区配置常规循环前缀（Cyclic Prefix，CP）时，1 个时隙由 7 个 OFDM 符号构成；当小区配置扩展 CP 时，1 个时隙由 6 个 OFDM 符号构成。在频域上，1 个单位资源占用 180 kHz 的带宽且由 12 个子载波构成。通常用资源块（Resource Block，RB）来表示频率上的一个单位资源和时间上的一个持续时隙资源，资源块中所包含的最小单位是资源元素（Resource Element，RE），1 个 RE 由频域上的 1 个子载波和时域上的 1 个 OFDM 符号持续时间构成。由此可见，如果小区配置的是常规 CP，则每个资源块有 84 个资源元素；如果小区配置的是扩展 CP，则每个资源块有 72 个资源元素。

LTE 支持两种基本的工作模式，即频分双工（FDD）和时分双工（TDD）；支持两种不同类型的无线数据帧结构，即 Type1 和 Type2，帧长均为 10 ms，前者适用于 FDD 工作模式，后者适用于 TDD。

Type1 型无线数据帧的长度为 10 ms，由 20 个时隙构成，每个时隙的长度为 $T_{slot} = 15360 \times T_s = 0.5$ ms，其编号为 0～19。一个子帧定义为两个相邻的时隙，其中第 i 个子帧由第 $2i$ 个和第 $2i+1$ 个时隙构成。Type1 型无线数据帧的结构如图 4.6 所示。

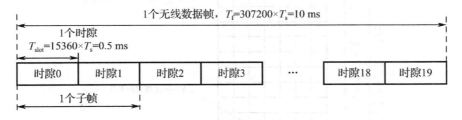

图 4.6　Type1 型无线数据帧的结构

对于 FDD，在每个无线数据帧中，其中 10 个子帧用于下行传输，另外 10 个子帧用于上行传输。上下行传输在频域上是分开进行的。

对于 TDD 工作模式，TDD 用时间来分离接收和发送信道。在 TDD 工作模式下，移动通信系统的接收和发送使用同一频率载波的不同时隙作为信道的承载，其单方向的资源在时间上是不连续的，时间资源在上行和下行两个方向上进行了分配。某个时间段由基站发送信号给移动台，另外的时间由移动台发送信号给基站，基站和移动台之间必须协同一致才能顺利工作。Type2 型无线数据帧的结构如图 4.7 所示。

3）LTE 下行时隙结构和物理资源

LTE 中的物理资源均被分配到物理资源网格中传输，也就是说，在每个时隙中传输的信号是由一个资源网格描述的。LTE 下行资源网格如图 4.8 所示。

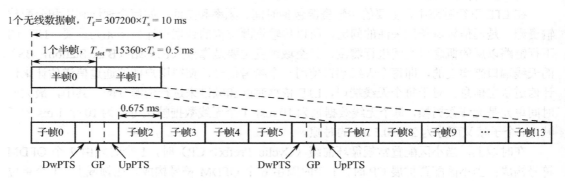

图 4.7　Type2 型无线数据帧的结构

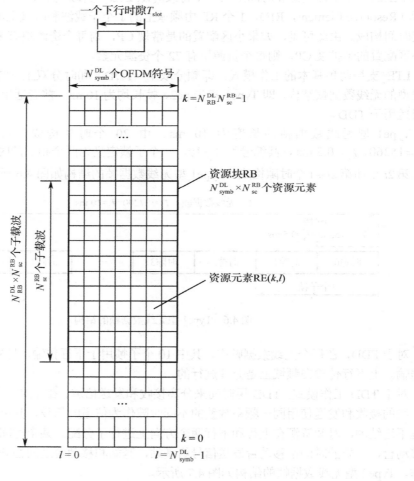

图 4.8　LTE 下行资源网格

物理资源块与 CP 的关系如表 4.1 所示。

表4.1 物理资源块与CP的关系

	子载波间隔	OFDM 符号数（1个时隙）	RB 占用子载波数	RB 对应的 RE 数
常规 CP	15 kHz	7	12	84
扩展 CP	15 kHz	6	12	72
	7.5 kHz	3	24	72

4）LTE 下行物理资源分配

LTE 下行链路主要包括物理下行共享信道（PDSCH）、物理多播信道（PMCH）、物理广播信道（PBCH）、物理控制格式指示信道（PCFICH）、物理 HARQ 指示信道（PHICH）、物理下行控制信道（PDCCH），以及主/辅同步信道（P/S-SCH），可分为业务信道、控制信道、同步信道三类，其中 PDSCH 是业务信道，P/S-SCH 为同步信道，PMCH、PBCH、PCFICH、PHICH 和 PDCCH 为控制信道。LTE 下行物理资源分配如图 4.9 所示。

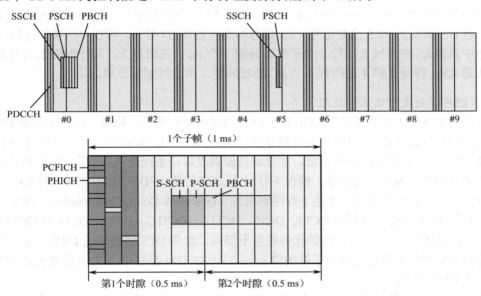

图 4.9 LTE 下行物理资源分配

LTE 下行发送的数据有：同步信号、公共导频、广播信息、物理控制格式指示信息、物理 HARQ 指示信息、控制信息和业务数据，这些信息分别通过 P-SCH、S-SCH、PBCH、PCFICH、PHICH、PDCCH 和 PDSCH 等承载。

（1）物理广播信道（Physical Broadcast Channel，PBCH）：主要用来传输 MIB 信息，MIB 消息包含 DL 带宽信息、PHICH 组号、占用中间的 6 个 RB（72 s），在第 2 个时隙的前 4 个符号上传递 MIB 消息。MIB 消息的重复周期为 40 ms，每 10 ms 传递一次 MIB，可实现时间分集，提高 UE 接收 MIB 消息时的增益，改善接收质量。

（2）物理控制格式指示信道（Physical Control Format Indicator Channel，PCFICH）：用来指示在一个子帧中 PDCCH 传输的 OFDM 的符号数量（如 1、2 或 3）。在每个子帧的第 1 个符号上传输承载 CFI 的信息，每个子帧占用 16 个 RE 资源，即 4 个 REG。

（3）物理下行控制信道（Physical Downlink Control Channel，PDCCH）：用于承载 DCI 信息，包括资源调度分配和其他控制信息，如与 DL-SCH 和 PCH 相关的 HARQ 信息等。PDCCH 在每个子帧的前 3 个符号中进行传输，占用符号的个数由 PCFICH 承载的 CFI 消息来确定。PDCCH 的大小对应于一个或者多个 CCE。

（4）物理下行共享信道（Physical Downlink Shared Channel，PDSCH）：用于承载 DL-SCH 信息，传输 SIB 信息（SIB 消息传输方向为 BCCH→DL-SCH→PDSCH）。

（5）物理 HARQ 指示信道（Physical HARQ Indicator Channel，PHICH）：用于承载 HARQ 的 ACK/NACK。在每个子帧的第 1 个符号上进行传输。一个 PHICH 组对应于 3 个 REG，即 12 个 RE 资源。

（6）主同步信号（Primary Synchronization Signal，PSS）：PSS 在频域上占用系统带宽中间的 6 个 RB，即 72 s。在第 2 个子帧的第 3 个符号中进行传输。

（7）辅同步信号（Secondary Synchronization Signal，SSS）：SSS 在频域上占用系统带宽中间的 6 个 RB，即 72 s。在第 1 个子帧的最后 1 个符号中进行传输。

（8）参考信号（Reference Signal，RS）：RS 用于下行信道估计、信道质量测量以及相关解调，对 UE 来说是，RS 已知信号（RS 信号与小区物理 ID 有关，可在小区搜索过程中的同步信号中获得）。在频域上，每 6 个子载波分配一个 RS；在时域上，每个时隙的符号 0 和 4 用来传递 RS，符号 0 和 4 之间有 3 个 SC 的时间差，用于时频域分集。

5）LTE 下行发射端基带处理

下面以 PDCCH 为例来介绍 LTE 下行 eNB 的发射处理流程。物理下行控制信道 PDCCH 承载调度和其他控制信息，具体包含传输格式、资源分配、下行调度许可、功率控制等。PDCCH 是 LTE 物理层中最重要的控制信道，如果说资源调度器是系统的“大脑”，那么 PDCCH 就相当于通向每个“器官”的指令，确保下行/上行共享信道（PDSCH/PUSCH）对无线资源的动态有效利用。这些“指令”就是下行控制信息（Downlink Control Information，DCI）。LTE 定义了几种 DCI 格式，分别为 DCI0、DCI1、DCI1A、DCI1C、DCI2、DCI3 和 DCI3A，不同 DCI 传输的信息不同，所占用的比特数也不相同。这些 DCI 信息经过 CRC、速率匹配、调制等基带处理后被映射到每个子帧的前 $n(n\leqslant3)$ 个 OFDM 符号中，n 的具体取值由 PCFICH 信道中的 CFI 来决定。

在一个子帧中可以同时传输多个 PDCCH，一个 UE 可以监听一组 PDCCH。每个 PDCCH 在一个或者多个控制信道单元（CCE）中发射，通过集成不同数目的 CCE 可以实现不同的 PDCCH 编码率。PDCCH 支持 4 种物理层格式，分别占用 1、2、4、8 个 CCE。在发射端对 DCI 单独进行 CRC 校验、用户加扰、信道编码和速率匹配，然后合并为一个 PDCCH 信道，然后进行小区加扰、调制、层映射、预编码以及资源映射处理。PDCCH 处理流程如图 4.10 所示。

经过 CRC 校验、用户加扰、信道编码、速率匹配、PDCCH 的合并、小区加扰、调制、层映射、预编码、资源映射和 OFDM 调制后，就完成了控制信息的比特级处理到符号级处理的全过程，形成 OFDM 符号，发射端就可以将信息发送给用户了。

3．通信过程

LTE 中 UE 和 eNB 之间的通信流程分析如下：

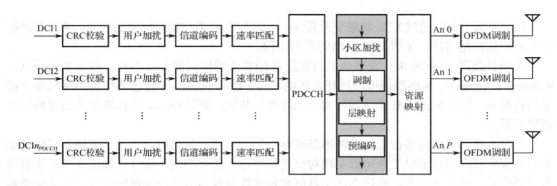

图 4.10　PDCCH 处理流程

1）小区搜索（Cell Search）

eNB 一直处于开机状态，无论 UE 处于什么状态，都是通过小区搜索（Cell Search）实现时频同步的，同时还可获得小区的物理 ID，然后读取 PBCH，可得到系统帧号、带宽信息，以及 PHICH 的配置等系统消息。小区搜索过程如下：

（1）发送前导序列。

（2）eNB 给 UE 回复响应消息。

（3）RRC 连接请求（UE→eNB）。

（4）RRC 连接应答（eNB→UE）。

（5）RRC 连接建立完成（UE→eNB）。

之后便可进入正常的数据传输过程。

2）上行调度过程

（1）UE 向 eNB 请求上行资源。

（2）测量上行信道质量。

（3）eNB 分配资源并通知 UE。

（4）UE 接收资源分配结果的通知并传输数据。

（5）eNB 指示是否需要重传。

（6）UE 重传数据/发送新数据。

3）下行调度过程

（1）测量下行信道质量。

（2）eNB 分配下行资源。

（3）eNB 在下行信道传输数据。

（4）UE 接收数据并判断是否需要发送请求重传指示。

（5）eNB 重传数据/发送新数据。

4.1.3　开发实践：构建 LTE 智慧交通系统

1. 开发设计

LTE 网络在物联网系统中扮演无线传感器网络的角色，用于获取传感器数据和控制电气设备。

项目开发目标：通过 LTE 智慧交通系统，了解 LTE 网络在物联网中的应用，学习和掌握 LTE 网络的使用方法，了解 LTE 网络的通信流程。

本项目使用 xLab 未来开发平台中的安装有 LTE 无线模组的 Lite 节点，以及 Sensor-A、Sensor-B、Sensor-C 传感器模拟项目开发环境，其中使用 Sensor-A 传感器作为路网气象数据采集传感器，使用 Sensor-B 传感器作为交通灯控制装置，使用 Sensor-C 传感器作为道路安全报警装置。

智慧交通系统的业务流程为：传感器节点每 20 s 上报一次数据，通过查询指令可以获取实时气象信息；通过调试工具可以实现对交通信号灯的远程控制，通过查询指令可以了解当前交通信号灯的工作状态；通过调试工具可实时接收与查询道路安全报警信息。智慧交通系统架构如图 4.11 所示。

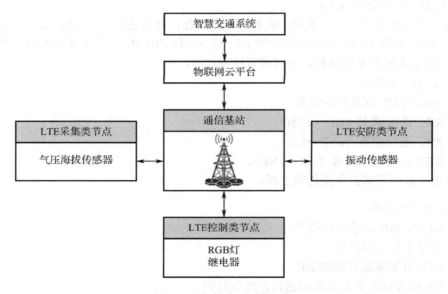

图 4.11　智慧交通系统架构

2．功能实现

1）设备选型

（1）根据智慧交通系统的应用场景，选择智能网关、节点以及相应的传感器。

（2）准备 1 个 Mini4418 智能网关，3 个 LiteB 节点，选择与智慧交通系统相关的传感器：采集类传感器（如空气质量传感器、温湿度传感器、光照度传感器、气压海拔传感器）、控制类传感器（如 RGB 灯），以及安防类传感器（如振动传感器）。

2）设备配置

（1）正确连接硬件，通过软件工具为智能网关、节点固化出厂镜像程序；通过 J-Flash ARM 软件固化节点程序。

（2）正确配置 LTE 网络参数和智能网关服务，通过软件工具修改 LTE 网络参数，正确设置智能网关，将 LTE 网络接入物联网云平台。

3）设备组网

（1）组建 LTE 网络，将传感器节点正确接入 LTE 网络，并启动智能网关和节点。

（2）通过综合测试软件查看设备网络拓扑图以及节点组网状况。

4）设备演示

（1）通过综合测试软件对传感器进行互动。

（2）通过软件工具对节点的传感器进行数据采集和远程控制。

3. 开发验证

基于 LTE 在智慧交通场景中的应用，掌握 LTE 设备的认知和选型，结合 LTE 网络特征进行网络参数配置和组网，最终连接到物联网云平台进行应用交互，验证效果如图 4.12 所示。

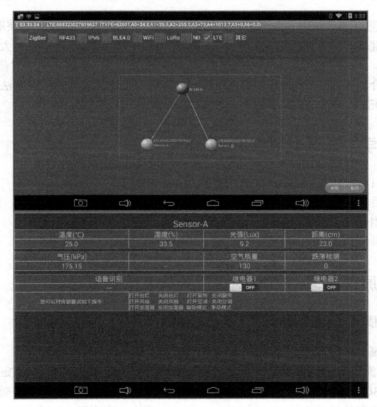

图 4.12　验证效果

4.1.4　小结

本节先介绍了 LTE 网络的特征和工作机制，然后使用 LTE 网络组建简单的智慧交通系统，在智慧交通系统中将传感器的数据发送至远程服务器，通过终端 App 实现对智慧交通系统数据的实时获取。

4.1.5 思考与拓展

（1）LTE 网络特征有哪些？
（2）LTE 网络应用场景有哪些？
（3）LTE 组建的物联网系统架构是怎样的？
（4）LTE 节点下载的出厂镜像中设置了默认的 ID 和 KEY，请通过 xLabTools 工具修改 ID 和 KEY，ZCloudTools 还可以使用默认的 ID 和 KEY 来查看网络拓扑，试分析 LTE 节点在智云平台的网络组织管理方式。

4.2 LTE 长距离无线通信技术开发平台和开发工具

在 LTE 智慧交通系统中，如果 LTE 网络不够稳定，则可能会造成车辆获取错误的信息，从而造成新的拥堵。LTE 网络确实会受到城市环境的影响。例如，当信号被大楼阻隔时，将会受大楼反射、地面反射等影响，使得信号无法同时到达 LTE 设备，从而对信号造成干扰。

本节主要介绍 LTE 网络的开发模块 EC20，以及常用开发工具的使用方法，使用这些工具对 LTE 技术进行开发、调试、测试、运维，最后构建 LTE 网络。

4.2.1 学习与开发目标

（1）知识目标：EC20 模块及其 AT 指令、LTE 网络开发的常用工具。
（2）技能目标：了解 EC20 模块功能特性，掌握 EC20 模块的操作指令，掌握 LTE 网络开发工具的使用。
（3）开发目标：构建 LTE 网络。

4.2.2 原理学习：LTE 网络工具与 EC20 模块

1. EC20 模块

1）EC20 模块介绍

EC20 是上海移远通信技术股份有限公司（简称移远通信）推出的 LTE Cat 3 无线通信模块，采用 LTE 3GPP R9 技术，支持最大下行速率 100 Mbps 和最大上行速率 50 Mbps。EC20 模块在封装上兼容移远通信的 UMTS/HSPA+ UC20 模块，实现了 3G 网络与 4G 网络之间的无缝切换。

EC20 模块支持多输入多输出（MIMO）技术，即在发射端和接收端分别使用多个发射天线和接收天线，使信号通过发射端与接收端的多个天线进行传输，从而降低了误码率，改善了通信质量。同时，EC20 模块集成了高速无线连接与多星座高精度定位 GPS+GLONASS 接收器。EC20 模块内置了多种网络协议，集成了多个工业标准接口，支持多种驱动和软件功能，极大地拓展了其在 M2M 领域的应用范围，如路由器、数据卡、平板电脑、车载和安防等。

EC20 Mini PCIe 采用标准的 Mini PCIe 封装，同时支持 LTE、UMTS 和 GSM/GPRS 等网络，最大上行速率为 50 Mbps，最大下行速率为 100 Mbps。

EC20 Mini PCIe 支持接收分集技术，在终端设备上安装了 2 个不同的蜂窝天线，从而实现了优质可靠的无线连接。

EC20 功能板如图 4.13 所示。

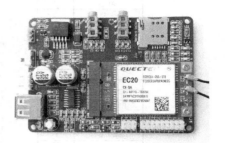

图 4.13　EC20 功能板

2）EC20 模块特性

（1）LTE 特性：支持 3GPP R8 non-CA Cat 4 FDD 和 TDD，支持 1.4～20 MHz 射频带宽下行链路，支持 MIMO。

（2）网络协议特性：支持 TCP、UDP、SSL 等多种网络协议，支持 PAP 协议（Password Authentication Protocol）和 CHAP 协议（Challenge Handshake Authentication Protocol），支持 Text 和 PDU 模式，支持点对点 MO 和 MT，支持小区广播短信息。

（3）支持 AT 指令：支持标准 AT 指令集 3GPP TS 27.007 和 27.005，以及移远通信增强型 AT 指令。

3）EC20 模块功能框图

EC20 模块功能框图如图 4.14 所示。

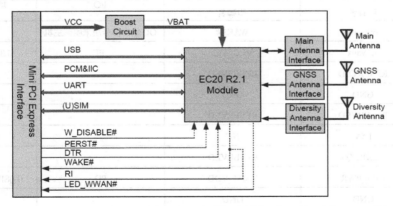

图 4.14　EC20 模块功能框图

4）引脚分配

EC20 模块引脚分配如图 4.15 所示。

EC20 模块的 I/O 参数定义如表 4.2 所示，EC20 模块的引脚功能如表 4.3 所示。

表 4.2　EC20 模块的 I/O 参数定义

类　型	描　　述	类　型	描　　述
IO	双向端口	DI	数字输入
DO	数字输出	PI	电源输入
PO	电源输出	OC	集电极开路

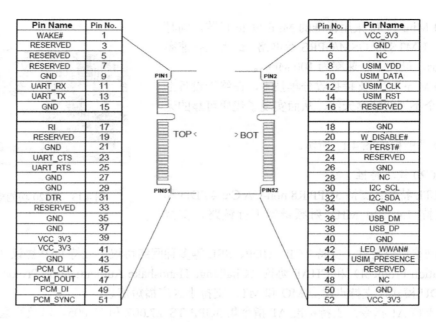

图 4.15　EC20 模块的引脚分配

表 4.3　EC20 模块的引脚功能

引脚号	Mini PCI Express 标准引脚名	EC20 R2.1 Mini PCIe 模块引脚名	I/O	功 能 描 述
1	WAKE#	WAKE#	OC 输出信号用来唤醒主机	
2	3.3Vaux	VCC_3V3	PI	3.3 V 电源输入
3	RESERVED	RESERVED		保留
4	GND	GND		地
5	RESERVED	RESERVED		保留
6	1.5V	NC		没有连接
7	CLKREQ#	RESERVED		保留
8	UIM_PWR	USIM_VDD	PO	(U)SIM 卡供电电源
9	GND	GND		地
10	UIM_DATA	USIM_DATA	IO	(U)SIM 卡数据信号
11	REFCLK-	UART_RX	DI	模块串口接收数据
…	…	…	…	…
49	RESERVED	PCM_DIN1	DI	PCM 数据输入
50	GND	GND		地
51	RESERVED	PCM_SYNC1	IO	PCM 数据同步信号
52	3.3Vaux	VCC_3V3	PI	3.3 V 电源输入

5）LTE 节点与主控芯片

通过 EC20 模块可以实现 LTE 网络的连接和数据通信等功能。但 EC20 模块本身并不具备数据输入和信息处理能力，因此必须要由微处理器来实现对 EC20 模块的控制。通过将 EC20 模块和微处理器结合的方式可以实现全功能无线节点，其硬件结构如图 4.16 所示。

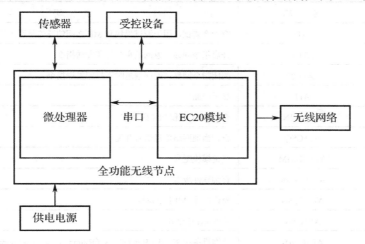

图 4.16　全功能无线节点的硬件结构

节点中的微处理器既要实现传感器数据的采集和受控设备的控制，又要实现无线数据收发、封包及解包。本系统采用 STM32 微处理器。

2. EC20 模块的 AT 指令

EC20 模块的功能较为强大，可以执行的操作很多，如入网、信息查询、短信、通话和数据流量等。为了满足 EC20 的实际操作，EC20 模块本身设计的 AT 指令也较多，本节仅列举常用的一些 AT 指令。

EC20 模块引用的专业英文缩写较多，为了方便阅读，这里给出了英文缩写的解释。

AT：Attention，每条 AT 指令都以 AT 开头，以<CR>结束。

ME：Mobile Equipment，移动设备。

TE：Terminal Equipment，终端设备。

TA：Terminal Adaptor，通常指 ME 侧的 AT 模块。

IMEI：International Mobile station Equipment Identity，国际移动设备标识。

IMSI：International Mobile Subscriber Identity，国际移动用户身份。

SC：Service Center，短消息服务中心。

PDU：Protocol Data Unit，协议数据单元。

<CR>：表示回车的字符（0x0D）。

<LF>：表示换行的字符（0x0A）。

<space>：表示一个空格字符（0x20）。

<...>：指令或回显中固定出现的一项内容，尖括号“<”“>”不出现。

[...]：指令或回显中可能出现（根据设置）的一项内容，“[”“]”不出现。

表 4.4 列出了 EC20 模块五方面的 AT 指令，分别是查询指令、SIM 卡指令、短信指令、通话指令和网络指令。

表 4.4　EC20 模块的 AT 指令

类　型	名　　称	说　　明
查询指令	AT	空指令测试，用于测试模块和 ME 之间的通信是否正常
	ATE1	开启指令回显，返回信息时打印发送指令
	ATE0	关闭指令回显，返回信息时不打印发送指令
	ATI	显示产品信息
	AT+CPIN	查询 SIM 卡和 PIN 码状态
	AT+CSQ	查询当地网络信息信号强度
	AT+CGMM	查询模块型号
	AT+CGMR	查询软件版本
	AT+CGSN	查询产品 IMEI 序列号
	AT+GSN	获取 IMEI 序列号
	AT+CPAS	查询设备状态：0（Ready）、3（Ringing）、4（Call in progress or call hold）
	AT+GMI	获取制造商信息
	AT+QURCCFG	配置模块操作串口（通常固定不可操作）
SIM 卡指令	AT+CPIN	SIM 卡操作密钥配置
	AT+CPWD	更改密码
	AT+CLCK	配置设备锁
	AT+IMSI	请求国际用户标识
短信指令	AT_CPMS	查询短信存储区
	AT+CNMI	选择如何接收短信
	AT+CSCA	查询短信服务中心地址
	AT+CMGF	设置短信发送格式：0（PDU 格式）、1（文本格式）
	AT+CMGS	发送短信
	AT+CMGL	列出短信序列，AT+CMGF 设置为 1 时使用
	AT+CMGR	读取短信
	AT+CMGD	删除短信
通话指令	AT+CLIP	配置来电显示
	ATD<号码;>	拨号电话，号码后面分号不能省略
	AT+CLIP	配置来电显示
	ATH	挂机
	ATA	接通
网络指令	AT+CREG	网络注册信息配置
	AT+CMGF	网络消息格式配置
	AT+COPS	网络处理方式配置
	AT+QICSGP	TCP 上下文标识配置
	AT+QIACT	配置上下文 ID（通常默认为 1）

续表

类 型	名 称	说 明
网络指令	AT+QIOPEN	创建 TCP 套接字服务
	AT+QICLOSE	断开 TCP 套接字服务
	AT+QISEND	网络数据发送

EC20 模块可以完成 LTE 网络的大部分操作,为了适应网络操作,EC20 模块内部设计了大量的 AT 指令。如果仅对 LTE 进行有针对性的操作,则 EC20 模块的 AT 指令就可简化很多,表 4.5 仅列出了常用的 AT 指令。

3. LTE 网络工具介绍

1)常用开发工具

LiteB 节点集成 STM32,可以采用 IAR Embedded Workbench for ARM 集成开发环境进行软件开发,EC20 模块的 LTE 协议栈示例工程均采用 IAR 集成开发环境进行开发。

另外,常用的开发工具还有 J-Flash ARM、ZCloudTools 和 ZCloudWebTools,请参考 2.2.3 节的内容。

2)xLabTools 调试工具

为了方便学习和开发 LTE 网络,本书根据 LTE 网络的特征开发了一款专门用于数据收发调试的辅助开发和调试工具 xLabTools。

设置好 LTE 节点后,打开 xLabTools 工具后选择"LTE"选项,可弹出如图 4.17 所示的主界面。

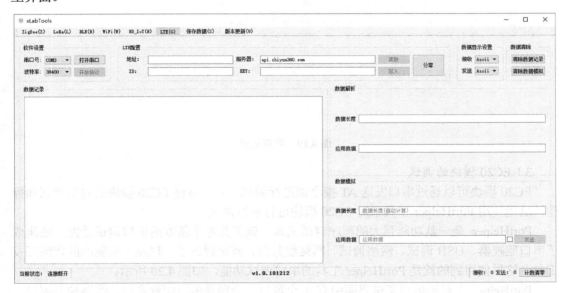

图 4.17 xLabTools 的主界面

使用 USB 串口线连接 LTE 节点底板的 USB 接口和计算机的 USB 接口,软件将自动识别当前可用的串口号,单击"打开串口"后,xLabTools 将自动获取当前节点的网络信息,并开始接收数据。

LTE 节点只能通过智云账号远程连接到服务器，服务器地址为 api.zhiyun360.com，使用正确的 ID、KEY，如图 4.18 所示。

软件设置			LTE配置			
串口号：	COM3	关闭串口	地址：	LTE:	服务器：	api.zhiyun360.com
波特率：	38400	停止接收	ID：		KEY：	

图 4.18　NB-IoT 节点配置信息读取

可以通过"数据显示"设置来选择接收或发送应用数据的显示方式。数据记录如图 4.19 所示。

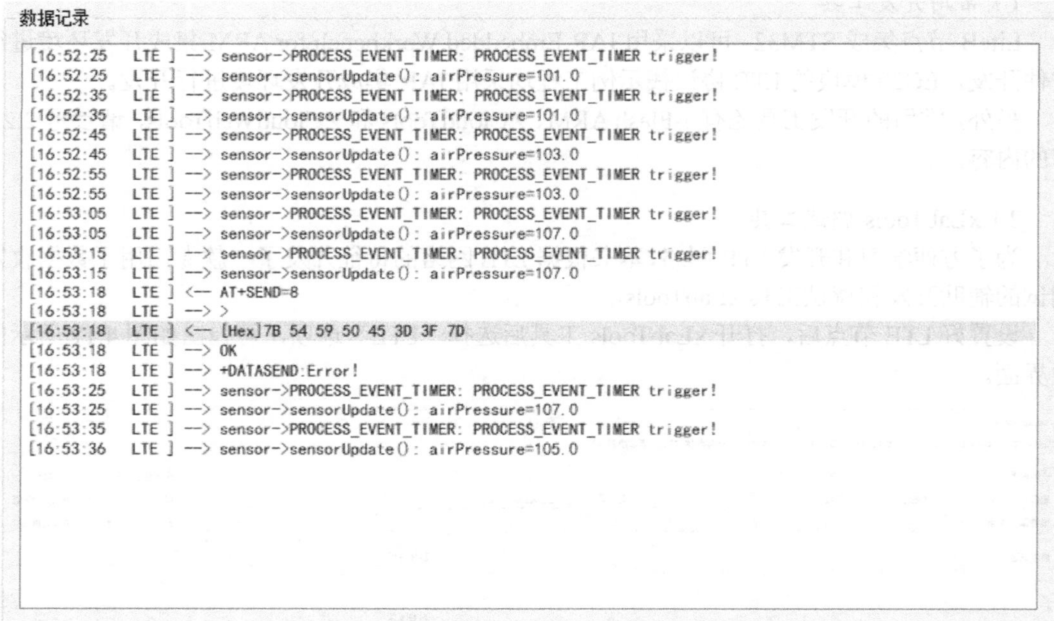

```
数据记录
[16:52:25    LTE ] —> sensor->PROCESS_EVENT_TIMER: PROCESS_EVENT_TIMER trigger!
[16:52:25    LTE ] —> sensor->sensorUpdate(): airPressure=101.0
[16:52:35    LTE ] —> sensor->PROCESS_EVENT_TIMER: PROCESS_EVENT_TIMER trigger!
[16:52:35    LTE ] —> sensor->sensorUpdate(): airPressure=101.0
[16:52:45    LTE ] —> sensor->PROCESS_EVENT_TIMER: PROCESS_EVENT_TIMER trigger!
[16:52:45    LTE ] —> sensor->sensorUpdate(): airPressure=103.0
[16:52:55    LTE ] —> sensor->PROCESS_EVENT_TIMER: PROCESS_EVENT_TIMER trigger!
[16:52:55    LTE ] —> sensor->sensorUpdate(): airPressure=103.0
[16:53:05    LTE ] —> sensor->PROCESS_EVENT_TIMER: PROCESS_EVENT_TIMER trigger!
[16:53:05    LTE ] —> sensor->sensorUpdate(): airPressure=107.0
[16:53:15    LTE ] —> sensor->PROCESS_EVENT_TIMER: PROCESS_EVENT_TIMER trigger!
[16:53:15    LTE ] —> sensor->sensorUpdate(): airPressure=107.0
[16:53:18    LTE ] <— AT+SEND=8
[16:53:18    LTE ] —> >
[16:53:18    LTE ] <— [Hex]7B 54 59 50 45 3D 3F 7D
[16:53:18    LTE ] —> OK
[16:53:18    LTE ] —> +DATASEND:Error!
[16:53:25    LTE ] —> sensor->PROCESS_EVENT_TIMER: PROCESS_EVENT_TIMER trigger!
[16:53:25    LTE ] —> sensor->sensorUpdate(): airPressure=107.0
[16:53:35    LTE ] —> sensor->PROCESS_EVENT_TIMER: PROCESS_EVENT_TIMER trigger!
[16:53:36    LTE ] —> sensor->sensorUpdate(): airPressure=105.0
```

图 4.19　数据记录

3）EC20 模块的调试

EC20 模块可以通过串口发送 AT 指令来进行调试。为了方便 EC20 模块的脱机调试和操作，这里使用 PortHelper 工具来对 EC20 模块进行脱机调试。

PortHelper 是一款功能强大的程序调试工具，该工具除了基本的串口调试功能，还集成了串口监视器、USB 调试、网络调试、网络服务器、蓝牙调试器，以及一些辅助的代码开发工具。这里使用到的就是 PortHelper 工具的串口调试功能，如图 4.20 所示。

PortHelper 工具的串口调试界面中有 6 个窗口，分别是串口配置窗口、线路控制窗口、线路状态窗口、辅助窗口、接收区窗口、发送区窗口。

下面通过 PortHelper 工具对 EC20 模块进行 AT 指令调试。调试指令的功能如表 4.5 所示。

图 4.20　PortHelper 工具的串口调试界面

表 4.5　调试指令功能

指　　令	功　　能
ATE0	打开指令回显，返回"OK"则说明设置成功
AT+CLIP=1	打开来电显示，返回"OK"则说明设置成功
AT+GSN	查询 IMEI 序列号
AT+CREG=2	激活网络注册，返回"OK"则说明设置成功
AT+CMGF=1	设置短信发送方式为 PDU 方式
AT+CPIN?	查询 SIM 卡和 PIN 码状态，返回"+CPIN: READY OK"则说明 SIM 卡正常，开放模式无须密码
AT+COPS=0,2	配置网络处理方式（自动模式、数字方式）
AT+COPS?	查询，返回"46000"代表是移动，联通是"46001"

将 EC20 模块的 J3 跳线设置到 USB，跳线旁的 J13 电源接口要外接 12 V 电源，使用 USB 串口线分别连接 EC20 模块的 USB 接口与计算机的 USB 接口，接着打开计算机端的 PortHelper。

（1）配置串口，选择正确的端口，波特率设为 115200，数据位设为 8，停止位设为 1，校验设为 NONE，然后单击"打开串口"按钮，输入"AT"后按下 Enter 键，再单击"发送"按钮（查询通信是否正常），接收到"OK"则说明正常，如图 4.21 所示。

（2）输入"ATE0"后按下 Enter 键，再单击"发送"按钮，接收到"OK"则已打开指令回显，如图 4.22 所示。

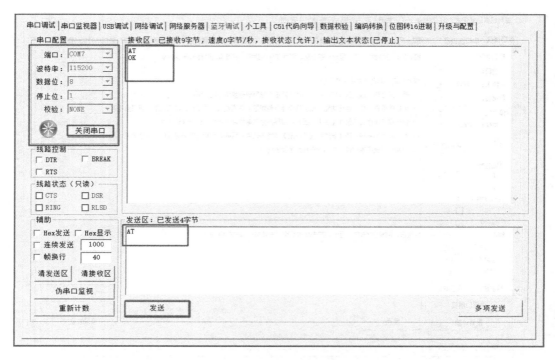

图 4.21　配置串口

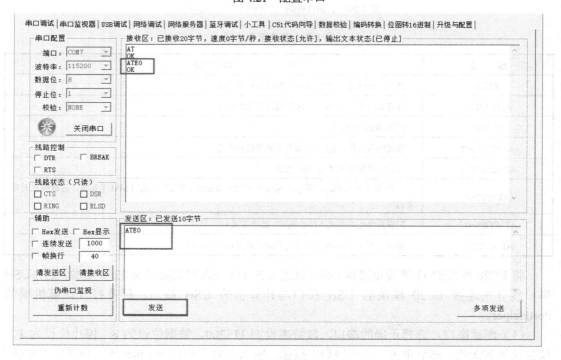

图 4.22　打开指令回显

（3）输入"AT+CLIP=1"后按下 Enter 键，再单击"发送"按钮，接收到"OK"则表示已打开来电显示，如图 4.23 所示。

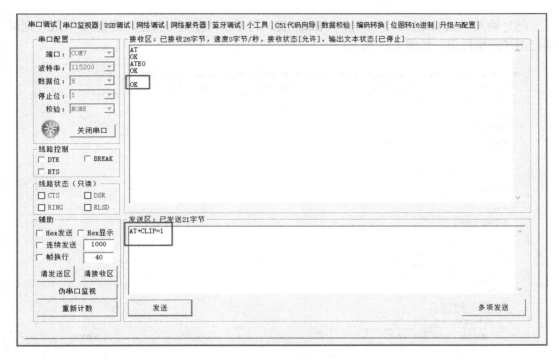

图 4.23　打开来电显示

（4）输入"AT+GSN"后按下 Enter 键，再单击"发送"按钮可查询 IMEI 序列号，如图 4.24 所示。

图 4.24　查询 IMEI 序列号

（5）输入"AT+CREG=2"后按下 Enter 键，再单击"发送"按钮，接收到"OK"则说明已激活网络注册，如图 4.25 所示。

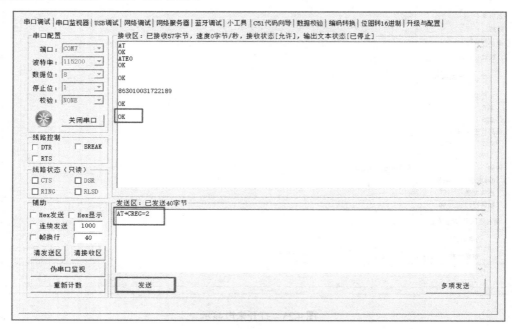

图 4.25　激活网络注册

（6）输入"AT+CMGF=1"后按下 Enter 键，再单击"发送"按钮，设置短信发送方式为 PDU 方式，接收到"OK"则说明已将短信发送方式设置为 PDU 方式，如图 4.26 所示。

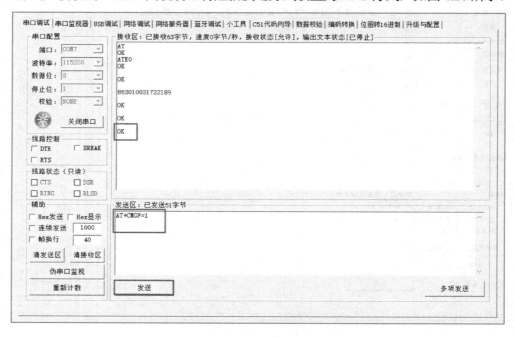

图 4.26　将短信发送方式设置为 PDU 方式

（7）输入"AT+CPIN?"后按下 Enter 键，再单击"发送"按钮可查询 SIM 卡和 PIN 码状态，接收到"+CPIN: READY OK"则说明 SIM 卡正常，开放模式无须密码，如图 4.27 所示。

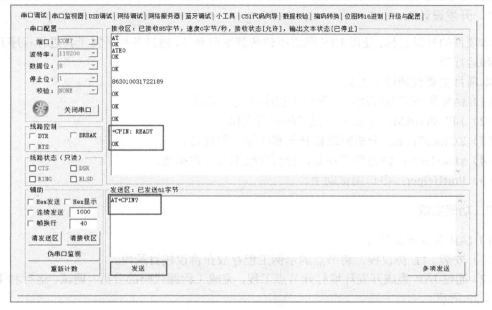

图 4.27　查询 SIM 卡和 PIN 码状态

（8）输入"AT+COPS=0,2"后按下 Enter 键，再单击"发送"按钮，接收到"OK"后，再输入"AT+COPS？"，接收到"+COPS: 0,2,"46000",7"。第一步是配置网络处理方式，第二步是查询配置结果，返回"46000"代表的是中国移动，返回"46001"代表的是中国联通，如图 4.28 所示。

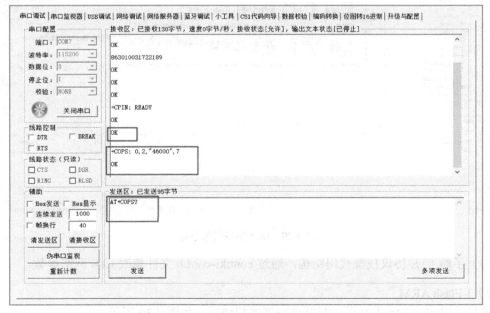

图 4.28　配置网络处理方式

4.2.3　开发实践：构建 LTE 网络

1．开发设计

本项目的开发目标：使用 LTE 网络组建智慧城市系统，通过各种开发工具进行程序开发、调试和运行等。

本项目主要包括以下工具：

（1）IAR 集成开发环境：主要用于程序开发、调试。

（2）J-Flash ARM：主要用于程序的烧写固化。

（3）ZCloudTools：分析网络拓扑图和应用层数据包。

（4）xLabTools：修改网络参数，分析和模拟节点数据包。

（5）PortHelper：串口调试助手。

2．功能实现

1）IAR 集成开发环境

（1）安装 LTE 协议栈，将节点的示例工程存放在协议栈目录内。

（2）通过 IAR 集成开发环境打开节点工程，完成工程源代码的分析、调试、运行和下载，如图 4.29 所示。

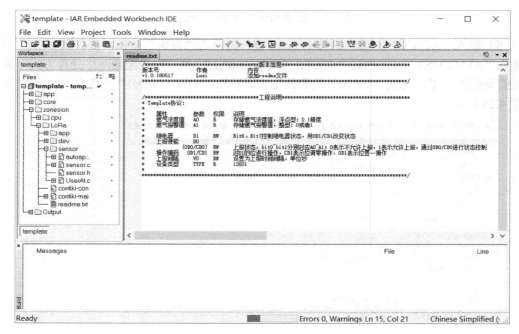

图 4.29　IAR 集成开发环境

（3）了解 LTE 协议栈源代码结构，通过 contiki-conf.h 文件修改 LTE 网络参数。

2）J-Flash ARM

通过 J-Flash ARM 工具可以对节点程序进行烧写，如图 4.30 所示。

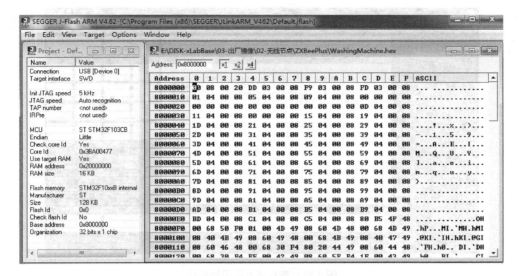

图 4.30　J-Flash ARM 工具

3）ZCloudTools

（1）ZCloudTools 可以查看网络拓扑图，如图 4.31 所示。

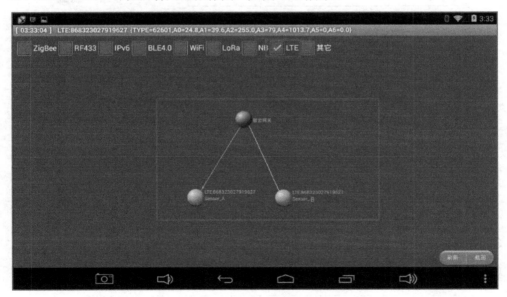

图 4.31　查看网络拓扑图

（2）ZCloudTools 可以查看节点应用层数据，如图 4.32 所示。

4）xLabTools

xLabTools 工具（见图 4.33）可以读取和修改 LTE 网络参数，可以读取并解析数据，可以通过连接的节点将数据发送到应用层，还可以通过连接 LTE 节点分析 LTE 模块接收到的数据，并可下行发送数据进行调试。

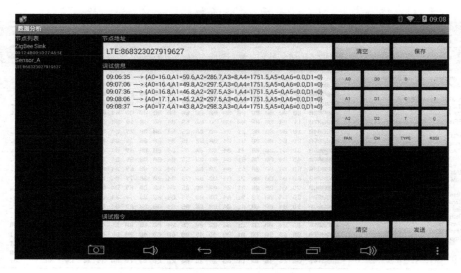

图 4.32　查看节点应用层数据

图 4.33　xLabTools 工具

3．开发验证

（1）通过 USB 串口使用 AT 指令控制 EC20 模块，如图 4.34 所示。

```
[17:58:54   LTE ] --> sensor->sensorUpdate(): airPressure=103.0
[17:59:04   LTE ] <-- AT+SEND=15
[17:59:05   LTE ] --> sensor->PROCESS_EVENT_TIMER: PROCESS_EVENT_TIMER trigger!
[17:59:05   LTE ] --> sensor->sensorUpdate(): airPressure=106.0
[17:59:05   LTE ] --> >
[17:59:05   LTE ] <-- [Hex]7B 61 69 72 50 72 65 73 73 75 72 65 3D 3F 7D
[17:59:05   LTE ] --> OK
```

图 4.34　AT 指令调试

（2）通过 xLabTools 工具完成节点数据的解析，如图 4.35 所示。

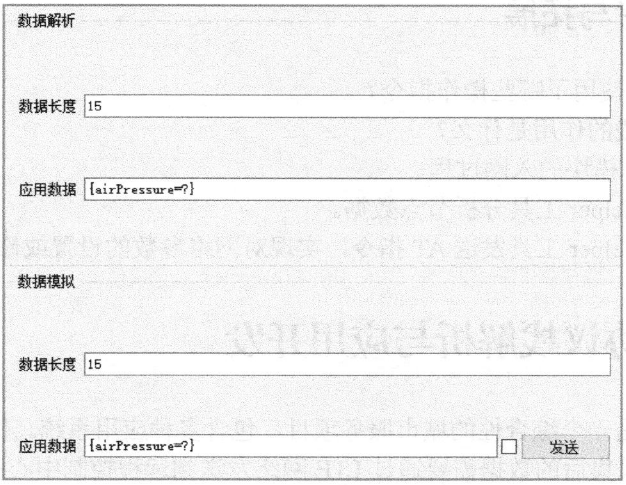

数据解析

数据长度 | 15

应用数据 | {airPressure=?}

数据模拟

数据长度 | 15

应用数据 | {airPressure=?} □ 发送

图 4.35　使用 xLabTools 工具解析节点数据

（4）通过 ZCloudTools 工具完成节点数据的解析，如图 4.36 所示。

图 4.36　节点数据的解析（使用 ZCloudTools 工具）

4.2.4　小结

本节先介绍了 EC20 模块的功能和基本原理，然后介绍了 EC20 模块的 AT 指令，发送不同的 AT 指令，EC20 模块会进行执行不同的操作。通过本节读者可以理解用户通过 AT 指令控制 LTE 网络连接与数据发送，以及 LTE 的开发与调试工具介绍与使用，最后构建了 LTE 网络。

4.2.5　思考与拓展

（1）EC20 模块使用了哪些操作指令？

（2）LTE 协议栈的作用是什么？

（3）简述 EC20 模块的入网过程。

（4）通过 PortHelper 工具分析节点数据。

（5）通过 PortHelper 工具发送 AT 指令，实现对网络参数的设置或修改。

4.3　LTE 协议栈解析与应用开发

智慧交通系统是一个综合性的城市服务项目，包含多种应用系统。例如，交通关键节点的数据信息采集，采集后的数据需要通过 LTE 网络发送到远程控制中心；又如，城市交通路障管理，当城市路障节点接收到控制指令时可以执行相应的控制操作。智慧交通系统是城市的公共设施，因此需要对设备进行安防维护，当节点检测到报警信息时，可以将报警信息发送至控制中心以便得到及时处理。

本节主要介绍 LTE 协议栈，重点是协议栈的内容、工程结构和关键接口函数，然后介绍LTE 传感器应用程序，最后构建 LTE 智慧交通系统。

4.3.1　学习与开发目标

（1）知识目标：协议栈的内容、工程结构和关键接口函数

（2）技能目标：了解协议栈的内容，掌握协议栈的工程结构和关键接口函数的使用。

（3）开发目标：构建 LTE 智慧交通系统。

4.3.2　原理学习：LTE 协议栈工作原理

1．LTE 协议栈

1）LTE 协议栈文件结构

将 LTE 协议栈的 contiki-3.0 的工程文件压缩包解压，解压后可以看到整个工程文件中包含了 contiki-3.0 的核心源码、Contiki 提供的 contiki-3.0 项目案例、Contiki 支持的 CPU 类型和 Contiki 常用的工具等。LTE 协议栈的内容如图 4.37 所示。

下面对 LTE 协议栈的内容进行介绍。

（1）core 文件夹。core 文件夹下存放的是 Contiki 的核心源代码，包括网络（net）、文件系统（cfs）、外部设备（dev）、链接库（lib）等，并且包含了时钟、I/O、ELF 装载器、网络驱动等的抽象。

（2）cpu 文件夹。cpu 文件夹下存放的是 Contiki 目前支持的微处理器，如 ARM、AVR、MSP430 等。如果需要支持新的微处理器，可以在这里添加相应的源代码。

（3）platform 文件夹。platform 文件夹下存放的是 Contiki 支持的硬件平台，如 MX231CC、

MICAZ、SKY、WIN32 等。Contiki 的平台移植主要是在这个文件夹下完成的，这一部分的源代码与硬件平台有关。

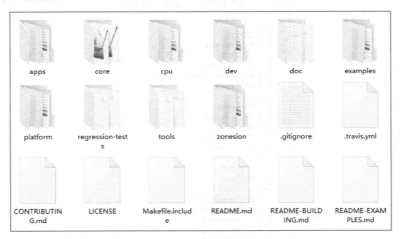

图 4.37　LTE 协议栈的内容

（4）apps 文件夹。apps 文件夹下存放的是一些应用程序，如 FTP、Shell、WebServer 等，在项目程序开发过程中可以直接使用这些应用程序。

（5）examples 文件夹。examples 文件夹下存放的是不同平台的示例程序。

（6）doc 文件夹。doc 文件夹是 Contiki 帮助文档文件夹，对 Contiki 应用程序开发很有参考价值，使用前首先要用 Doxygen 进行编译。

（7）tools 文件夹。tools 文件夹下存放的是开发过程中常用的一些工具，例如与 CFS 相关的 makefsdata，与网络相关的 tunslip、cooja 和 mspsim 等。

（8）zonesion 文件夹。zonesion 文件夹下存放的是用于 LTE 协议栈开发的工程文件，所有通过 LTE 协议栈开发的工程文件都将放在这个文件夹下。

2）LTE 协议栈工程文件夹结构

在 LTE 协议栈中找到并打开 template.eww 文件，可以看到协议栈的工程结构，如图 4.38 所示。

LTE 协议栈的工程结构比较简单，只有三个文件夹，分别是 app、core、zonesion，其中，app 文件夹下存放的是 Contiki 的脚本文件，core 文件夹下存放的是 contiki-3.0 的系统文件，zonesion 文件夹下存放的是和 EC20 相关的驱动文件以及相关的协议文件。

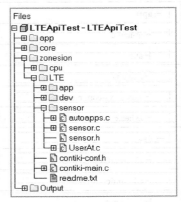

图 4.38　协议栈文件结构

这三个文件夹中，前两个文件夹中是系统文件，在程序开发过程中并不需要对其进行更改。在开发过程中需要处理的文件都存放在 zonesion 文件夹下。zonesion 文件夹下有两个文件夹，分别是 cpu 和 LTE，其中 cpu 文件夹下存放的是 STM32 的库文件。对 EC20 模块进行控制的微处理器是 STM32，与 STM32 相关的库文件都存放在该文件夹下。LTE 文件夹中存放的文件是 EC20 模块的处理文件与用户任务处理文件，所有基于 EC20 模块的项目开发均是在这个文件夹下完成的。zonesion 文件夹如图 4.39 所示。

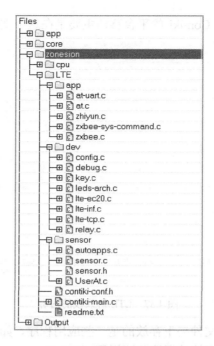

图 4.39 zonesion 文件夹

LTE 协议栈的关键文件如表 4.6 所示。

表 4.6 LTE 协议栈的关键文件

LTE	
├── **app**	LTE 协议栈应用层 API
│ ├ at-uart.c	串口初始化
│ ├ at.c	供串口调试用的 AT 交互协议
│ ├ zhiyun.c	智云平台 LTE 通信接口
│ ├ zxbee-sys-command.c	处理下行的用户指令
│ └ zxbee.c	无线数据的封包、解包
├── **dev**	LTE 射频驱动及部分硬件驱动
│ ├ LTE-ec20.c	EC20 模块的 AT 指令操作文件
│ ├ LTE-inf.c	EC20 模块的接口操作文件
│ └ LTE-tcp.c	EC20 的 TCP 连接配置文件
├── **sensor**	NB-IoT 节点的传感器驱动
│ ├ autoapps.c	Contiki 操作系统进程列表
│ └ sensor.c	传感器进程、驱动及应用
├── contiki-conf.h	LTE 网络参数配置
└── contiki-conf.c	Contiki 操作系统入口

3）LTE 协议栈关键函数解析

为了方便操作，本书将 EC20 模块的操作通过 AT 指令进行了封装，通过 LTE 协议栈实现了 EC20 模块的高效利用。EC20 模块的 AT 指令封装代码存放在"zonesion/LTE/dev"下，具体文件如表 4.7 所示。

表 4.7　"zonesion/LTE/dev"下的具体文件

编　号	文　件　名	说　明
1	LTE-ec20.c	EC20 模块的 AT 指令操作文件
2	LTE-inf.c	EC20 模块的接口函数操作文件
3	LTE-tcp.c	EC20 的 TCP 连接配置文件
4	config.c	Flash 读写操作
5	debug.c	调试信息处理文件
6	key.c	按键处理
7	leds-arch.c	LED 数据收发提示文件
8	relay.c	继电器驱动文件

我们只需要关注表 4.8 中前三个文件即可，后面的文件为通用文件，主要对调试信息和数据收发的 LED 闪烁进行控制，并没有涉及 EC20 模块的操作。

在讲解协议栈接口函数前需要了解 EC20 模块与 STM32 的连接关系，通过了解连接关系可以理解程序逻辑的设计思路。EC20 模块硬件连接关系如图 4.40 所示。

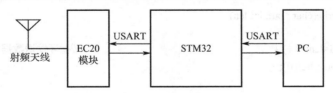

图 4.40　EC20 模块硬件连接关系

图 4.40 中，EC20 模块是通过 USART 与 STM32 相连的，EC20 模块的操作也是由 STM32 通过发送 AT 指令来实现的。当 EC20 模块反馈数据时，STM32 可以通过 USART 接收数据，整个 EC20 模块的操作都是通过 USART 实现的，因此协议栈主要是对 USART 信息的解析和 AT 指令发送。当系统处于调试模式时，STM32 通过另一个 USART 与 PC 相连，PC 通过 USART 向 STM32 发送指令，当 STM32 接收到指令后再使用 USART 转发给 EC20 模块，从而实现 EC20 模块的 PC 端调试。

协议栈中真正涉及 EC20 模块的操作的文件是 Lte-ec20.c、Lte-inf.c 和 Lte-tcp.c，根据从底层到顶层的程序设计流程，文件的操作顺序为 Lte-inf.c（初始化 EC20 模块的 USART 接口操作）、Lte-ec20.c（AT 指令操作及执行文件）、Lte-tcp.c（TCP 连接与数据收发操作）。下面分别对这三个文件进行讲解。

（1）Lte-inf.c。该文件用于初始化 EC20 模块的操作接口，源代码如下：

```
#define RECV_BUF_SIZE    256
static struct ringbuf _recv_ring;
```

```
/**************************************************************************
* 名称：gsm_recv_ch
* 功能：调用 Contiki 的串口数据发送通道
**************************************************************************/
static int gsm_recv_ch(char ch)
{
    return ringbuf_put(&_recv_ring, ch);                //调用系统数据通道发送数据
}
/**************************************************************************
* 名称：gsm_inf_init
* 功能：EC20 模块的操作串口（USART）初始化
**************************************************************************/
void gsm_inf_init(void)
{
    static uint8_t _recv[RECV_BUF_SIZE];               //定义数据缓冲
    ringbuf_init(&_recv_ring, _recv, (uint8_t)RECV_BUF_SIZE);
    uart1_init(115200);                                //初始化操作串口
    uart1_set_input(gsm_recv_ch);                      //调用系统输出函数
}
/**************************************************************************
* 名称：gsm_uart_write
* 功能：向 EC20 模块写数据
* 参数：buf—数据缓冲；len—数据长度
**************************************************************************/
void gsm_uart_write(char *buf, int len)
{
    for (int i=0; i<len; i++) {                         //循环发送数据
        uart1_putc(buf[i]);
    }
}
/**************************************************************************
* 名称：gsm_uart_read_ch
* 功能：获取 EC20 模块发送数据
**************************************************************************/
int gsm_uart_read_ch(void)
{
    return ringbuf_get(&_recv_ring);                   //接收数据
}
```

Lte-inf.c 文件定义了 4 个函数，这 4 个函数的功能是初始化串口，通过调用系统函数实现数据的收发。为什么要调用 Contiki 的接口函数完成数据发送呢？这主要与 Contiki 工作机制有关，Contiki 的工作机制为轮询操作，数据发送也属于系统任务之一，数据在系统中不能够被立刻发送或接收，需要在系统进程执行到时被处理，因此数据的发送与接收均是在系统接口函数中完成的。

（2）Lte-ec20.c。该文件中是 EC20 模块的 AT 指令处理、执行与反馈函数，这些函数能够实现对 AT 指令的识别，并完成对 EC20 模块的初始化配置，同时还可通过对 AT 指令的响

应处理程序对 EC20 模块进行操作。该文件中最为重要的是 AT 指令的响应处理程序，该程序完成 AT 指令的处理、操作执行与内容反馈，是 EC20 模块核心的操作函数之一。AT 指令的响应处理程序源代码如下：

AT 请求轮询：

```
/*******************************************************************************
* 名称：_poll_request
* 功能：AT 请求轮询
*******************************************************************************/
void _poll_request(void)
{
    if (current_at == NULL) {
        current_at = list_at;
        if (current_at != NULL) {
            DebugAT(" gsm <<< %s", (char*)current_at->req);
            if (strstr(current_at->req, "zipsend")) {
                DebugAT("\n");
            }
            current_at->timeout_tm = clock_time()+ current_at->timeout_tm;
            gsm_uart_write(current_at->req, strlen(current_at->req));
            list_at = list_at->next;
        }
    } else {
        unsigned int tm = clock_time();
        if (((int)(tm - current_at->timeout_tm)) > 0) {
            DebugAT(" gsm : timeout\r\n");
            if (current_at->fun != NULL) {
                current_at->fun(NULL);
            }
            end_process_at();
        }
    }
}
```

AT 指令响应处理程序的源代码如下：

```
/*******************************************************************************
* 名称：_poll_response
* 功能：处理 AT 响应
*******************************************************************************/
void _poll_response(void)
{
    int ch;
    ch = gsm_uart_read_ch();                              //获取接收的数据
    while (ch >= 0) {                                     //数据是否存在
        if (gsm_response_mode == 0) {                     //EC20 模块是否处于响应模式
            if (_response_offset == 0 && ch == '>') {     //判断缓存是否为空
```

```
                    if (current_at != NULL && current_at->fun != NULL) {
                        current_at->fun(">");
                    }
            } else
            if (ch != '\n') {                                    //判断操作是否是换行符
                _response_buf[_response_offset++] = ch;           //将有效数据加入缓存
            } else {
                //判断指针是否不为空，同时数据缓存以回车符结尾
                if (_response_offset>0 && _response_buf[_response_offset-1] == '\r') {
                    _response_buf[_response_offset-1] = '\0';         //将回车符清 0
                    _response_offset -= 1;                           //数据指针减 1
                    if (_response_offset > 0) {                       //如果数据指针大于 0
                        printf(" gsm >>> %s\r\n", _response_buf);     //向串口打印接收信息
                        if (current_at != NULL && current_at->fun != NULL) {
                            current_at->fun(_response_buf);
                        }
                        if ((memcmp(_response_buf, "OK", 2) == 0)
                                                        //比较 EC20 模块的反馈是否是 OK
                        ||(memcmp(_response_buf, "ERROR", 5) == 0)
                                                        //比较 EC20 模块的反馈是否是 ERROR
                        || (memcmp(_response_buf, "+CME ERROR", 10) == 0)
                        ||(memcmp(_response_buf, "SEND OK", 7) == 0))
                                                        //比较 EC20 模块的反馈是否完成
                        {
                            end_process_at();                         //清空缓存
                        }
                        /* unsolite message */
                        if (memcmp(_response_buf, "+CSQ:", 5) == 0) {  //是否为 "+CSQ:" 信息
                            char *p = & _response_buf[6];              //获取缓存地址
                            char *e = strchr(p, ',');                 //获取缓存中逗号地址
                            *e = '\0'; //将逗号内容清空
                            int v = atoi(p);                          //获取有效数据
                            if (v == 99) v = 0;                       //如果数据为 99 则为 0
                            gsm_info.signal = v/6;                    //将信号强度分为 6 段
                        }
                        if (memcmp(_response_buf, "+CLIP: ", 7) == 0) {  //判断是否为 "+CLIP:"
                            //+CLIP: "13135308483",161,"","",0
                            gsm_info.phone_status = PHONE_ST_RING;    //设置 SIM 卡有效
                            char *p = & _response_buf[8];             //获取数据缓存地址
                            char *e = strchr(p, '\"');                //获取缓存中反斜杠地址
                            *e = '\0';                                //将反斜杠内容清空
                            strcpy(gsm_info.phone_number, p);         //获取电话号码
                        }
                        //判断是否有 SIM 卡
                        if (memcmp(_response_buf, "NO CARRIER", 10) == 0) {
                            gsm_info.phone_status = PHONE_ST_IDLE;       //设置 SIM 卡为空
                        }
```

```
if (memcmp(_response_buf, "BUSY", 4) == 0) {
                                                //判断接收信息是否为"BUSY"
        gsm_info.phone_status = PHONE_ST_IDLE;          //设置 SIM 卡为空
}
//判断参数是否为"+QIACT: 1,0"
if (memcmp(_response_buf, "+QIACT: 1,0", 11) == 0){
        gsm_info.ppp_status = 0;                         //设定模块 ppp 参数为 0
}
//判断参数是否为"+QIACT: 1,1"
if (memcmp(_response_buf, "+QIACT: 1,1", 11) == 0){
        gsm_info.ppp_status = 2;                         //设定模块 ppp 参数为 2
}
//判断参数是否为"+QIOPEN:"
if (memcmp(_response_buf, "+QIOPEN:", 8) == 0){
        char *p = &_response_buf[8];                     //获取数据缓冲地址
        char *pr = strchr(p, ',');                       //获取逗号分隔符位置
        int tid = atoi(p);                               //获取有效数据
        int err = -1;                                    //定义错误标志位-1
        if (pr != NULL) err = atoi(pr+1);                //获取逗号后的错误信息
        on_gsm_tcp_open(tid, err);                       //打开 TCP 连接

}
//判断参数是否为"+QIURC:"
if (memcmp(_response_buf, "+QIURC:", 7) == 0) {
        char *p = &_response_buf[7+1];                   //获取数据缓存地址
        if (memcmp(p, "\"closed\"", 8) == 0) {           //比较接收数据中参数
                p = strchr(p, ',');                      //获取逗号位置
                if (p != NULL) {                         //如果逗号位不为空
                        int tid = atoi(p+1);             //获取有效参数
                        on_gsm_tcp_close(tid);           //关闭 TCP 连接
                }
        }
        //判断接收到的数据是否为"\"recv\""
        if (memcmp(p, "\"recv\"", 6) == 0) {
                p = strchr(p, ',');                      //获取逗号位
                if (p != NULL) {                         //如果不为空
                        int tid = atoi(p+1);             //获取有效数据
                        p = strchr(p+1, ',');            //获取数据中逗号首次出现位置
                        if (p != NULL) {                 //如果不为空
                                int dlen = atoi(p+1);    //获取有效参数
                                if (dlen > 0) {          //如果大于 0
                                        char *p = malloc(dlen);  //分配相应数据长度空间
                                        if (p != NULL) { //如果地址不为空
                                                _response_offset = 0;  //初始化有效数据偏移量
                                                do {
                                                        ch = gsm_uart_read_ch();
                                                                //获取用户数据
                                                        if (ch >= 0) {
```

```
                                                                          //如果参数有效
                                                      p[_response_offset++] = ch; //获取参数
                                                  }
                                              } while (_response_offset < dlen);
                                                                  //当偏移量小于数据长度时
                                          //TCP 通道接收数据
                                          on_gsm_tcp_recv(tid, _response_offset, p);
                                      } else {
                                          //否则动态存储空间分配错误
                                          printf("Error: malloc faile for %d byte.\r\n", dlen);
                                      }
                                  }
                              }
                          }
                      }
                  _response_offset = 0;                      //数据偏移量清 0
                  }
                }
              }
          ch = gsm_uart_read_ch();                          //循环接收数据
          }
      }
```

Lte-ec20.c 文件主要是对 EC20 模块的信息进行处理，同时将 EC20 模块返回的数据发送至串口。该函数在 LTE 协议栈中是循环执行的，也就是不断地接收 EC20 模块返回的信息。当信息接收完成，即接收到回车或换行符时，完成一帧数据的接收并处理其内容，再根据内容和 EC20 模块的 AT 指令对接收到的内容进行处理。当接收到消息时会触发 TCP 数据通知，将数据发送至应用层。

（3）Lte-tcp.c。该文件用于 EC20 模块建立 TCP 连接以及完成数据的收发，在该过程中完全屏蔽了 AT 指令的操作内容。该文件中较为关键的函数有 3 个，分别是 TCP 连接函数（gsm_tcp_open）、TCP 连接断开（gsm_tcp_close）和 TCP 数据发送（gsm_tcp_send）。

TCP 连接函数相关源代码如下：

```
/************************************************************************
 * 名称：gsm_tcp_open
 * 功能：打开 TCP 连接
 * 参数：ptcp—调用 tcp_alloc 分配的 TCP 控制块；sip—服务器 IP 地址；sport—服务器端口
 ************************************************************************/
tcp_t* gsm_tcp_open(tcp_t *ptcp, char *sip, int sport)
{

    char buf[64];                              //定义数据缓存
    /*初始化 TCP 事件*/
    if (evt_tcp == 0xff) {
```

```
        evt_tcp = process_alloc_event();                    //获取 TCP 事件
    }
    ptcp->status = TCP_STATUS_OPEN;                          //设置系统 TCP 状态为开启
    //TCP 连接信息，如 TCP 事件控制块 ID、IP 地址、端口号
    sprintf(buf, "at+qiopen=1,%d,\"TCP\",\"%s\", %u,0,1\r\n", ptcp->id, sip, sport);
    gsm_request_at(buf, 3000, NULL);                         //等待数据发送
    return ptcp;                                             //返回 IP 地址
}
```

这个函数首先判断 EC20 模块是否已经分配了 TCP 连接事件，如果分配了则不再分配；如果没有分配则分配 TCP 连接事件，接着将 EC20 模块的 TCP 连接状态变更为开启状态。将 TCP 连接需要的信息写入缓存，等待系统调用后向 EC20 模块发送，并完成 TCP 连接。

TCP 连接断开函数相关源代码内容如下：

```
void    gsm_tcp_close(tcp_t *ptcp)
{
    __gsm_tcp_close(ptcp->id);                              //操作本模块分配的 TCP 连接控制块
}
//执行连接控制块内容
static void __gsm_tcp_close(int tid)
{
    char buf[32];                                           //定义数据缓存
    sprintf(buf, "at+qiclose=%d\r\n", tid);                 //将连接控制块的 ID 用 AT 指令写入缓存
    gsm_request_at(buf, 3000, NULL);                        //等待系统执行
}
```

这个函数的工作原理比较简单，只需调用套接字连接断开的 AT 指令操作即可。输入参数为建立 TCP 连接的 IP 地址。

UDP 数据发送函数的源代码如下：

```
/***************************************************************************
* 名称：gsm_tcp_send
* 功能：TCP 连接发送数据
* 参数：ptcp—TCP 连接控制块；dat—待发送数据缓存地址；len—待发送数据长度
***************************************************************************/
int gsm_tcp_send(tcp_t *ptcp,int len)
{
    char buf[32];                                           //定义数据缓存
    if (len > 1024) return -1;                              //如果数据长度大于 1024
    if (send_len != 0) return -2; //busy                    //如果待发送数据长度不为空

    if (ptcp->status == TCP_STATUS_CONNECTED) {             //如果 TCP 已连接
        send_len = len;                                    //为待发送数据长度赋值
        sprintf(buf, "at+qisend=%d,%d\r\n",ptcp->id, len);  //将数据以 AT 指令写入缓存
        gsm_request_at(buf, 5000, __on_send_data);          //5 s 后等待数据发送
    }
    return -3;                                              //操作完成返回-3
}
```

上述函数的工作原理也比较简单，主要是需要对数据发送过程中的两个参数进行配置。通常上面的函数都是在协议栈中直接调用的，并不需要用户去操作。

其他 AT 源代码如下：

```
/*****************************************************************************
 * 名称：on_gsm_tcp_open
 * 功能：调用 gsm_tcp_open 后，被系统调用，用来通知 TCP 打开结果，并发送 evt_tcp 事件到用户程序
 * 注释：用户不应该主动调用此函数
 *****************************************************************************/
void on_gsm_tcp_open(int id, int err)
{
    if (tcps[id].p != NULL) {
        if (err == 0) {
            tcps[id].status = TCP_STATUS_CONNECTED;
        } else /*if (err == 563) */{                    //已经打开，需要关闭
            //强制关闭，重新打开
            __gsm_tcp_close(id);
            tcps[id].status = TCP_STATUS_CLOSED;
        } /*else {
            tcps[id].status = TCP_STATUS_CLOSED;
        }*/
        process_post(tcps[id].p, evt_tcp, (process_data_t)&tcps[id]);
    }
}
/*****************************************************************************
 * 名称：on_gsm_tcp_close
 * 功能：在 TCP 连接被关闭时，发送 evt_tcp 事件通知用户应用程序
 * 注释：用户不应该主动调用此函数
 *****************************************************************************/
void on_gsm_tcp_close(int id)
{
    if (tcps[id].p != NULL) {
        tcps[id].status = TCP_STATUS_CLOSED;
        process_post(tcps[id].p, evt_tcp, (process_data_t)&tcps[id]);
    }
}
/*****************************************************************************
 * 名称：on_gsm_tcp_recv
 * 功能：在 TCP 连接收到数据后，发送 evt_tcp 事件通知用户应用程序
 * 注释：用户不应该主动调用此函数
 *****************************************************************************/
void on_gsm_tcp_recv(int id, int len, char *buf)
{
    if (tcps[id].p == NULL) {
        return;
```

```
}
/*
char *p = malloc(len);
if (p != NULL) {
    memcpy(p, buf, len);
    tcps[id].pdat = p;
    tcps[id].datlen = len;
    if (PROCESS_ERR_OK != process_post(tcps[id].p, evt_tcp, (process_data_t)&tcps[id])) {
        free(p);
        tcps[id].pdat = NULL;
    }
}*/
Debug("tcp >>> ");
for (int i=0; i<len; i++) {
    Debug("%c", buf[i]);
}
tcps[id].pdat = buf;
tcps[id].datlen = len;
if (PROCESS_ERR_OK != process_post(tcps[id].p, evt_tcp, (process_data_t)&tcps[id])) {
    free(buf);
    tcps[id].pdat = NULL;
}
}
```

2. LTE 传感器应用程序接口分析

1）LTE 智云框架

智云框架是在传感器应用程序接口和协议栈接口的基础上搭建起来的，通过合理调用这些接口函数，可以使 LTE 项目的开发形成一套系统的开发逻辑。具体的传感器应用程序接口是在 sensor.c 文件中实现的，包括的接口函数列表如表 4.8 所示。

表 4.8　传感器应用程序接口函数

函 数 名 称	函 数 说 明
sensorInit()	传感器初始化
sensorUpdate()	传感器数据定时上报
sensorControl()	传感器控制
sensorCheck()	传感器报警监测及处理函数
ZXBeeInfRecv()	解析接收到的传感器控制指令函数
PROCESS_THREAD(sensor, ev, data)	传感器进程（处理传感器上报、传感器报警监测）

2）LTE 传感器应用程序解析

智云框架下 LTE 传感器应用程序流程图如图 4.41 所示。

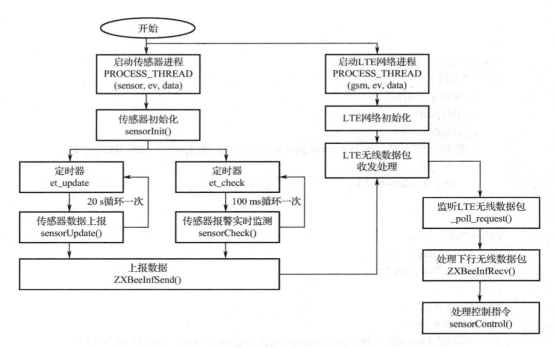

图 4.41　LTE 传感器应用程序流程

　　下面以示例工程 LTEApiTest 为例进行介绍，智云框架为 LTE 协议栈的上层应用提供分层的软件设计结构，将传感器的操作部分封装在 sensor.c 文件中，用户任务中的处理事件和节点类型选择则封装在 sensor.h 文件中。sensor.h 文件中事件宏定义如下：

```
/********************************************************************************
* 文件：sensor.h
********************************************************************************/
#define NODE_NAME "601"
extern void sensorInit(void);
extern void sensorLinkOn(void);
extern void sensorUpdate(void);
extern void sensorCheck(void);
extern void sensorControl(uint8_t cmd);
#endif
```

sensor.h 文件中声明了智云框架下的接口函数。

启动传感器进程、传感器任务及定时器任务的相关源代码如下：

```
PROCESS_THREAD(sensor, ev, data)
{
    static struct etimer et_update;
    PROCESS_BEGIN();
    sensorInit();
    etimer_set(&et_update, CLOCK_SECOND*10);

    while (1) {
```

```
            PROCESS_WAIT_EVENT_UNTIL(ev == PROCESS_EVENT_TIMER);
            if (etimer_expired(&et_update)) {
                printf("sensor->PROCESS_EVENT_TIMER: PROCESS_EVENT_TIMER trigger!\r\n");
                sensorUpdate();
                etimer_set(&et_update, CLOCK_SECOND*10);
            }
        }
        PROCESS_END();
}
```

sensorInit()函数用于传感器的初始化，相关源代码如下：

```
/*******************************************************************************
* 名称：sensorInit()
* 功能：传感器初始化
*******************************************************************************/
void sensorInit(void)
{
    printf("sensor->sensorInit(): Sensor init!\r\n");
    //气压海拔传感器初始化
    //继电器初始化
    relay_init();
}
```

sensorUpdate()函数用于传感器数据的更新以及数据的上报，相关源代码如下：

```
/*******************************************************************************
* 名称：sensorUpdate()
* 功能：处理主动上报的数据
*******************************************************************************/
void sensorUpdate(void)
{
    char pData[32];
    char *p = pData;
    //采集大气压强（100～110 之间的随机数）
    airPressure = 100 + (uint16_t)(rand()%10);
    //更新大气压强的值并上报
    sprintf(p, "airPressure=%.1f", airPressure);
    if (pData != NULL) {
        ZXBeeInfSend(p, strlen(p));                    //上传无线数据包到智云平台
    }
    printf("sensor->sensorUpdate(): airPressure=%.1f\r\n", airPressure);
}
```

ZXBeeInfSend()实现用于节点无线数据包的发送，相关源代码如下：

```
/*******************************************************************************
* 名称：ZXBeeInfSend()
* 功能：节点发送无线数据包到智云平台
```

```
*  参数：*p—要发送的数据包
*********************************************************************************/
void ZXBeeInfSend(char *p, int len)
{
    leds_on(1);
    clock_delay_ms(50);
    zhiyun_send(p);
    leds_off(1);
}
```

ZXBeeInfRecv()实现用于处理接收到的有效数据，相关源代码如下：

```
/********************************************************************************
*  名称：ZXBeeInfRecv()
*  功能：节点接收无线数据包
*  参数：*pkg—收到的无线数据包
*********************************************************************************/
void ZXBeeInfRecv(char *buf, int len)
{
    uint8_t val;
    char pData[16];
    char *p = pData;
    char *ptag = NULL;
    char *pval = NULL;

    printf("sensor->ZXBeeInfRecv(): Receive LTE Data!\r\n");
    leds_on(1);
    clock_delay_ms(50);
    ptag = buf;
    p = strchr(buf, '=');
        if (p != NULL) {
        *p++ = 0;
        pval = p;
    }
    val = atoi(pval);

    //控制指令解析
    if (0 == strcmp("cmd", ptag)){              //对 D0 的位进行操作，CD0 表示位清 0 操作
        sensorControl(val);
    }
    leds_off(1);
}
```

sensorControl()函数用于传感器的控制，相关源代码如下：

```
/********************************************************************************
*  名称：sensorControl()
*  功能：传感器控制
```

```
* 参数：cmd—控制指令
******************************************************************************/
void sensorControl(uint8_t cmd)
{
    //根据 cmd 参数处理对应的控制程序
    if(cmd == 0){
        printf("sensor->sensorControl(): Light OFF\r\n");
        relay_control(cmd);
    }
    else if(cmd == 1){
        printf("sensor->sensorControl(): Light ON\r\n");
        relay_control(cmd);
    }
}
```

通过实现 sensor.c 文件中的具体函数即可快速地完成 LTE 项目的开发。

4.3.3　开发实践：构建 LTE 智慧交通系统

1. 开发设计

1）硬件功能设计

项目开发目标：通过 LTE 智慧交通系统，了解 LTE 协议栈的工作原理和关键接口函数，掌握协议栈关键接口函数的使用，掌握传感器应用程序接口函数的使用，从而快速实现 LTE 项目开发。

为了满足对传感器应用程序接口函数的充分使用，本节选用两种传感器，一种为气压海拔传感器，另一种为继电器，其中气压海拔传感器可以采集城市道路的气象信息，继电器作为受控设备可用于控制城市道路中的路障。LTE 智慧交通系统的硬件框图如图 4.42 所示。

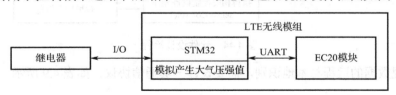

图 4.42　LTE 智慧交通系统的硬件框图

由图 4.42 可知，气压海拔传感器使用 STM32 内部随机数发生器产生虚拟数据，而继电器是由 STM32 通过 I/O 接口进行控制的。继电器的硬件连接如图 4.43 所示。

2）软件逻辑设计

软件设计应符合 LTE 协议栈的执行流程，LTE 节点首先进行入网操作，当入网完成后，进行传感器和用户任务的初始化。当触发用户任务时，系统进行传感器数据的上报。当节点接收到传感器数据时，如果接收到的是控制指令，则执行继电器控制操作。软件设计流程如图 4.44 所示。

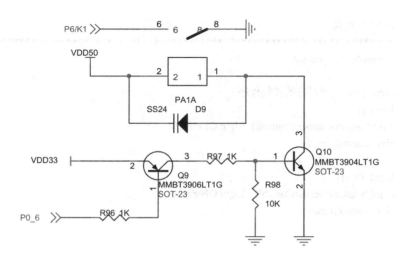

图 4.43　继电器的硬件连接

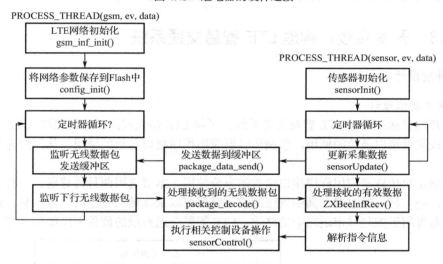

图 4.44　软件设计流程

为了实现数据的远程与本地识别，需要设计一套通信协议，如表 4.9 所示。

表 4.9　通信协议

数 据 方 向	协 议 格 式	说　　明
上行（节点往应用层发送数据）	{airPressure=X}	X 表示传感器数据
下行（应用层往节点发送指令）	{cmd=X}	X 为 0 表示关闭，1 表示开启

2．功能实现

1）LTE 协议栈关键接口函数

理解示例工程 LTEApiTest 的源代码，理解协议栈进程及无线数据包收发函数的处理过程。

（1）LTE 协议栈进程是由 zhiyun.c 文件中的 PROCESS_THREAD(u_zhiyun, ev, data) 函数实现的。

```
/*****************************************************************************
* 名称：u_zhiyun
* 功能：LTE 网络与智云服务器交互进程
*****************************************************************************/
PROCESS_THREAD(u_zhiyun, ev, data)
{
    PROCESS_BEGIN();
    tcp_con = tcp_alloc();
    config_init();
    etimer_set(&timer, CLOCK_SECOND);
    while (1) {
        PROCESS_YIELD();
        if (ev == evt_tcp) {
            tcp_t *ptcp = (tcp_t *) data;
            if (ptcp->pdat != NULL) {
                package_decode(ptcp->pdat, ptcp->datlen);
                free(ptcp->pdat);
                ptcp->pdat = NULL;
            } else if (ptcp->status == TCP_STATUS_CONNECTED) {
                Debug("tcp(%u) connected\r\n", ptcp->id);
                int len = package_auth();
                gsm_tcp_send(ptcp, len);
                etimer_set(&timer, CLOCK_SECOND*60);        //心跳包定时器
            } else if (ptcp->status == TCP_STATUS_CLOSED) {
                Debug("zhiyun tcp(%u) closed\r\n", ptcp->id);
                etimer_set(&timer, CLOCK_SECOND*10);         //重连延时
            }
        }
        if (ev == PROCESS_EVENT_TIMER && etimer_expired(&timer)) {
            if (gsm_info.ppp_status != 2) {
                etimer_set(&timer, CLOCK_SECOND);
            } else {
                if (tcp_con->status == TCP_STATUS_CLOSED || tcp_con->status == TCP_STATUS_
OPEN) {
                    Debug("zhiyun tcp(%u) open\r\n", tcp_con->id);
                    gsm_tcp_open(tcp_con, CONFIG_ZHIYUN_IP, CONFIG_ZHIYUN_PORT);
                    etimer_set(&timer, CLOCK_SECOND*60);       //超时重连
                }
                if (tcp_con->status == TCP_STATUS_CONNECTED) {
                    //发送心跳包
                    int len = package_heartbeat();
                    gsm_tcp_send(tcp_con, len);
                    etimer_set(&timer, CLOCK_SECOND*60);
                }
            }
        }
    }
```

```
        }
    PROCESS_END();
}
```

（2）LTE 无线数据包收发函数的源代码如下：

```
/*******************************************************************************
* 名称：zhiyun_send
* 功能：ZXBee 底层发送接口
*******************************************************************************/
void zhiyun_send(char *pkg)
{
    package_data_send(pkg);
}
/*******************************************************************************
* 名称：package_data
* 功能：生成无线数据包并发送
* 返回：无线数据包长度
*******************************************************************************/
int package_data_send(char *zxbee)
{
    if (tcp_con->status != TCP_STATUS_CONNECTED){
        return -1;
    }
    char *pbuf = gsm_tcp_buf();
    if (pbuf == NULL) {
        Debug("package_data(): error tcp buffer busy.\r\n");
        return -1;
    }
    int len = sprintf(pbuf, "{\"method\":\"sensor\",\"data\":\"%s\"}", zxbee);
    gsm_tcp_send(tcp_con, len);
    //修改心跳包时间
    etimer_set(&timer, CLOCK_SECOND*60);
    return len;
}
```

2）LTE 传感器应用程序接口函数

理解示例工程 LTEApiTest 源代码文件 sensor.c，理解传感器应用程序接口函数的设计。

（1）传感器进程：PROCESS_THREAD(sensor, ev, data)。

（2）传感器初始化：sensorInit()。

（3）传感器数据主动上报数据：sensorUpdate()。

（4）传感器节点入网：sensorLinkOn(void)。

（5）接收无线数据包：ZXBeeInfRecv(char *pkg, int len)。

（6）发送无线数据包到智云平台：ZXBeeInfSend(char *p, int len)。

（7）传感器控制：sensorControl()。

3. 开发验证

（1）运行示例工程 LTEApiTest，通过 IAR 集成开发环境进行程序的开发、调试，通过设置断点理解 LTE 协议栈接口函数的调用关系。

（2）根据程序设定，LiteB 节点会每隔 20 s 上传一次传感器数据到应用层（传感器数据是通过随机数生成器产生的），同时通过 ZCloudTools 工具发送控制指令（cmd=1 表示开启，cmd=0 表示关闭），可以对受控设备（实际由继电器模拟）进行控制。

通过数据记录可以看到传感器上报的数据为"airPressure=101.0"，如图 4.45 和图 4.46 所示。

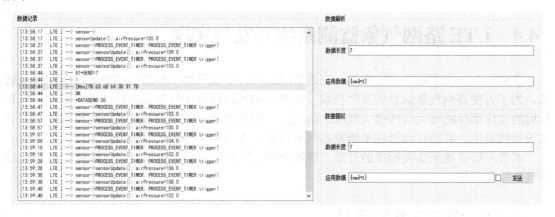

图 4.45　数据记录

图 4.46　传感器上报的数据

4.3.4　小结

本节先介绍了 LTE 协议栈的工程结构和关键的接口函数，然后介绍了传感器应用程序接口函数，最后构建了 LTE 智慧交通系统。

4.3.5　思考与拓展

（1）LTE 协议栈是如何封装 AT 指令的？
（2）LTE 协议栈是如何完成数据收发的？
（3）画出 sensor.c 文件中全部函数的调用关系。
（4）分析 LTE 无线数据包收发函数调用关系并画出调用关系图。

4.4　LTE 路网气象监测系统开发与实现

在实际中，有些路段比较偏远，交通管理部门并不能及时了解路段维护的情况和气象信息。为了方便路网气象信息的及时获取，需要在偏远路段添加气象监测传感器。通常，气象环境的变化都伴随着大气压强（气压）的变化，因此对偏远路段的气压监测可以有效预知恶劣天气的发生，并适时向过往车辆发布气象信息，并为相关路段的维护提供帮助。

本节主要讲述采集类程序的开发，首先介绍采集类程序的逻辑和接口，然后构建 LTE 路网气象监测系统。

4.4.1　学习与开发目标

（1）知识目标：LTE 网络数据收发的应用场景、机制，传感器应用程序接口和通信协议。
（2）技能目标：掌握 LTE 数据发送收发的应用场景、传感器应用程序接口的使用，以及通信协议的设计。
（3）开发目标：构建 LTE 路网气象监测系统。

4.4.2　原理学习：LTE 采集类程序

1．LTE 采集类程序的逻辑分析和通信协议设计

1）LTE 采集类程序的逻辑分析

LTE 网络的功能之一是能够实现远程数据采集，通过 LTE 节点将传感器采集的数据传输到远程服务器，为数据分析和处理提供支持。

LTE 的远程数据采集有很多应用场景，如森林植被监测、油田油井工作状态监测、环境数据采集、灾区地质变化监测、空气质量采集等。如何利用 LTE 网络实现远程数据采集应用程序的设计呢？分析如下。

采集类传感器在物联网中的应用场景中主要是传感器数据的定时上报。采集类程序的逻辑如图 4.47 所示。

（1）定时器循环事件用于定时查询当前传感器数据。
（2）根据软件设计逻辑来决定传感器数据是否上报。

（3）根据软件设计逻辑来控制传感器数据的上报的时间间隔。

（4）接收远程的查询指令并反馈最新的传感器数据。

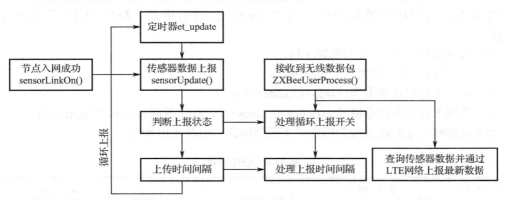

图 4.47　采集类程序的逻辑

具体如下：

（1）节点定时采集数据并上报。在物联网项目中并不需要持续地获取某个传感器采集的数据，只需要一段时间内获取一次即可。例如，LTE 路网气象监测系统，可以每分钟获取一次数据，也可以每 5 分钟一次数据。另外，传感器数据采集操作得越频繁，节点的耗电量越大会，系统功耗就越高。网络中多个节点频繁地发送数据，也会对网络的数据通信造成压力，严重时可能造成网络阻塞、丢包等。因此传感器数据的定时上报需要注意两点，定时上报的时间间隔和发送的数据量。

（2）在实际应用中，可根据需求减少或关闭传感器的数据上报，以节约设备供电能耗，延长设备的使用寿命。例如，在智慧交通系统中，当交通流量较小时，可以加大传感器数据上报的时间间隔。

（3）节点接收到查询指令后能够及时响应并反馈最新的传感器数据。这种操作通常出现在人为场景。例如，在智慧交通系统中，当管理员需要实时了解路网的气象信息时，可以通过发送查询指令来获取实时数据，如果不能及时响应查询指令，那么管理员就无法得到实时数据，可能会对节点的调试操作造成影响，所以节点收到查询指令后立即响应并反馈实时数据是采集类节点的必要功能。

（4）能够远程设定节点传感器数据的上报时间间隔。该功能通常应用在物联网自动调节的应用场景中。例如，当扬尘监测系统工作在自动模式时，如果道路扬尘数据超出阈值，那么系统将会通知道路保障单位进行降尘操作；当进行降尘操作时，道路的扬尘数据将持续变化，如果无法达到预期目标，则需要出动更多的降尘设备以保证降尘效果。将环境的变化信息更快地反映到管理者的面前，以提供决策依据。

2）LTE 采集类程序的通信协议设计

一个完整的物联网综合系统，数据贯穿了感知层、网络层、服务层和应用层，数据在这四层之间层层传递，因此需要设计一种合适的通信协议来完成数据的封装与通信。

采集类节点要将采集的数据进行打包上报，并能够让远程设备识别，或者远程设备向节点发送的指令能够被节点响应，这就需要定义一套通信协议，这套通信协议对于节点和远程设备而言都是约定好的。采集类节点可分为三种功能，分别为发送、查询、设置（这里暂不考虑对节点信息的配置）。

采集类应用程序的通信协议采用类 JSON 数据包格式，格式为{[参数]=[值],[参数]=[值]…}。

（1）每条数据以"{"作为起始字符。

（2）"{}"内的多个参数以","分隔。

（3）数据上行格式参考为{value=12,status=1}。

（4）数据下行查询指令格式为{value=?,status=?}，程序返回{value=12,status=1}。

本节以路网气象监测系统为例定义了通信协议，如表 4.10 所示。

表 4.10　通信协议

协 议 类 型	协 议 格 式	方　　向	说　　明
发送指令	{airPressure=X}	节点到远程设备	X 表示为传感器采集的数据
查询指令	{airPressure=?}	远程设备到节点	查询传感器采集的数据

2. LTE 采集类程序接口分析

1）LTE 传感器程序接口

要实现远程数据采集功能，就需要对整个功能进行分析。远程数据采集功能依附于无线传感器网络，在建立无线传感器网络后，才能够进行传感器进程和系统任务的初始化，此后每次任务执行都会采集一次传感器数据，并将传感器数据发送到协调器，最终数据通过服务器和互联网被用户所使用。为了保证传感器数据的上报，还需要设置传感器数据上报的时间间隔，如每分钟上报一次等。远程数据采集程序的执行流程如图 4.48 所示。

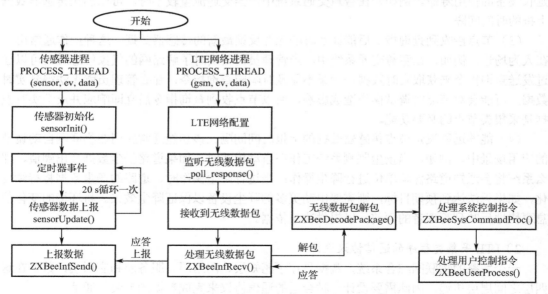

图 4.48　远程数据采集程序的执行流程

传感器应用程序是在 sensor.c 文件中实现的，包括的接口函数如表 4.11 所示。

表 4.11　传感器应用程序接口函数

函 数 名 称	函 数 说 明
sensorInit()	传感器初始化
sensorLinkOn()	传感器节点入网
sensorUpdate()	传感器数据上报
ZXBeeUserProcess()	解析接收到的控制指令
PROCESS_THREAD(sensor, ev, data)	传感器进程

2）LTE 无线数据包收发程序

无线数据包的收发处理是在 zxbee-inf.c 文件中实现的，包括 LTE 无线数据包的收发函数，如表 4.12 所示。

表 4.12　无线数据包的收发函数

函 数 名 称	函 数 说 明
ZXBeeInfSend()	节点发送无线数据包到汇聚节点
ZXBeeInfRecv()	节点接收无线数据包

（1）ZXBeeInfSend()函数的源代码如下：

```
/***************************************************************************
* 名称：ZXBeeInfSend
* 功能：ZXBee 底层发送接口
* 参数：p—ZXBee 格式数据；len—数据长度
***************************************************************************/
void    ZXBeeInfSend(char *p, int len)
{
    leds_on(1);
    clock_delay_ms(50);
    zhiyun_send(p);
    leds_off(1);
}
```

zhiyun_send()函数（zhiyun.c）的源代码如下：

```
/***************************************************************************
* 名称：zhiyun_send
* 功能：ZXBee 底层发送接口
***************************************************************************/
void zhiyun_send(char *pkg)
{
    package_data_send(pkg);
}
```

package_data_send()函数（zhiyun.c）的源代码如下：

```
/*******************************************************************************
* 名称：package_data
* 功能：生成传感器无线数据包并发送
* 返回：传感器无线数据包
*******************************************************************************/
int package_data_send(char *zxbee)
{
    if (tcp_con->status != TCP_STATUS_CONNECTED){
        return -1;
    }
    char *pbuf = gsm_tcp_buf();
    if (pbuf == NULL) {
        Debug("package_data(): error tcp buffer busy.\r\n");
    return -1;
    }
    int len = sprintf(pbuf, "{\"method\":\"sensor\",\"data\":\"%s\"}", zxbee);
    gsm_tcp_send(tcp_con, len);
    //修改心跳包时间
    etimer_set(&timer, CLOCK_SECOND*60);
    return len;
}
```

（2）ZXBeeInfRecv()函数的源代码如下：

```
/*******************************************************************************
* 名称：ZXBeeInfRecv()
* 功能：节点收到无线数据包
*******************************************************************************/
void ZXBeeInfRecv(char *buf, int len)
{
    char *p;
    leds_on(1);
    clock_delay_ms(50);
    p = ZXBeeDecodePackage(buf, len);
    if (p != NULL) {
        ZXBeeInfSend(p, strlen(p));
    }
    leds_off(1);
}
```

3）LTE 无线数据包解析

针对约定的通信协议，需要对无线数据进行封包和解包操作，无线数据的封包函数和解包函数是在 zxbee.c 文件中实现的，封包函数为 ZXBeeBegin()、ZXBeeAdd(char* tag, char* val)、ZXBeeEnd(void)，解包函数为 ZXBeeDecodePackage(char *pkg, int len)，如表 4.13 所示。

表 4.13　无线数据包解析函数

函 数 名 称	函 数 说 明
ZXBeeBegin()	增加 ZXBee 通信协议的帧头 "{"
ZXBeeEnd()	增加 ZXBee 通信协议的帧尾 "}"，并返回封包后的指针
ZXBeeAdd()	在 ZXBee 通信协议的无线数据包中添加数据
ZXBeeDecodePackage()	对接收到的无线数据包进行解包

（1）ZXBeeBegin()函数的源代码如下：

```
/****************************************************************************
* 名称：ZXBeeBegin()
* 功能：增加 ZXBee 通信协议的帧头 "{"
****************************************************************************/
void ZXBeeBegin(void)
{
    wbuf[0] = '{';
    wbuf[1] = '\0';
    char buf[16];
    sprintf(buf, "%d%d%s", CONFIG_RADIO_TYPE, CONFIG_DEV_TYPE, NODE_NAME);
    ZXBeeAdd("TYPE", buf);
}
```

（2）ZXBeeEnd()函数的源代码如下：

```
/****************************************************************************
* 名称：ZXBeeEnd()
* 功能：增加 ZXBee 通信协议的帧尾 "}"，并返回封包后的指针
* 参数：wbuf—返回封包后的指针
****************************************************************************/
char* ZXBeeEnd(void)
{
    int offset = strlen(wbuf);
    wbuf[offset-1] = '}';
    wbuf[offset] = '\0';
    if (offset > 12) return wbuf;
    return NULL;
}
```

（3）ZXBeeAdd()函数的源代码如下：

```
/****************************************************************************
* 名称：ZXBeeAdd()
* 功能：在 ZXBee 通信协议的无线数据包中添加数据
* 参数：tag—变量；val—值
* 返回：len—数据长度
****************************************************************************/
int8 ZXBeeAdd(char* tag, char* val)
```

```
{
    sprintf(&wbuf[strlen(wbuf)], "%s=%s,", tag, val);    //添加无线数据包键值对
    return strlen(wbuf);
}
```

（4）ZXBeeDecodePackage()函数的源代码如下：

```
/*******************************************************************************
* 名称：ZXBeeDecodePackage()
* 功能：对接收到的无线数据包进行解包
* 参数：pkg—数据；len—数据长度
* 返回：p—返回的数据包
*******************************************************************************/
char* ZXBeeDecodePackage(char *pkg, int len)
{
    char *p;
    char *ptag = NULL;
    char *pval = NULL;
    if (pkg[0] != '{' || pkg[len-1] != '}')
    return NULL;                                  //判断帧头、帧尾
    ZXBeeBegin();                                 //为返回的指令响应添加帧头
    pkg[len-1] = 0;
    p = pkg+1;                                     //去掉帧头、帧尾
    do {
        ptag = p;
        p = strchr(p, '=');                       //判断键值对内的 "="
        if (p != NULL) {
            *p++ = 0;                             //提取 "=" 左边 ptag
            pval = p;                             //指针指向 pval
            p = strchr(p, ',');                   //判断无线数据包内键值对分隔符 ","
            if (p != NULL) *p++ = 0;              //提取 "=" 右边 pval
            int ret;
            ret = ZXBeeSysCommandProc(ptag, pval); //将提取出来的键值对指令发送给系统函数处理
            if (ret < 0) {
                ret = ZXBeeUserProcess(ptag, pval);  //将提取出来的键值对指令发送给用户函数处理
            }
        }
    } while (p != NULL);                          //当无线数据包未解析完，则继续循环
    p = ZXBeeEnd();                               //为返回的指令响应添加帧尾
    return p;
}
```

4）LTE 路网气象监测系统设计

路网气象监测系统采用 LTE 网络技术，通过部署气压海拔传感器和 LTE 节点，将采集到的数据发送到物联网云平台，最终实现气象数据的采集和展现。路网气象监测系统的架构如图 4.49 所示。

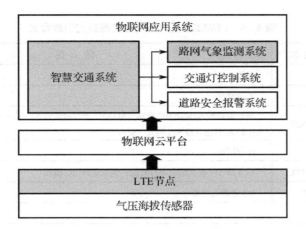

图 4.49　路网气象监测系统的架构

3. 气压海拔传感器

FBM320 型气压海拔传感器是一种高分辨率、数字式气压海拔传感器，集成了 MEMS 压阻式压强传感器和高效的信号调理数字电路。信号调理数字电路包括 24 位 $\sum-\Delta$ 模/数转换单元，用于校准数据的 OTP 存储器单元和串口电路单元。FBM320 型气压海拔传感器可以通过 IIC 和 SPI 两种总线接口与微处理器进行数据交换。FBM320 型气压海拔传感器如图 4.50 所示。

图 4.50　FBM320 型气压海拔传感器

气压校准和温度补偿是 FBM320 型气压海拔传感器的关键特性，采集的气压数据存储在 OTP 存储器单元中，可用于校准。校准程序需由微处理器自行设计实现。FBM320 气压海拔传感器采用低功耗设计，可适用于智能手环、导航仪等便携式设备，还可以应用于航模、无人探测器等电池供电环境。FBM320 气压海拔传感器的引脚分布如图 4.51 所示。

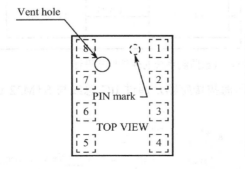

图 4.51　FBM320 型气压海拔传感器的引脚分布

FBM320 型气压海拔传感器的引脚含义如表 4.14 所示。

表 4.14 FBM320 型气压海拔传感器的引脚含义

引 脚 号	引脚名称	描 述
1	GND	接地
2	CSB	芯片选择
3	SDA/SDI/SDIO	串行数据输入/输出 IIC 模式（SDA）；串行数据输入，采用 4 线 SPI 模式（SDI）；串行数据输入/输出 3 线 SPI 模式（SDIO）
4	SCL	串行时钟
5	SDO/ADDR	以 4 线 SPI 模式输出串行数据；地址选择 IIC 模式
6	VDDIO	I/O 电路的电源
7	GND	接地
8	VDDIO	核心电路的电源

4.4.3 开发实践：LTE 路网气象监测系统设计

1. 开发设计

项目任务目标是：本节以路网气象监测系统为例介绍传感器应用程序接口的开发，学习并掌握传感器数据上报的方法。

为了满足对数据上报应用场景的模拟，路网气象监测系统采用 FBM320 型气压海拔传感器，当远程设备发出查询指令时，节点能够执行指令并反馈实时的传感器数据。路网气象监测系统的实现可分为两个部分，分别为硬件功能设计和软件协议设计。

1）硬件功能设计

根据前面的分析，为了实现对传感器数据上报的模拟，硬件中使用了 FBM320 型气压海拔传感器作为数据的来源，以此完成数据发送。路网气象监测系统的硬件框架设计如图 4.52 所示。

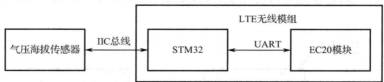

图 4.52 路网气象监测系统的硬件框架设计

由图 4.52 可知，FBM320 型气压海拔传感器是通过 IIC 总线与 STM32 进行通信的，其硬件连接如图 4.53 所示。

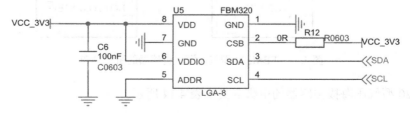

图 4.53 FBM320 型气压海拔传感器的硬件连接

2）软件协议设计

软件设计应符合协议栈的执行流程，首先进行节点入网操作，在当入网完成后，再进行传感器和用户任务的初始化。当用户任务进程被触发时，进行传感器数据的上报。当接收到查询指令时，则反馈传感器的实时数据。

本系统的示例工程为 LTEAirPressure，实现了以下功能：

（1）节点入网后，每隔 20 s 上报一次传感器数据。

（2）远程设备可以发送查询指令来读取传感器最新的数据。

示例工程 LTEAirPressure 采用类 JOSN 格式的通信协议，格式为 {[参数]=[值],[参数]=[值]…}，如表 4.15 所示。

表 4.15　通信协议

协 议 类 型	协 议 格 式	方　　向	说　　明
发送指令	{airPressure=X}	节点到远程设备	X 表示传感器数据
查询指令	{airPressure=?}	远程设备到节点	查询传感器数据

2. 功能实现

1）LTE 路网气象监测系统应用程序分析

路网气象监测系统的示例工程 LTEAirPress 采用智云框架开发，实现了传感器数据的定时上报、传感器数据的查询、无线数据的封包和解包等功能。

（1）传感器应用程序是在 sensor.c 文件中实现的，包括传感器初始化（sensorInit()）、传感器数值上报（sensorUpdate()）、处理下行的用户指令（ZXBeeUserProcess()）、传感器进程（PROCESS_THREAD(sensor, ev, data)）。

（2）传感器驱动是在 fbm320.c 文件中实现的，由 STM32 通过 IIC 总线驱动传感器进行数据采集。

（3）无线数据包的收发处理是在 zxbee-inf.c 文件中实现的，包括无线数据包的收发函数。

（4）无线数据的封包和解包是在 zxbee.c 文件中实现的，封包函数为 ZXBeeBegin()、ZXBeeAdd(char* tag, char* val)、ZXBeeEnd(void)，解包函数为 ZXBeeDecodePackage(char *pkg, int len)。

2）LTE 路网气象监测系统应用程序的设计

路网气象监测系统属于采集类传感器应用，主要完成传感器数据的定时上报。

（1）LTE 网络参数配置。首先要配置网络参数，配置 LTE 节点要连接的远程服务器地址和端口号，以及用于获取服务器的注册 ID 和密钥。配置信息保存在 contiki-config.h 文件中，相关源代码如下：

```
#define CONFIG_ZHIYUN_IP        "api.zhiyun360.com"
#define CONFIG_ZHIYUN_PORT      28082

#define AID "12345678"
#define AKEY "ABCDEFGHIJKLMNOPQRSTUVWXYZ"
```

（2）启动传感器进程。运行 LTE 协议栈后，启动传感器进程（是通过 sensor.c 文件中的 PROCESS_THREAD(sensor, ev, data)函数启动的）进行传感器应用处理，如传感器初始化、启动传感器定时任务（20 s 循环一次）、进行传感器数据上报等。

```
PROCESS_THREAD(sensor, ev, data)
{
    static struct etimer et_update;
    PROCESS_BEGIN();
    ZXBeeInfInit();
    sensorInit();

    etimer_set(&et_update, CLOCK_SECOND*20);

    while (1) {
        PROCESS_WAIT_EVENT_UNTIL(ev == PROCESS_EVENT_TIMER);
        if (etimer_expired(&et_update)) {
            sensorUpdate();
            etimer_set(&et_update, CLOCK_SECOND*20);
        }
    }
    PROCESS_END();
}
```

（3）传感器初始化代码。传感器初始化函数 sensorInit()的源代码如下：

```
void sensorInit(void)
{
    //初始化传感器代码
    fbm320_init();                      //传感器初始化（FBM320 型气压海拔传感器）
}
```

（4）传感器数据的定时上报。传感器数据的定时上报是由 sensor.c 文件中的 sensorUpdate() 实现的，该函数调用 updateAirPressure()函数更新传感器数据，通过 ZXBeeBegin()、ZXBeeAdd (char* tag, char* val)、ZXBeeEnd(void)函数实现对无线数据的封包，最后通过 zxbee-inf.c 文件中的 ZXBeeInfSend(char *p, int len)函数将无线数据包发送给应用层。

传感器数据的定时上报函数相关源代码如下：

```
void sensorUpdate(void)
{
    char pData[16];
    char *p = pData;
    //采集大气压强
    updateAirPressure();
    ZXBeeBegin();                           //无线数据包帧头
    //上报大气压强
    sprintf(p, "%.1f", airPressure);
    ZXBeeAdd("airPressure", p);
    p = ZXBeeEnd();                         //无线数据包帧尾
```

```
        if (p != NULL) {
            ZXBeeInfSend(p, strlen(p));              //将需要上报的无线数据包发送到智云平台
        }
    }
```

（5）接收数据处理。当接收到下行的无线数据包时，会调用 zxbee-inf.c 文件中的
ZXBeeInfRecv()函数对无线数据包进行解包，并将解包后的数据发送给应用层。

```
    void ZXBeeInfRecv(char *buf, int len)
    {
        char *p;
        leds_on(1);
        clock_delay_ms(50);
        p = ZXBeeDecodePackage(buf, len);
        if (p != NULL) {
            ZXBeeInfSend(p, strlen(p));
        }
        leds_off(1);
    }
```

zxbee.c 文件中的 ZXBeeDecodePackage()函数用于对无线数据包进行解析，首先调用
zxbee-sys-command.c 文件中的 ZXBeeSysCommandProc()函数进行系统指令处理，然后调用
sensor.c 文件中的 ZXBeeUserProcess()函数进行用户指令处理。

接收数据处理函数 ZXBeeUserProcess()的相关源代码如下：

```
    int ZXBeeUserProcess(char *ptag, char *pval)
    {
        int ret = 0;
        char pData[16];
        char *p = pData;
        //控制指令解析
        if (0 == strcmp("airPressure", ptag)){              //查询控制指令编码
            if (0 == strcmp("?", pval)){
                updateAirPressure();
                ret = sprintf(p, "%.1f", airPressure);
                ZXBeeAdd("airPressure", p);
            }
        }
        return ret;
    }
```

3）LTE 路网气象监测系统驱动设计

传感器驱动是在 fbm320.c 文件中实现的，STM32 通过 IIC 总线驱动 FBM320 型气压海
拔传感器进行实时数据的采集，IIC 总线驱动函数是在 iic.c 文件中实现的。传感器驱动函
数如表 4.16 所示。

表 4.16　传感器驱动函数

函 数 名 称	函 数 说 明
fbm320_init( )	传感器初始化
fbm320_data_get( )	获取传感器采集的实时数据
fbm320_read_id()	FBM320_ID 读取
Coefficient()	大气压强系数换算
Calculate()	大气压强换算
fbm320_read_reg()	读取传感器寄存器的数据
fbm320_write_reg()	写入传感器寄存器的数据
fbm320_read_data()	读取传感器数据

（1）传感器初始化。传感器采用 FBM320 型气压海拔传感器，通过 IIC 总线与 STM32 连接，传感器的初始化主要是 IIC 总线的初始化，源代码如下：

```
unsigned char fbm320_init(void)
{
    iic_init();                                        //IIC 总线初始化
    if(fbm320_read_id() == 0)                           //判断初始化是否成功
    return 0;
    return 1;
}
/***********************************************************************************
* 名称：fbm320_read_id()
* 功能：FBM320_ID 读取
***********************************************************************************/
unsigned char fbm320_read_id(void)
{
    iic_start();                                       //启动 IIC 总线
    if(iic_write_byte(FBM320_ADDR) == 0){              //检测 IIC 总线地址
        if(iic_write_byte(FBM320_ID_ADDR) == 0){       //监测信道状态
            do{
                delay(30);                             //延时 30 s
                iic_start();                           //启动 IIC 总线
            }
            while(iic_write_byte(FBM320_ADDR | 0x01) == 1);  //等待 IIC 总线通信完成
            unsigned char id = iic_read_byte(1);
            if(FBM320_ID == id){
                iic_stop();                            //停止 IIC 总线传输
                return 1;
            }
        }
    }
    iic_stop();                                        //停止 IIC 总线传输
    return 0;                                           //地址错误返回 0
}
```

（2）大气压强系数换算与压强换算。

```
/*****************************************************************************
* 名称：Coefficient()
* 功能：大气压强系数换算
*****************************************************************************/
Void Coefficient(void)
//Receive Calibrate Coefficient
{
    unsigned char i;
    unsigned int R[10];
    unsigned int C0=0, C1=0, C2=0, C3=0, C6=0, C8=0, C9=0, C10=0, C11=0, C12=0;
    unsigned long C4=0, C5=0, C7=0;

    for(i=0; i<9; i++)
    R[i]=(unsigned int)((unsigned int)fbm320_read_reg(0xAA + (i*2))<<8) | fbm320_read_reg(0xAB +
(i*2));
    R[9]=(unsigned int)((unsigned int)fbm320_read_reg(0xA4)<<8)| fbm320_read_reg(0xF1);
    //由于代码过长，以下省略，详细代码请参考随书资源的工程源代码
}
/*****************************************************************************
* 名称：Calculate()
* 功能：压强换算
*****************************************************************************/
void Calculate(long UP, long UT)
{
    //由于代码过长，此处省略，请参考随书资源的工程源代码
}
```

（3）传感器数据读写函数的源代码如下。

```
/*****************************************************************************
* 名称：fbm320_read_reg()
* 功能：数据读取
* 返回：data1—数据；0—错误返回
*****************************************************************************/
unsigned char fbm320_read_reg(unsigned char reg)
{
    iic_start();                                          //启动 IIC 总线传输
    if(iic_write_byte(FBM320_ADDR) == 0){                 //检测 IIC 总线地址
        if(iic_write_byte(reg) == 0){                     //监测信道状态
            do{
                delay(30);                                //延时 30 s
                iic_start();                              //启动 IIC 总线传输
            }
            while(iic_write_byte(FBM320_ADDR | 0x01) == 1);  //等待 IIC 总线启动成功
            unsigned char data1 = iic_read_byte(1);          //读取数据
```

```
            iic_stop();                                        //停止 IIC 总线
            return data1;                                      //返回数据
        }
    }
    iic_stop();                                                //停止 IIC 总线
    return 0;                                                  //返回错误 0
}
/************************************************************************
* 名称：fbm320_write_reg()
* 功能：数据写入
************************************************************************/
void fbm320_write_reg(unsigned char reg,unsigned char data)
{
    iic_start();                                               //启动 IIC 总线
    if(iic_write_byte(FBM320_ADDR) == 0){                      //检测 IIC 总线地址
        if(iic_write_byte(reg) == 0){                          //监测信道状态
            iic_write_byte(data);                              //数据写入
        }
    }
    iic_stop();                                                //停止 IIC 总线
}
/************************************************************************
* 名称：fbm320_read_data()
* 功能：数据读取
************************************************************************/
long fbm320_read_data(void)
{
    unsigned char data[3];
    iic_start();                                               //启动 IIC 总线
    iic_write_byte(FBM320_ADDR);                               //IIC 总线地址设置
    iic_write_byte(FBM320_DATAM);                              //读取数据指令
    //delay(30);
    iic_start();                                               //启动 IIC 总线
    iic_write_byte(FBM320_ADDR | 0x01);                        //读取数据
    data[2] = iic_read_byte(0);
    data[1] = iic_read_byte(0);
    data[0] = iic_read_byte(1);
    iic_stop();                                                //停止 IIC 总线传输
    return (((long)data[2] << 16) | ((long)data[1] << 8) | data[0]);
}
```

（4）传感器数据获取函数的源代码如下：

```
/************************************************************************
* 名称：fbm320_data_get()
* 功能：传感器数据获取函数
```

```
*****************************************************************/
void fbm320_data_get(float *temperature,long *pressure)
{
    Coefficient();                                    //大气压强系数换算
    fbm320_write_reg(FBM320_CONFIG,TEMPERATURE);      //发送识别信息
    delay_ms(5);                                      //延时 5 ms
    UT_I = fbm320_read_data();                        //读取传感器数据
    fbm320_write_reg(FBM320_CONFIG,OSR8192);          //发送识别信息
    delay_ms(10);                                     //延时 10 ms
    UP_I = fbm320_read_data();                        //读取传感器数据
    Calculate( UP_I, UT_I);                           //传感器数值换算
    *temperature = RT_I * 0.01f;                      //温度计算
    *pressure = RP_I;                                 //压强计算
}
```

3. 开发验证

（1）本系统中传感器数据上报的时间间隔为 20 s，通过 ZCloudWebTools 工具的"实时数据"可看到发送的传感器数据，如图 4.54 所示。

图 4.54　传感器数据

在地址框中输入 LTE 节点地址，即"LTE:868323027919627"，在数据框中输入"{airPressure=?}"，可以实时查询传感器数据，如图 4.55 所示。

（2）通过改变传感器的高度可以改变传感器的数据。

（3）修改系统中传感器数据定时上报的时间间隔，记录传感器数据的变化。

图 4.55　实时查询传感器数据

4.4.4　小结

本节先学习了 LTE 采集类程序的逻辑，了解通信协议的功能和数据格式，然后学习了传感器应用程序接口，以及 LTE 无线数据包收发函数、无线数据的封包与解包函数，最后通过 LTE 路网气象监测系统开发实践，理解系统软/硬件架构，掌握 LTE 采集类协议栈的应用开发框架、通信协议设计、传感器应用程序接口使用以及系统组网与调试。

4.4.5　思考与拓展

（1）LTE 的数据上报应用场景有哪些？
（2）LTE 数据发送为何要定义数据协议？
（3）LTE 的数据发送使用了哪个接口函数？
（4）修改程序，将传感器的数据采集时间间隔设为 50 s。
（5）如果系统中接入多个 LTE 节点，网络拓扑结构将如何变化？采集到的数据将如何处理？

4.5　LTE 交通灯控制系统开发与实现

为了提高城市道路交通的疏导效率，智慧城市系统引入了更加智能和高效的交通灯控制系统。通过远程精确地控制交通灯，根据实际的道路交通状况实时改变道路通行的时间，可以有效地缓解道路拥堵问题。

本节主要介绍控制类程序的开发，通过 LTE 交通灯控制系统来讲述 LTE 控制类程序的逻辑和接口，以及传感器应用程序接口。

4.5.1　学习与开发目标

（1）知识目标：LTE 控制类应用场景、LTE 数据接收与反馈机制、LTE 数据收发函数、LTE 控制类通信协议的设计。

（2）技能目标：掌握 LTE 控制类应用场景、掌握 LTE 数据收发函数的使用、掌握 LTE 控制类通信协议的设计。

（3）开发目标：构建 LTE 交通灯控制系统。

4.5.2 原理学习：LTE 控制类程序

1. LTE 控制类程序逻辑分析和通信协议设计

1）LTE 控制类程序逻辑分析

LTE 网络的功能之一是能够实现远程设备控制。为了满足实际需要，需要对远程电气设备进行控制，这就需要用户通过发送控制指令到节点，节点执行相应的操作，并反馈控制结果。

LTE 的远程设备控制有很多应用场景，如小黄车开锁、电网限电、城市路障控制、城市内涝抽水电机控制、绿化带自动喷灌系统等。如何利用 LTE 网络实现控制类程序设计呢？下面将对控制类程序的逻辑进行分析。

对于控制类程序，主要的关注点是了解节点对设备的控制是否有效和控制结果。控制类程序逻辑如图 4.56 所示。

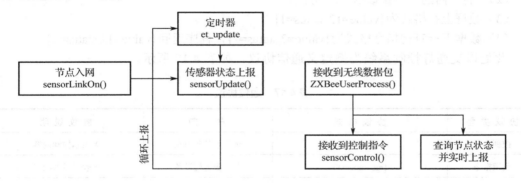

图 4.56 控制类程序逻辑

（1）节点发送控制指令，远程设备实时响应并执行操作。

（2）远程设备发送查询指令后，节点实时响应并反馈设备状态。

（3）传感器状态的上报。

具体如下：

（1）节点发送控制指令，远程设备实时响应并执行操作。该功能主要是远程设备执行控制指令。另外，节点要能够实时响应远程设备发送的控制指令，这对整个物联网系统而言是非常重要的。例如，当某个路段出现拥堵时，就需要改变交通灯的响应状态，就需要交通管理部门对路口交通灯进行实施干预。如果交通灯不能够实时响应操作，那么就有可能加重道路拥堵的状况。

（2）远程设备发送查询指令后，节点要实时响应并反馈设备状态。当远程设备向节点发出查询指令后，远程设备并不了解节点是否完成了对远程设备的控制。这种不确定性对于一个调节系统而言是非常危险的，所以需要通过查询指令来了解节点对设备的操作结果，以确保控制指令的有效性。

上述两种操作中其实是同时发送的，即发送一条控制指令后立即发送一条查询指令，当节点执行完控制操作后及时反馈执行结果。通过这种方式可以实现完整的远程设备控制操作。

（3）节点状态的实时上报。在节点受到外界环境影响时，如雷击或人为等因素造成了设备的重启，设备重启后的状态通常为默认状态，此时的设备状态通常与远程设备需要的控制状态不符，这时远程设备就可以重新发送控制指令让控制节点回到正常的工作状态上来。

2）LTE 控制类程序通信协议设计

一个完整的物联网综合系统，数据贯穿了感知层、网络层、服务层和应用层，数据在这四层之间层层传递，因此需要设计一种合适的通信协议来完成数据的封装与通信。

在物联网系统中，远程设备和节点分别处于通信的两端，要实现两者间的数据识别就需要约定通信协议，通过约定的通信协议，远程设备发送的控制和查询指令才能够被节点识别并执行。节点拥有两种操作逻辑事件，分别为：设备远程控制和设备状态查询。

控制类程序通信协议采用类 JSON 数据包格式，格式为{[参数]=[值],[参数]=[值]…}。

（1）每条数据以"{"作为起始字符。

（2）"{}"内的多个参数以","分隔。

（3）数据上行格式为{value=12,status=1}。

（4）数据下行查询指令格式为{value=?,status=?}，程序返回{value=12,status=1}。

此处以交通灯控制系统为例定义通信协议，如表 4.17 所示。

表 4.17　通信协议

协 议 类 型	协 议 格 式	方　　向	协 议 说 明
控制指令	{cmd=X}	远程设备到节点	X表示控制内容
反馈指令	{rgbStatus=X}	节点到远程设备	X表示设备状态
查询指令	{rgbStatus=?}	远程设备到节点	设备状态查询
混合指令	{cmd=X, rgbStatus=?}	远程设备到节点	执行控制后查询状态

2．LTE 控制类程序接口分析

1）LTE 控制类传感器应用程序接口分析

要实现远程设备控制功能就需要对整个功能进行分析。远程传设备控制依附于无线传感器网络，在建立无线传感器网络后，才能够进行传感器和系统任务的初始化，接着等待远程设备发送控制指令，当节点接收到控制指令时，通过约定的通信协议对无线数据包进行解包，解包完成后根据指令对相应的远程设备进行控制，然后将控制结果反馈给远程服务器。

传感器应用程序流程如图 4.57 所示。

传感器应用程序是在 sensor.c 文件中实现的，包括的接口函数如表 4.18 所示。

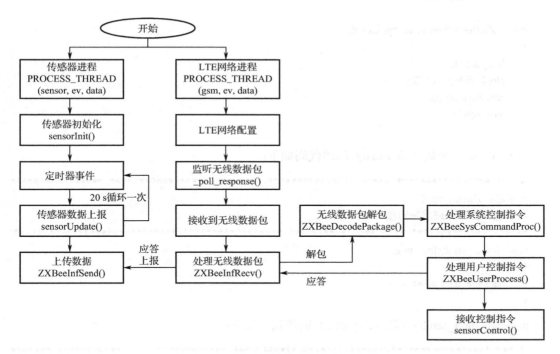

图 4.57　传感器应用程序逻辑流程

表 4.18　传感器应用程序的接口函数

函　数　名　称	函　数　说　明
sensorInit()	传感器初始化
sensoUpdate()	传感器实时数据上报
sensorControl()	传感器控制
ZXBeeUserProcess()	解析接收到的下行控制指令
PROCESS_THREAD(sensor, ev, data)	传感器进程

　　无线数据包的收发处理是在 zxbee-inf.c 文件中实现的，包括 LTE 无线数据包的收发函数，如表 4.19 所示。

表 4.19　无线数据包的收发函数

函　数　名　称	函　数　说　明
ZXBeeInfSend()	发送无线数据包给汇聚节点
ZXBeeInfRecv()	收到无线数据包

（1）ZXBeeInfSend() 函数的源代码如下：

```
/********************************************************************************
* 名称：ZXBeeInfSend
* 功能：ZXBee 底层发送接口
* 参数：p—ZXBee 格式数据；len—数据长度
********************************************************************************/
```

```
void    ZXBeeInfSend(char *p, int len)
{
    leds_on(1);
    clock_delay_ms(50);
    zhiyun_send(p);
    leds_off(1);
}
```

zhiyun_send()函数（zhiyun.c）的源代码如下：

```
/********************************************************************************
* 名称：zhiyun_send
* 功能：ZXBee 底层发送接口
********************************************************************************/
void zhiyun_send(char *pkg)
{
    package_data_send(pkg);
}
```

package_data_send()函数（zhiyun.c）的源代码如下：

```
/********************************************************************************
* 名称：package_data
* 功能：生成无线数据包并发送
* 返回：无线数据包长度
********************************************************************************/
int package_data_send(char *zxbee)
{
    if (tcp_con->status != TCP_STATUS_CONNECTED){
        return -1;
    }
    char *pbuf = gsm_tcp_buf();
    if (pbuf == NULL) {
        Debug("package_data(): error tcp buffer busy.\r\n");
        return -1;
    }
    int len = sprintf(pbuf, "{\"method\":\"sensor\",\"data\":\"%s\"}", zxbee);
    gsm_tcp_send(tcp_con, len);
    //修改心跳包时间
    etimer_set(&timer, CLOCK_SECOND*60);
    return len;
}
```

（2）ZXBeeInfRecv()函数的源代码如下：

```
/********************************************************************************
* 名称：ZXBeeInfRecv()
* 功能：节点收到无线数据包
********************************************************************************/
```

```
void ZXBeeInfRecv(char *buf, int len)
{
    char *p;
    leds_on(1);
    clock_delay_ms(50);
    p = ZXBeeDecodePackage(buf, len);
    if (p != NULL) {
        ZXBeeInfSend(p, strlen(p));
    }
    leds_off(1);
}
```

2）LTE 无线数据包解析应用程序

根据约定的通信协议，需要对无线数据进行封包和解包操作，无线数据的封包函数和解包函数是在 zxbee.c 文件中实现的，封包函数为 ZXBeeBegin()、ZXBeeAdd(char* tag, char* val)、ZXBeeEnd(void)，解包函数为 ZXBeeDecodePackage(char *pkg, int len)，如表 4.20 所示。

表 4.20　无线数据包解析应用程序接口函数

函 数 名 称	函 数 说 明
ZXBeeBegin()	增加 ZXBee 通信协议的帧头 "{"
ZXBeeEnd()	增加 ZXBee 通信协议的帧尾 "}"，并返回封包后的指针
ZXBeeAdd()	在 ZXBee 通信协议的无线数据包中添加数据
ZXBeeDecodePackage()	对接收到的无线数据包进行解包

（1）ZXBeeBegin()函数的源代码如下：

```
/***************************************************************************
* 名称：ZXBeeBegin()
* 功能：增加 ZXBee 通信协议的帧头 "{"
***************************************************************************/
void ZXBeeBegin(void)
{
    wbuf[0] = '{';
    wbuf[1] = '\0';
    char buf[16];
    sprintf(buf, "%d%d%s", CONFIG_RADIO_TYPE, CONFIG_DEV_TYPE, NODE_NAME);
    ZXBeeAdd("TYPE", buf);
}
```

（2）ZXBeeEnd()函数的源代码如下：

```
/***************************************************************************
* 名称：ZXBeeEnd()
* 功能：增加 ZXBee 通信协议的帧尾 "}"，并返回封包后的指针
* 参数：wbuf—返回封包后的指针
***************************************************************************/
```

```
char* ZXBeeEnd(void)
{
    int offset = strlen(wbuf);
    wbuf[offset-1] = '}';
    wbuf[offset] = '\0';
    if (offset > 12) return wbuf;
    return NULL;
}
```

（3）ZXBeeAdd()函数的源代码如下：

```
/*******************************************************************************
* 名称：ZXBeeAdd()
* 功能：在 ZXBee 通信协议的无线数据包中添加数据
* 参数：tag—变量；val—值
* 返回：len—数据长度
*******************************************************************************/
int8 ZXBeeAdd(char* tag, char* val)
{
    sprintf(&wbuf[strlen(wbuf)], "%s=%s,", tag, val);          //添加无线数据包键值对
    return strlen(wbuf);
}
```

（4）ZXBeeDecodePackage()函数的源代码如下：

```
/*******************************************************************************
* 名称：ZXBeeDecodePackage()
* 功能：对接收到的无线数据包进行解包
* 参数：pkg—数据；len—数据长度
* 返回：p—返回的无线数据包
*******************************************************************************/
char* ZXBeeDecodePackage(char *pkg, int len)
{
    char *p;
    char *ptag = NULL;
    char *pval = NULL;

    if (pkg[0] != '{' || pkg[len-1] != '}') return NULL;       //判断帧头、帧尾

    ZXBeeBegin();                                              //为返回的指令响应添加帧头

    pkg[len-1] = 0;
    p = pkg+1;                                                 //去掉帧头、帧尾
    do {
        ptag = p;
        p = strchr(p, '=');                                   //判断键值对内的 "="
        if (p != NULL) {
            *p++ = 0;                                         //提取 "=" 左边 ptag
```

```
                    pval = p;                                    //指针指向 pval
                    p = strchr(p, ',');                          //判断无线数据包内键值对分隔符 ","
                    if (p != NULL) *p++ = 0;                     //提取 "=" 右边 pval
                    int ret;
                    ret = ZXBeeSysCommandProc(ptag, pval);       //将提取出来的键值对指令并发送给系统
函数处理
                    if (ret < 0) {
                        ret = ZXBeeUserProcess(ptag, pval);      //将提取出来的键值对指令并发送给用户
函数处理
                    }
                }
            } while (p != NULL);                                 //当无线数据包未解析完, 则继续循环
            p = ZXBeeEnd();                                      //为返回的指令响应添加帧尾
            return p;
        }
```

3）LTE 交通灯控制系统设计

交通灯控制系统是智慧交通系统中的一个子系统,可根据实际的道路交通状况实时变更交通灯的道路通行时间,从而有效地缓解道路拥堵状况。

交通灯控制系统采用 LTE 技术,先部署 RGB 灯和 LTE 节点,然后连接到物联网云平台,最终通过交通灯控制系统进行控制,如图 4.58 所示。

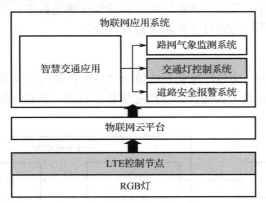

图 4.58　交通灯控制系统

3. RGB 灯

RGB 灯是以三原色共同交集成像的,此外,也有蓝光 LED 配合黄色荧光粉,以及紫外 LED 配合 RGB 荧光粉,这两种都有其成像原理,但是衰减问题与紫外线对人体的影响,都是短期内难以解决的问题。

在应用上,RGB 灯明显比白光 LED 多元化,如车灯、交通灯、橱窗灯等。当需要用到某一波段的灯光时,RGB 灯的混色可以随心所欲,相较之下,白光 LED 就比较单一。如果用在照明方面,则 RGB 灯又比较吃亏,因为照明主要关注白光的光通量、寿命及纯色等方面,目前 RGB 灯主要用在装饰灯方面。

随着 LED 照明技术的不断发展,LED 在建筑物景观照明等方面的商业应用越来越广泛。

这一类的 LED 照明可根据建筑物的外观进行设计，一般采用由红、绿、蓝三基色 LED 构成的 RGB 灯作为基本照明单元，用于制造色彩丰富的显示效果。

三基色加性混光是指利用红光、绿光和蓝光进行混光，产生各种色彩。根据国际照明委员会色度图可知，光的色彩与三基色 R、G 和 B 的光通量比例因子 f_R、f_G 和 f_B 有关，并且满足条件 $f_R+f_G+f_B=1$。调节 f_R、f_G 和 f_B 的值就可以输出各种色彩的光。不仅能够通过脉宽调制方式在某段时间内对 RGB 灯进行通断调节，也可以调节流过某颗 LED 的电流，从而调节其亮度，同时调节三颗 LED 的电流即可调节输出光的颜色和亮度。RGB 灯如图 4.59 所示。

图 4.59　RGB 灯

4.5.3　开发实践：LTE 交通灯控制系统设计

1．开发设计

项目任务目标是：本节以交通灯控制系统为例介绍控制类程序的开发，学习并掌握控制类程序的逻辑和接口。

为了满足对远程设备控制的模拟，LTE 交通灯控制系统采用 RGB 灯（传感器）。RGB 灯的控制是由 STM32 引脚输出的高低电平实现的。本系统定时获取并上报的传感器数据，当远程设备发出查询指令时，节点能够执行指令并反馈传感器数据。交通灯控制系统的实现可分为两个部分，分别为硬件功能设计和软件协议设计。

1）硬件功能设计

根据前面的分析可知，交通灯控制系统使用 RGB 灯作为对交通灯的模拟，节点定时采集并上报的传感器（RGB 灯）的数据，以此完成数据发送。交通灯控制系统的硬件框架如图 4.60 所示。

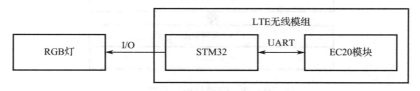

图 4.60　硬件框架

由图 4.60 可知，RGB 灯的亮灭是由 STM32 引脚输出的高低电平控制的，RGB 灯的硬件连接如图 4.61 所示。

图 4.61 中的 RGB 灯采用共阳极连接方式，即 RGB 灯的指公共端为阳极，受控端为阴极。RGB 灯的阳极连接电源，阴极则通过 1 kΩ 的限流电阻与 STM32 相连。STM32 的引脚只需要输出高低电平即可控制 RGB 的亮灭。

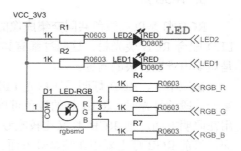

图 4.61　RGB 灯的硬件连接

2）软件协议设计

软件设计应符合协议栈的执行流程，首先进行 LTE 节点入网操作，当入网完成后，再进行传感器和用户任务的初始化。当用传感器任务被触发时，进行传感器数据的上报。当节点接收到查询指令时，那么节点就获取并上报传感器数据。如果获取的指令为控制指令，那么节点就执行相应的控制操作。

示例工程 LTETrafficLight 实现了智能交通灯控制系统，具有以下功能：

（1）节点入网后，每隔 20 s 上报一次传感器数据。

（2）远程设备可以发送查询指令读取当前的传感器数据。

（3）远程设备可以发送控制指令控制传感器。

示例工程 LTETrafficLight 采用类 JOSN 格式的通信协议，格式为{[参数]=[值],[参数]=[值]…}，如表 4.21 所示。

表 4.21　通信协议

协 议 类 型	协 议 格 式	方　　向	协 议 说 明
控制指令	{cmd=X}	远程设备到节点	X 表示控制内容
反馈指令	{rgbStatus=X}	节点到远程设备	X 表示设备传感器数据
查询指令	{rgbStatus=?}	远程设备到节点	查询传感器数据
混合指令	{cmd=X, rgbStatus=?}	远程设备到节点	执行控制指令后查询传感器数据

2．功能实现

1）LTE 交通灯控制系统应用程序分析

示例工程 LTETrafficLight 采用智云框架开发，实现了传感器（RGB 灯）的远程控制、传感器当前状态的查询、传感器状态的循环上报、无线数据的封包和解包等功能。下面详细分析交通灯控制系统的应用程序

（1）传感器应用部分：在 sensor.c 文件中实现，包括传感器初始化（sensorInit()）、传感器数据上报（sensorUpdate()）、传感器控制（sensorControl()）、处理下行的用户指令（ZXBeeUserProcess()）、传感器进程（PROCESS_THREAD(sensor, ev, data)）。

（2）传感器驱动是在 rgb.c 文件中实现的，实现了 RGB 灯初始化、打开 RGB 灯、关闭 RGB 灯等功能。

（3）无线数据包的收发是在 zxbee-inf.c 文件中实现的，包括无线数据包的收发函数。

（4）无线数据的封包和解包是在 zxbee.c 文件中实现的，封包函数为 ZXBeeBegin()、ZXBeeAdd(char* tag, char* val)、ZXBeeEnd(void)，解包函数为 ZXBeeDecodePackage(char *pkg, int len)。

2）LTE 交通灯控制系统应用程序设计

交通灯控制系统属于控制类传感器应用，主要完成传感器数据的定时上报。

（1）网络参数配置。网络参数的配置是在 contiki-conf.h 文件下完成的，配置内容如下：

```
#define CONFIG_ZHIYUN_IP        "api.zhiyun360.com"
#define CONFIG_ZHIYUN_PORT      28082
#define AID "12345678"
#define AKEY "ABCDEFGHIJKLMNOPQRSTUVWXYZ"
```

（2）启动传感器进程。运行 LTE 协议栈之后，可启动传感器进程（是通过 sensor.c 文件中的 PROCESS_THREAD(sensor, ev, data) 函数启动的）进行传感器应用处理，如传感器初始化、启动传感器定时任务（20 s 循环一次）、进行传感器数据上报。

```
PROCESS_THREAD(sensor, ev, data)
{
    static struct etimer et_update;
    PROCESS_BEGIN();
    ZXBeeInfInit();
    sensorInit();
    etimer_set(&et_update, CLOCK_SECOND*20);
    while (1) {
        PROCESS_WAIT_EVENT_UNTIL(ev == PROCESS_EVENT_TIMER);
        if (etimer_expired(&et_update)) {
            sensorUpdate();
            etimer_set(&et_update, CLOCK_SECOND*20);
        }
    }
    PROCESS_END();
}
```

（3）传感器初始化。传感器初始化函数 sensorInit() 的相关源代码如下：

```
void sensorInit(void)
{
    //初始化传感器代码
    rgb_init();
}
```

（4）传感器数据的定时上报。传感器数据的定时上报是通过 sensor.c 文件中的 sensorUpdate() 函数实现的，该函数先通过 rgbStatus 变量更新传感器数据，再通过 ZXBeeBegin()、ZXBeeAdd(char* tag, char* val)、ZXBeeEnd(void) 函数实现对无线数据的封包，最后通过 zxbee-inf.c 文件中的 ZXBeeInfSend(char *p, int len) 函数将数据包发送给应用层。

传感器数据的定时上报函数相关源代码如下：

```
void sensorUpdate(void)
{
    char pData[16];
    char *p = pData;
    ZXBeeBegin();
    sprintf(p, "%u", rgbStatus);                        //上报传感器数据（即 RGB 灯状态）
    ZXBeeAdd("rgbStatus", p);
    p = ZXBeeEnd();                                     //无线数据包帧尾
    if (p != NULL) {
        ZXBeeInfSend(p, strlen(p));
        //将需要上传的无线数据进行封包操作，并通过 zb_SendDataRequest() 发送到协调器
```

（5）接收数据处理。当接收到无线数据包时，会调用 zxbee-inf.c 文件中的 ZXBeeInfRecv()
函数对无线数据包进行解包，并将解包后的数据发送给应用层。

```
void ZXBeeInfRecv(char *buf, int len)
{
    char *p;
    leds_on(1);
    clock_delay_ms(50);
    p = ZXBeeDecodePackage(buf, len);
    if (p != NULL) {
        ZXBeeInfSend(p, strlen(p));
    }
    leds_off(1);
}
```

zxbee.c 文件中的 ZXBeeDecodePackage()函数用于对无线数据包进行解析，该函数首先调
用 zxbee-sys-command.c 文件中的 ZXBeeSysCommandProc()函数进行系统指令处理，然后调
用 sensor.c 文件中的 ZXBeeUserProcess()函数进行用户指令处理。

接收数据处理函数 ZXBeeUserProcess()相关源代码如下：

```
int ZXBeeUserProcess(char *ptag, char *pval)
{
    int val;
    int ret = 0;
    char pData[16];
    char *p = pData;
    //将字符串变量 pval 解析转换为整型变量并赋值
    val = atoi(pval);
    //控制指令解析
    if (0 == strcmp("cmd", ptag)){                    //传感器（RGB 灯）控制指令
        sensorControl(val);
    }
    if (0 == strcmp("rgbStatus", ptag)){              //查询指令
        if (0 == strcmp("?", pval)){
            ret = sprintf(p, "%u", rgbStatus);
            ZXBeeAdd("rgbStatus", p);
        }
    }
    return ret;
}
```

（6）传感器控制。相关的源代码如下：

```
void sensorControl(uint8_t cmd)
{
    //根据 cmd 参数处理对应的控制程序
```

```
        if ((cmd & 0x01) == 0x01){                          //RGB 灯控制位：bit0～bit1
            if ((cmd & 0x02) == 0x02){                      //cmd 为 3，亮黄灯
                rgb_on(0x02);
                rgb_off(0x04);
            } else{                                         //cmd 为 1，亮红灯
                rgb_on(0x01);
                rgb_off(0x02);
                rgb_off(0x04);
            }
        } else if ((cmd & 0x02) == 0x02){                   //cmd 为 2，亮绿灯
            rgb_off(0x01);
            rgb_on(0x02);
            rgb_off(0x04);
        } else if (cmd == 0x0){                             //cmd 为 0，灯灭
            rgb_off(0x01);
            rgb_off(0x02);
            rgb_off(0x04);
        }
        rgbStatus = cmd;
    }
```

3）LTE 交通灯控制系统驱动设计

传感器（RGB 灯）驱动程序是在 rgb.c 文件中实现的，STM32 通过 I/O 接口实现对传感器的远程控制，如表 4.22 所示。

表 4.22　传感器驱动程序的接口函数

函 数 名 称	函 数 说 明
rgb_init(void)	传感器初始化
rgb_on(unsigned char rgb)	打开 RGB 灯
rgb_off(unsigned char rgb)	关闭 RGB 灯

（1）传感器 RGB 灯初始化。

```
/*****************************************************************************
* 名称：rgb_init()
* 功能：RGB 灯控制引脚初始化
*****************************************************************************/
void rgb_init(void)
{
    GPIO_InitTypeDef    GPIO_InitStructure;                  //使能 PA 端口时钟
    RCC_APB2PeriphClockCmd(RCC_APB2Periph_GPIOB, ENABLE);    //使能 PB 端口时钟
    GPIO_InitStructure.GPIO_Pin = GPIO_Pin_1 | GPIO_Pin_0;
    GPIO_InitStructure.GPIO_Speed = GPIO_Speed_2MHz;
    GPIO_InitStructure.GPIO_Mode = GPIO_Mode_Out_PP;
    GPIO_Init(GPIOB, &GPIO_InitStructure);
    GPIO_InitStructure.GPIO_Pin = GPIO_Pin_3;
```

```
        GPIO_Init(GPIOA, &GPIO_InitStructure);
        rgb_off(0x01);                                          //初始状态为关闭
        rgb_off(0x02);
        rgb_off(0x04);
}
```

（2）打开 RGB 灯。

```
/**************************************************************************
* 名称：rgb_on()
* 功能：打开 RGB 灯函数
* 参数：RGB 灯，在 rgb.h 中宏定义为 RGB_R、RGB_G、RGB_B
* 返回：0 表示成功打开 RGB 灯，-1 表示参数错误
* 注释：参数只能填入 RGB_R、RGB_G、RGB_B，否则会返回-1
**************************************************************************/
signed char rgb_on(unsigned char rgb)
{
        if(rgb & 0x01){                                        //如果要打开 RGB_R
            GPIO_ResetBits(RGB_R_port,RGB_R);
            return 0;
        } if(rgb & 0x02){                                      //如果要打开 RGB_G
            GPIO_ResetBits(RGB_G_port,RGB_G);
            return 0;
        } if(rgb & 0x04){                                      //如果要打开 RGB_B
            GPIO_ResetBits(RGB_B_port,RGB_B);
            return 0;
        }
        return -1;                                             //参数错误，返回-1
}
```

（3）关闭 RGB 灯传感器。

```
/**************************************************************************
* 名称：rgb_off()
* 功能：关闭 RGB 灯函数
* 参数：RGB 灯，在 rgb.h 中宏定义为 RGB_R、RGB_G、RGB_B
* 返回：0 表示成功关闭 RGB 灯，-1 表示参数错误
* 注释：参数只能填入 RGB_R、RGB_G、RGB_B，否则会返回-1
**************************************************************************/
signed char rgb_off(unsigned char rgb)
{
        if(rgb & 0x01){                                        //如果要关闭 RGB_R
            GPIO_SetBits(RGB_R_port,RGB_R);
            return 0;
        }
        if(rgb & 0x02){                                        //如果要关闭 RGB_G
            GPIO_SetBits(RGB_G_port,RGB_G);
            return 0;
```

```
    }
    if(rgb & 0x04){                          //如果要关闭 RGB_B
        GPIO_SetBits(RGB_B_port,RGB_B);
        return 0;
    }
    return -1;                               //参数错误，返回-1
}
```

3．开发验证

（1）根据程序设定，传感器每隔 20 s 会上传一次数据（RGB 灯状态）到应用层。

（2）通过 ZCloudWebToos 工具可以控制 RGB 灯的开启和关闭，其中，cmd=0 表示 RGB 灯灭，cmd=1 表示 RGB 灯为红灯，cmd=2 表示 RGB 灯为绿灯，cmd=3 表示 RGB 灯为黄灯。

在 地 址 框 中 输 入 LTE 节点地址即"LTE:868323027919627"，在数据框中输入"{cmd=3,rgbStatus=?}"，可以实时控制并查询 RGB 灯的状态，如图 4.62 所示。

地址	LTE:868323027919627	数据	{cmd=3,rgbStatus=?}	发送

数据过滤 所有数据 清空空数据	MAC地址	信息	时间
LTE:868323027919627	LTE:868323027919627	{rgbStatus=3}	8/28/2018 9:30:8
	LTE:868323027919627	{rgbStatus=3}	8/28/2018 9:29:48
	LTE:868323027919627	{rgbStatus=3}	8/28/2018 9:29:28
	LTE:868323027919627	{rgbStatus=3}	8/28/2018 9:29:8
	LTE:868323027919627	{rgbStatus=3}	8/28/2018 9:29:7
	LTE:868323027919627	{rgbStatus=2}	8/28/2018 9:28:48
	LTE:868323027919627	{rgbStatus=1}	8/28/2018 9:28:28

图 4.62　实时控制并查询 RGB 灯的状态

4.5.4　小结

本节先介绍了 LTE 控制类程序的逻辑和接口，然后介绍了控制类传感器应用程序，最后构建了 LTE 交通灯控制系统。

4.5.5　思考与拓展

（1）LTE 的远程设备控制的要点是什么？
（2）LTE 的数据收发使用了哪些接口函数？
（3）设计程序实现 RGB 灯的控制。
（4）尝试在一个十字路口实现 4 个交通灯的关联控制。

4.6　LTE 道路安全报警系统开发与实现

随着省道、国道的大规模建设，维护和保障众多路段的难度也在不断加大，尤其是在某些偏远山区，路段受地质影响极易滑坡或地表龟裂等，派人去不同路段巡逻，成本高、效果差。因此在智慧交通系统中引入道路安全报警系统变得尤为重要。当监测到地质灾害时，可以及时上报道路危险报警，为道路管理部门提供道路帮助，从而降低道路维护成本。

本节主要介绍安防类程序的开发，以及安防类传感器应用程序的开发，通过 LTE 道路安全报警系统，实现对 LTE 安防类程序接口的学习与开发实践。

4.6.1　学习与开发目标

（1）知识目标：LTE 远程信息报警的应用场景、LTE 数据的收发，以及 LTE 通信协议的设计。

（2）技能目标：了解 LTE 远程信息报警的应用场景，掌握 LTE 数据接收与发送函数的使用，掌握 LTE 通信协议的设计。

（3）开发目标：构建 LTE 道路安全报警系统。

4.6.2　原理学习：LTE 安防类程序

1．LTE 安防类程序的逻辑分析和通信协议设计

1）LTE 安防类程序的逻辑分析

LTE 网络的功能之一是能够实现对监测信息的报警，通过 LTE 节点将报警信息发送到远程服务器，从而为数据分析和处理提供支持。

LTE 远程信息报警系统的应用场景有很多，如家居非法人员闯入、环境参数超过阈值、城市低洼涵洞隧道内涝报警、桥梁振动位移报警、车辆内人员滞留报警等。如何利用 LTE 网络实现远程信息报警系统的程序设计呢？下面将对远程信息报警系统的程序逻辑进行分析。

远程信息报警系统的程序逻辑如图 4.63 所示。

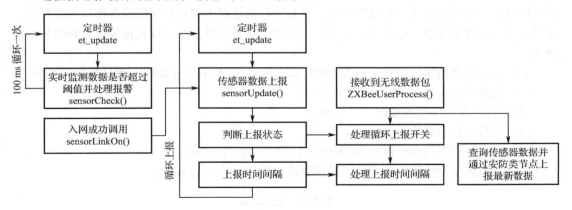

图 4.63　远程信息报警系统的程序逻辑

（1）定时获取并上报安全信息。

（2）当监测到报警信息时系统能迅速上报报警信息。

（3）当报警信息解除时系统能够恢复正常。

（4）当接收到查询指令时，节点能够响应查询指令并反馈安全信息。

具体如下：

（1）定时获取并上报安全信息。在一个监测系统中，远程设备需要不断了解节点所采集的安全信息，安全信息只有不断更新，系统的持续性安全才能得到保障。如果安全信息不能够持续更新，那么在远程设备出现故障或遭到人为破坏时将会造成危险后果，因此安全信息的持续上报可以降低系统安全的不确定性。

（2）当监测到报警信息时系统能够迅速上报报警信息。一个节点如果不能够及时上报报警信息，则该节点的安防功能是失效的。例如，对于道路安全报警系统，当路段发生大面积山体滑坡或者泥石流导致路段被毁时，如果不能及时上报路段情况，那么有可能造成巨大的经济损失和人员伤亡。所以报警信息的及时上报是安防类节点的关键功能。

（3）当报警信息解除时系统能够恢复正常。在物联网系统中，所有设备都不是一次性的，很多设备都是要重复利用的。所以当报警信息解除时系统应当能够回到正常状态，这就需要节点能够发出安全信息，从而让系统从危险警戒状态退出。

另外，节点的安全信息与报警信息发送的实时性也不同，安全信息可以一段时间内更新一次，如半分钟或一分钟。而报警信息则相对紧急，报警信息的上报频率要保持在每秒进行一次，也就是说，要对报警信息的变化进行实时监控，以确保对报警信息变化的实时掌握。

（4）当接收到查询指令时，节点能够响应查询指令并反馈安全信息。当管理员需要对设备进行调试或者主动查询当前的安全状态时，就需要通过远程设备向节点主动发送查询指令，用以查询当前的安全状态。

2）LTE 安防类程序通信协议设计

一个完整的物联网综合系统，数据贯穿了感知层、网络层、服务层和应用层，数据在这四层之间层层传递，因此需要设计一种合适的通信协议来完成数据的封装与通信。

节点要将报警信息打包上报，并能够让远程设备识别，或者远程设备向节点发送的信息能够被响应，就需要定义一套通信协议，这套通信协议对于节点和远程设备都是约定好的。节点分为三种逻辑场景，分别为：安全信息上报、报警信息上报，以及报警信息解除和查询响应。

安防类程序通信协议设计采用类 JSON 数据包格式，格式为{[参数]=[值],[参数]=[值]…}。

（1）每条数据以"{"作为起始字符。

（2）"{}"内的多个参数以","分隔。

（3）数据上行格式为{status=1}。

（4）数据下行查询指令格式为{status=?}，程序返回{status=1}。

本节以道路安全报警为例定义了通信协议内容，如表 4.23 所示。

表 4.23　通信协议

协议类型	协议格式	方向	说明
发送指令	{shockStatus=X}	节点到远程设备	X表示安全状态
查询指令	{shockStatus=?}	远程设备到节点	查询安全状态

2. LTE 安防类应用程序接口分析

1）LTE 传感器应用程序接口分析

要实现远程信息报警功能，就需要对整个功能进行分析。远程信息报警功能依附于无线传感器网络，在建立无线传感器网络之后，才能够进行传感器和系统任务的初始化，此后每次任务执行时都会采集一次传感器数据，并发送至协调器，最终通过服务器和互联网被用户使用。为了保证数据的实时更新，还需要设置传感器数据的上报时间间隔，如每分钟上报一次等。安防类程序的逻辑如图 4.64 所示。

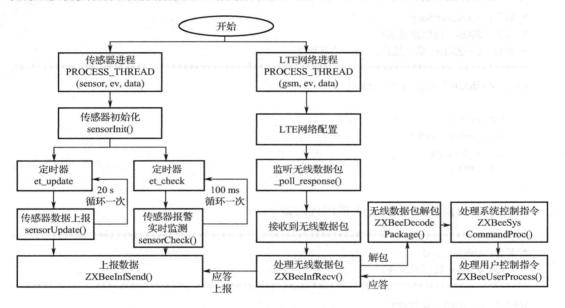

图 4.64　安防类程序的逻辑

传感器应用程序是在 sensor.c 文件中实现的，包括的接口函数如表 4.24 所示。

表 4.24　传感器应用程序接口函数

函 数 名 称	函 数 说 明
sensorInit()	传感器初始化
sensorLinkOn()	传感器节点入网
sensorUpdate()	传感器数据实时上报
sensorCheck()	实时监测传感器报警状态，并实时上报
ZXBeeUserProcess()	解析接收到的下行控制指令
PROCESS_THREAD(sensor, ev, data)	传感器进程

2）LTE 无线数据包收发应用程序

无线数据包的收发是在 zxbee-inf.c 文件中实现的，包括无线数据包的收发函数，如表 4.25 所示。

表 4.25　无线数据包的接收/发送函数

函 数 名 称	函 数 说 明
ZXBeeInfSend()	发送无线数据包
ZXBeeInfRecv()	接收无线数据包

（1）ZXBeeInfSend()函数的源代码如下：

```
/***********************************************************************************
* 名称：ZXBeeInfSend
* 功能：ZXBee 底层发送接口
* 参数：p—ZXBee 格式数据；len—数据长度
***********************************************************************************/
void   ZXBeeInfSend(char *p, int len)
{
    leds_on(1);
    clock_delay_ms(50);
    zhiyun_send(p);
    leds_off(1);
}
```

zhiyun_send()函数（zhiyun.c）的源代码如下：

```
/***********************************************************************************
* 名称：zhiyun_send
* 功能：ZXBee 底层发送接口
***********************************************************************************/
void zhiyun_send(char *pkg)
{
    package_data_send(pkg);
}
```

package_data_send()函数（zhiyun.c）的源代码如下：

```
/***********************************************************************************
* 名称：package_data
* 功能：生成无线数据包并发送
* 返回：无线数据包长度
***********************************************************************************/
int package_data_send(char *zxbee)
{
    if (tcp_con->status != TCP_STATUS_CONNECTED){
        return -1;
    }
    char *pbuf = gsm_tcp_buf();
    if (pbuf == NULL) {
        Debug("package_data(): error tcp buffer busy.\r\n");
        return -1;
```

```
    }
    int len = sprintf(pbuf, "{\"method\":\"sensor\",\"data\":\"%s\"}", zxbee);
    gsm_tcp_send(tcp_con, len);
    //修改心跳包时间
    etimer_set(&timer, CLOCK_SECOND*60);
    return len;
}
```

（2）ZXBeeInfRecv()函数的源代码如下：

```
/*********************************************************************
* 名称：ZXBeeInfRecv()
* 功能：接收无线数据包
*********************************************************************/
void ZXBeeInfRecv(char *buf, int len)
{
    char *p;
    leds_on(1);
    clock_delay_ms(50);
    p = ZXBeeDecodePackage(buf, len);
    if (p != NULL) {
        ZXBeeInfSend(p, strlen(p));
    }
    leds_off(1);
}
```

3）LTE 无线数据包解析应用程序

根据约定的通信协议，需要对无线数据进行封包和解包操作，无线数据的封包函数和解包函数是在 zxbee.c 文件中实现的，封包函数为 ZXBeeBegin()、ZXBeeAdd(char* tag, char* val)、ZXBeeEnd(void)，解包函数为 ZXBeeDecodePackage(char *pkg, int len)，如表 4.26 所示。

表 4.26　无线数据包解析函数

函 数 名 称	函 数 说 明
ZXBeeBegin()	增加 ZXBee 通信协议的帧头 "{"
ZXBeeEnd()	增加 ZXBee 通信协议的帧尾 "}"，并返回封包后的指针
ZXBeeAdd()	在 ZXBee 通信协议的无线数据包中添加数据
ZXBeeDecodePackage()	对接收到的无线数据包进行解包

（1）ZXBeeBegin()函数的源代码如下：

```
/*********************************************************************
* 名称：ZXBeeBegin()
* 功能：增加 ZXBee 通信协议的帧头 "{"
*********************************************************************/
void ZXBeeBegin(void)
{
```

```
    wbuf[0] = '{';
    wbuf[1] = '\0';
    char buf[16];
    sprintf(buf, "%d%d%s", CONFIG_RADIO_TYPE, CONFIG_DEV_TYPE, NODE_NAME);
    ZXBeeAdd("TYPE", buf);
}
```

（2）ZXBeeEnd()函数的源代码如下：

```
/*********************************************************************************
* 名称：ZXBeeEnd()
* 功能：增加 ZXBee 通信协议的帧尾"}"，并返回封包后的指针
* 参数：wbuf—返回封包后的指针
*********************************************************************************/
char* ZXBeeEnd(void)
{
    int offset = strlen(wbuf);
    wbuf[offset-1] = '}';
    wbuf[offset] = '\0';
    if (offset > 12) return wbuf;
    return NULL;
}
```

（3）ZXBeeAdd()函数的源代码如下：

```
/*********************************************************************************
* 名称：ZXBeeAdd()
* 功能：在 ZXBee 通信协议的无线数据包中添加数据
* 参数：tag—变量；val—值
* 返回：len—数据长度
*********************************************************************************/
int8 ZXBeeAdd(char* tag, char* val)
{
    sprintf(&wbuf[strlen(wbuf)], "%s=%s,", tag, val);     //添加数据包键值对
    return strlen(wbuf);
}
```

（4）ZXBeeDecodePackage()函数的源代码如下：

```
/*********************************************************************************
* 名称：ZXBeeDecodePackage()
* 功能：对接收到的无线数据包进行解包
* 参数：pkg—数据；len—数据长度
* 返回：p—返回的数据包
*********************************************************************************/
char* ZXBeeDecodePackage(char *pkg, int len)
{
    char *p;
    char *ptag = NULL;
```

```
char *pval = NULL;
if (pkg[0] != '{' || pkg[len-1] != '}')
return NULL;                              //判断帧头、帧尾
ZXBeeBegin();                             //为返回的指令响应添加帧头
pkg[len-1] = 0;
p = pkg+1;                                //去掉帧头、帧尾
do {
    ptag = p;
    p = strchr(p, '=');                  //判断键值对内的 "="
    if (p != NULL) {
        *p++ = 0;                        //提取 "=" 左边 ptag
        pval = p;                        //指针指向 pval
        p = strchr(p, ',');              //判断无线数据包内键值对分隔符 ","
        if (p != NULL) *p++ = 0;         //提取 "=" 右边 pval
        int ret;
        ret = ZXBeeSysCommandProc(ptag, pval); //将提取出来的键值对指令发送给系统函数处理
        if (ret < 0) {
            ret = ZXBeeUserProcess(ptag, pval);  //将提取出来的键值对指令发送给用户函数处理
        }
    }
} while (p != NULL);                      //当无线数据包未解析完，则继续循环
p = ZXBeeEnd();                           //为返回的指令响应添加帧尾
return p;
}
```

4）LTE 道路安全报警系统设计

道路安全报警系统是智慧交通系统中的一个子系统，当监测到地质灾害时，可以通过道路安全报警系统及时上报道路的危险警报，为道路管理部门提供帮助，从而降低道路维护成本。

道路安全报警系统采用 LTE 技术，通过部署振动传感器和 LTE 安防类节点，将采集到的数据发送到物联网云平台，最终通过道路安全报警系统进行实时报警，如图 4.65 所示。

3．振动探测器

常用的振动传感器有电涡流振动传感器、光纤光栅振动传感器、振动加速度传感器、振动速度传感器

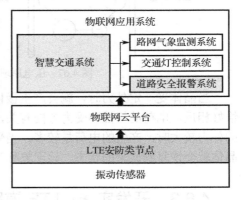

图 4.65　道路安全报警系统

4 种，每种振动传感器都需要在其自身频率响应特性内工作，如果超出了其线性频率响应区域，得到的测量结果将会有较大的偏差。

电涡流振动传感器的头部有一个线圈，此线圈利用高频电流产生交变磁场，如果待测量的物体表面具有一定的铁磁性能，那么此交变磁场将会产生一个电涡流，电涡流会产生另一个磁场，这个磁场与传感器的磁场在方向上恰好相反，所以对传感器有一定的阻抗性。电涡

流振动传感器的结构和原理如图 4.66 所示。

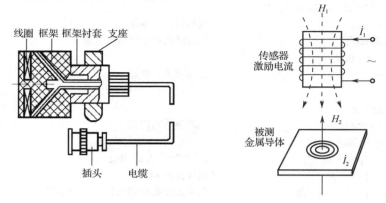

图 4.66　电涡流振动传感器的结构和原理

　　振动速度传感器的内部结构一般由一个被固定的永久性磁铁和一个被弹簧固定的线圈构成，当存在振动时，永久性磁铁会随着外壳和物体一同振动，此时的线圈由于惯性却不能和磁铁一起振动，线圈以一定的速度切割磁体产生磁力线，最终产生电动势。输出的电动势大小和磁通量的大小、线圈参数和线圈切割磁力线的速度成正比。

　　振动加速度传感器是以某些晶体元件受力后会在其表面产生不同电荷的压电效应为原理工作的，压电原理如图 4.67 所示，振动加速度传感器的结构模型如图 3.25 所示。

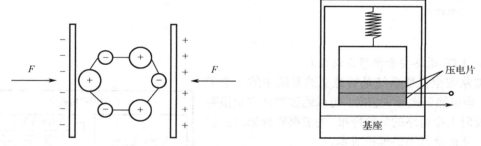

图 4.67　压电原理和振动加速度传感器的结构模型

　　当晶体受一定外力时，就会产生极化现象，在晶体的两个表面产生电荷，且电荷的极性恰好相反。电荷的极性和受力方向有关，电荷的极性会随着受力方向的改变而改变；当受到的外力较大时，产生的电荷量较多，当受到的外力较小时，产生的电荷量较少外力消失后，晶体就会恢复到原来的状态，该现象称为正压电效应。

4.6.3　开发实践：LTE 道路安全报警系统设计

1. 开发设计

　　项目任务目标是：道路安全报警系统是保证道路安全的重要环节，本节以道路安全报警系统为例学习安防类应用程序的开发。

　　为了满足对 LTE 应用程序接口的充分使用，基于 LTE 道路安全报警系统采用振动传感器来采集振动信号。当检测到振动信号时，每 3 s 上报一次报警信息；当未检测到振动信号时，每 20 s 上报一次安全信息；当接收到查询指令时，节点获取安全状态后发送至远程设备。

道路安全报警系统的实现可分为两个部分，分别为硬件功能设计和软件协议设计。

1）硬件功能设计

根据前面的分析可知，为了实现对传感器数据上报的模拟，本系统使用振动传感器作为警报信息来源，通过振动传感器定时获取并上报数据。道路安全报警系统的硬件框架如图 4.68 所示。

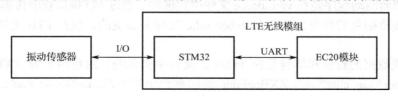

图 4.68　硬件框架

由图 4.68 可知，传感器数据的读取是由 STM32 通过 I/O 接口实现的。振动传感器的硬件连接如图 4.69 所示。

图 4.69 中，S1 为振动传感器，当没有振动时 S1 断开，此时由于 R3 提供了下拉电位，所以 SHAKE 引脚为低电平；当有振动时 S1 为闭合，此时 SHAKE 引脚为高电平。振动传感器的信号输出引脚与 STM32 的 PB0 引脚相连。

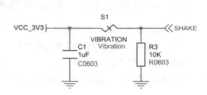

图 4.69　振动传感器的硬件连接

2）软件协议设计

软件设计应符合 LTE 协议栈的执行流程。首先进行 LTE 节点入网操作，在成功入网后，启动传感器进程，在进程中实现传感器的初始化。在触发更新时间和报警事件时，上报安全状态和安全信息；当节点接收到远程设备发送的查询指令时，节点获取当前安全信息并返回结果。

示例工程 LTEShock 实现了道路安全报警系统，具有以下功能：

（1）节点入网后，每隔 20 s 上报一次传感器数据。

（2）程序每隔 100 ms 检测一次振动传感器数据，若采集到振动信号则每隔 3 s 上报一次报警状态。

（3）运程设备可以发送查询指令来读取最新的传感器数据。

示例工程 LTEShock 采用类 JOSN 格式的通信协议，格式为{[参数]=[值],[参数]=[值]…}，如表 4.27 所示。

表 4.27　通信协议

协 议 类 型	协 议 格 式	方　　向	说　　明
控制指令	{shockStatus=X}	节点到远程设备	X 表示安全状态
查询指令	{shockStatus=?}	远程设备到节点	查询节点安全状态

2．功能实现

1）LTE 道路安全报警系统应用程序的逻辑分析

示例工程 LTEShock 采用智云框架开发，实现了传感器数据定时上报、传感器数据的查询、无线数据的封包和解包等功能。下面详细分析道路安全报警系统应用程序的逻辑。

（1）传感器应用程序是在 sensor.c 文件中实现的，包括传感器初始化（sensorInit()）、传感器数据的定时上报（sensorUpdate()）、传感器报警的实时监测和处理（sensorCheck()）、处理下行的用户指令（ZXBeeUserProcess()）、传感器进程（PROCESS_THREAD(sensor, ev, data)）。

（2）传感器驱动程序是在 vibration.c 文件中实现的，通过 I/O 接口获取传感器的数据。

（3）无线数据包的收发处理是在 zxbee-inf.c 文件中实现的，包括 LTE 无线数据包的收发函数。

（4）无线数据的封包和解包是在 zxbee.c 文件中实现的，封包函数为 ZXBeeBegin()、ZXBeeAdd(char* tag, char* val)、ZXBeeEnd(void)，解包函数为 ZXBeeDecodePackage(char *pkg, int len)。

2）LTE 道路安全报警系统应用程序的设计

道路安全报警系统属于安防类传感器应用，主要完成传感器数据的定时上报。

（1）网络参数配置。网络参数的配置是在 contiki-conf.h 文件下完成的，配置内容如下：

```
#define CONFIG_ZHIYUN_IP          "api.zhiyun360.com"
#define CONFIG_ZHIYUN_PORT        28082
#define AID "12345678"
#define AKEY "ABCDEFGHIJKLMNOPQRSTUVWXYZ"
```

（2）启动传感器进程。运行 LTE 协议栈之后，可启动传感器进程（是通过 sensor.c 文件中的 PROCESS_THREAD(sensor, ev, data)函数启动的）来进行传感器应用处理，如传感器初始化、启动传感器定时任务（20 s 循环一次）、传感器数据的定时上报。

```
PROCESS_THREAD(sensor, ev, data)
{
    static struct etimer et_update;
    static struct etimer et_check;
    PROCESS_BEGIN();
    ZXBeeInfInit();
    sensorInit();
    etimer_set(&et_update, CLOCK_SECOND*20);
    etimer_set(&et_check, CLOCK_SECOND/10); //100 Hz
    while (1) {
        PROCESS_WAIT_EVENT_UNTIL(ev == PROCESS_EVENT_TIMER);
        if (etimer_expired(&et_check)) {
            sensorCheck();
            etimer_set(&et_check, CLOCK_SECOND/10);
        }
        if (etimer_expired(&et_update)) {
            sensorUpdate();
            etimer_set(&et_update, CLOCK_SECOND*20);
        }
    }
    PROCESS_END();
}
```

（3）传感器初始化。传感器初始化函数 sensorInit()的相关源代码如下：

```
void sensorInit(void)
{
    //初始化传感器
    vibration_init();
}
```

（4）传感器数据的定时上报。传感器数据的定时上报是通过 sensor.c 文件中的 sensorUpdate()函数实现的，该函数首先调用 updateFire()更新传感器数据，然后通过 ZXBeeBegin()、ZXBeeAdd(char* tag, char* val)、ZXBeeEnd(void)函数实现对无线数据的封包，最后通过 zxbee-inf.c 文件中的 ZXBeeInfSend(char *p, int len)函数将无线数据包发送给应用层。

传感器数据的定时上报函数相关源代码如下：

```
void sensorUpdate(void)
{
    char pData[16];
    char *p = pData;
    //更新传感器数据
    updateShock();
    ZXBeeBegin();                          //无线数据包帧头
    sprintf(p, "%u", shockStatus);
    ZXBeeAdd("shockStatus", p);
    p = ZXBeeEnd();                        //无线数据包帧尾
    if (p != NULL) {
        ZXBeeInfSend(p, strlen(p));        //将无线数据包上传到智云平台
    }
    printf("sensor->sensorUpdate(): shockStatus=%u\r\n", shockStatus);
}
```

（5）接收数据处理。当接收到无线数据包时，调用 zxbee-inf.c 文件中的 ZXBeeInfRecv() 函数对无线数据包进行解包，并将解包后的数据发送给应用层。

```
void ZXBeeInfRecv(char *buf, int len)
{
    char *p;
    leds_on(1);
    clock_delay_ms(50);
    p = ZXBeeDecodePackage(buf, len);
    if (p != NULL) {
        ZXBeeInfSend(p, strlen(p));
    }
    leds_off(1);
}
```

zxbee.c 文件中的 ZXBeeDecodePackage()函数用于对无线数据包进行解析，该函数先调用 zxbee-sys-command.c 文件中的 ZXBeeSysCommandProc()函数进行系统指令处理，然后调用 sensor.c 文件中的 ZXBeeUserProcess()函数进行用户指令处理。

接收数据处理函数 ZXBeeUserProcess()相关源代码如下：

```
int ZXBeeUserProcess(char *ptag, char *pval)
{
    int val;
    int ret = 0;
    char pData[16];
    char *p = pData;
    //将字符串变量 pval 解析转换为整型变量并赋值
    val = atoi(pval);
    //控制指令解析
    if (0 == strcmp("cmd", ptag)){                          //控制指令
        sensorControl(val);
    }
    if (0 == strcmp("rgbStatus", ptag)){                    //执行查询指令
        if (0 == strcmp("?", pval)){
            ret = sprintf(p, "%u", rgbStatus);
            ZXBeeAdd("rgbStatus", p);
        }
    }
    return ret;
}
```

（6）传感器监测报警。

```
void sensorCheck(void)
{
    static char lastShockStatus = 0;
    static uint32_t ct0=0;
    char pData[16];
    char *p = pData;
    //更新传感器数据
    updateShock();
    ZXBeeBegin();
    if (lastShockStatus != shockStatus || (ct0 != 0 && clock_time() > (ct0+3000))) {
        sprintf(p, "%u", shockStatus);
        ZXBeeAdd("shockStatus", p);
        ct0 = clock_time();
        if (shockStatus == 0) {
            ct0 = 0;
        }
        lastShockStatus = shockStatus;
    }
    p = ZXBeeEnd();
    if (p != NULL) {
        int len = strlen(p);
        ZXBeeInfSend(p, len);
    }
}
```

3）LTE 道路安全报警系统驱动程序设计

传感器驱动程序是在 vibration.c 文件中实现的，STM32 通过 I/O 接口实现对传感器的远程控制，如表 4.28 所示。

表 4.28   传感器的驱动程序接口函数

函 数 名 称	函 数 说 明
vibration_init(void)	传感器初始化
get_vibration_status(void)	获取传感器数据

（1）传感器初始化。

```
/*****************************************************************************
* 名称：vibration_init()
* 功能：传感器初始化
*****************************************************************************/
void vibration_init(void)
{
    GPIO_InitTypeDef    GPIO_InitStructure;
    RCC_APB2PeriphClockCmd(RCC_APB2Periph_GPIOB, ENABLE);        //使能 PA 端口时钟
    GPIO_InitStructure.GPIO_Pin = GPIO_Pin_0;
    GPIO_InitStructure.GPIO_Speed = GPIO_Speed_2MHz;
    GPIO_InitStructure.GPIO_Mode = GPIO_Mode_IN_FLOATING;
    GPIO_Init(GPIOB, &GPIO_InitStructure);
}
```

（2）获取振动传感器数据。

```
/*****************************************************************************
* 名称：unsigned char get_vibration_status(void)
* 功能：获取振动传感器数据
*****************************************************************************/
unsigned char get_vibration_status(void)
{
    if(GPIO_ReadInputDataBit(GPIOB,GPIO_Pin_0))        //监测传感器引脚
        return 0;                                      //没有监测到振动信号返回 0
    else
        return 1;                                      //监测到振动信号返回 1
}
```

3. 开发验证

（1）传感器数据上报的时间间隔为 20 s，通过 ZCloudWebTools 工具的"实时数据"可以看到发送传感器数据。在地址框中输入 LTE 节点地址，即"LTE:868323027919627"，在数据框中输入"{shockStatus=?}"，可以查询传感器数据。验证效果如图 4.70 所示。

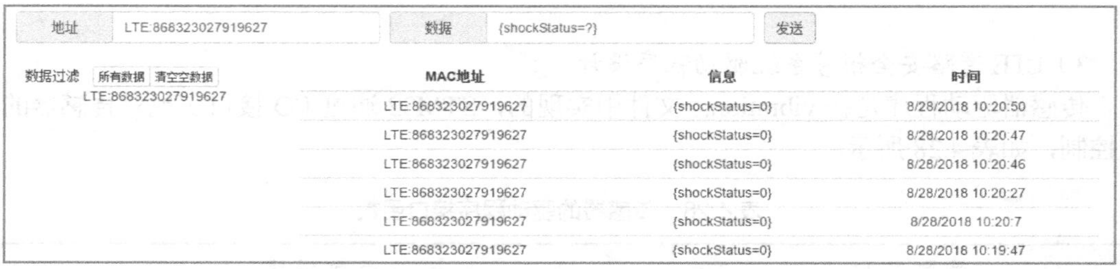

地址	LTE:868323027919627		数据	{shockStatus=?}		发送	

数据过滤　所有数据　清空数据			
LTE:868323027919627	MAC地址	信息	时间
	LTE:868323027919627	{shockStatus=0}	8/28/2018 10:20:50
	LTE:868323027919627	{shockStatus=0}	8/28/2018 10:20:47
	LTE:868323027919627	{shockStatus=0}	8/28/2018 10:20:46
	LTE:868323027919627	{shockStatus=0}	8/28/2018 10:20:27
	LTE:868323027919627	{shockStatus=0}	8/28/2018 10:20:7
	LTE:868323027919627	{shockStatus=0}	8/28/2018 10:19:47

图 4.70　验证效果

（2）摇动传感器可实现传感器数据的变化，这时传感器输出为 1，在 ZCloudTools 工具中会每 3 s 会收到一次报警信息（{ shockStatus =1}）。

（3）根据传感器数据的变化，理解安防类传感器的应用场景及报警函数的应用。

4.6.4　小结

本节先介绍了 LTE 安防类程序的逻辑和接口，然后介绍了安防类传感器应用程序，最后构建了 LTE 道路安全报警系统。

4.6.5　思考与拓展

（1）LTE 的危险报警使用了哪个接口函数？

（2）尝试修改程序，将安全信息监测事件的触发时间设置为 500 ms。

（3）尝试修改程序，将防止重复报警的时间间隔设置为 30 s。

（4）尝试新增通过指令启用/禁止 sensorCheck 函数的功能，可通过增加指令指令{cmd=X}来实现，cmd=0 表示启用 sensorCheck 函数功能，cmd=1 表示禁止 sensorCheck 函数功能。

第5章

物联网综合应用开发

本章主要介绍基于智云物联平台的开发与使用，共分 3 个部分：

（1）物联网综合项目开发平台，介绍智云物联开发平台架构，智云物联虚拟化技术，掌握智云平台线上应用项目发布。

（2）物联网通信协议，介绍物联网通信协议的格式，掌握基础通信协议的使用与分析。

（3）智云物联应用开发接口，讲解智云物联开放平台应用程序编程接口，了解 SensorHAL 层、Android 库、Web JavaScript 库等 API 二次开发编程接口。

5.1 物联网综合项目开发平台

图 5.1 所示为智云物联平台的工作原理，由图可知，智能网关、远程客户端、本地客户端可通过数据中心实现对传感器的远程控制，包括实时数据采集、传感器控制和历史数据查询等。

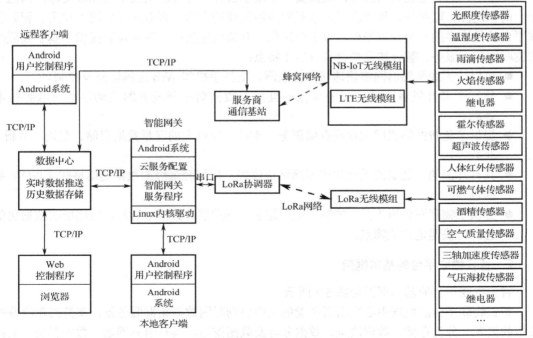

图 5.1 智云物联平台的工作原理

智云物联是一个开放的公共物联网接入平台，使物联网传感器数据的接入、存储和展现变得轻松简单，使让开发者能够快速开发出专业的物联网应用系统。

5.1.1　学习与开发目标

（1）知识目标：智云物联平台框架、智云物联的虚拟仿真技术、智云物联的应用发布。

（2）技能目标：理解智云物联平台框架，了解智云物联虚拟仿真技术，掌握智云物联应用发布。

（3）开发目标：学习并掌握节点的操作逻辑和应用程序接口的使用。

5.1.2　原理学习：智云物联平台的开发基础

1．智云物联平台的功能

一个典型的物联网应用，一般要完成传感器数据的采集、存储和数据的加工及处理这三项工作。例如，对于驾驶员，希望获取到目的地的路径信息，为了完成这个目标，就需要有大量的交通流量传感器对几个可能路径上的车流和天气状况进行实时采集，并存储到集中的路况处理服务器，通过适当的算法可得出大概的到达时间，并将结果展现给驾驶员。因此，典型的物联网应用可以分为如下三部分：

- 传感器硬件和智能网关（负责将传感器采集的数据发送到互联网）。
- 高性能的数据接入服务器和海量存储。
- 特定应用和处理结果的展现。

实现上述的典型物联网应用，就需要一个基于云计算与互联网的平台加以支撑，而这个平台的稳定性、可靠性、易用性对该物联网应用的成功实施，有着非常关键的作用。智云物联平台就是这样的一个开放平台，该平台提供了开放程序接口，为开发者提供了基于互联网的物联网应用服务。智云物联平台具有以下特点：

- 可以让无线传感器网络快速接入互联网，支持手机和 Web 远程访问及控制。
- 解决了多开发者对单一设备访问的互斥、数据对多开发者的主动消息推送等技术难题。
- 提供了免费的物联网大数据存储服务，支持一年以上的海量数据存储、查询、分析、获取等。
- 具有开源的、稳定的无线传感器网络协议栈，采用轻量级的数据通信格式（JSON 数据包）。
- 提供了物联网分析工具，能够跟踪网络层、网关层、数据中心层、应用层的数据包信息，可快速定位故障点。

2．智云物联平台的基本框架

智云物联平台的基本框架如图 5.2 所示。

智云物联平台的数据中心采用高性能的工业级物联网数据集群服务器，支持海量物联网数据的接入、分类存储、数据决策、数据分析及数据挖掘，具有消息推送、数据存储、数据分析、触发逻辑、应用数据、位置服务、短信通知、视频传输等功能。

图 5.2　智云物联平台的基本框架

智云物联平台提供了 SensorHAL 层、Android 库、Web JavaScript 库等二次开发编程接口，具有互联网、物联网应用所需的采集、控制、传输、显示、数据库访问、数据分析、自动辅助决策、手机/Web 应用等功能，可以基于二次开发编程接口开发一整套完整的互联网、物联网应用系统。

提供实时数据（即时消息）、历史数据（表格/曲线）、视频监控（可操作云台转动、抓拍、录像等）、自动控制、短信/GPS 等编程接口。

提供 Android 和 Windows 平台下 ZXBee 数据分析测试工具，方便程序的调试及测试。

基于开源的 JSP 框架的 B/S 应用服务，支持用户注册及管理、后台登录管理等基本功能，支持项目属性和前端页面的修改。

Android 应用组态软件支持各种自定义设备，包括传感器、执行器、摄像头等的动态添加、删除和管理，无须编程即可完成不同应用项目的构建。

3．智云物联平台的虚拟仿真技术

智云物联平台支持硬件与应用的虚拟化，硬件数据源仿真为上层提供了虚拟的硬件数据，图形化组态应用为底层硬件开发提供了图形化界面定制工具。

1）硬件数据源仿真

硬件数据源仿真为上层提供了虚拟的硬件数据，通过选择不同的硬件组件，并设置数据属性，即可按照用户设定的逻辑为上层应用提供数据支撑。

2）图形化组态应用

图形组态化应用基于 HTML5 技术，支持各种图表控件，可针对不同尺寸的设备自适应缩放，通过 JavaScript 进行数据互动。可定制的图形化界面，为各种物联网控制系统软件提供了所需要的控件，包括摄像头显示、仪表盘、数据曲线背景图、边框、传感器控件、执行器控件、按钮等。

图形组态化应用支持实时数据的推送、历史数据的图表、动态曲线展示、GIS 地图展示等功能，提供了多种界面的模板布局，方便不同项目需求的选择。通过逻辑编辑器所设定的控制逻辑，能够自动控制物联网硬件设备。

4．智云物联平台的硬件模型

智云物联平台支持各种智能设备的接入，常见的硬件模型如图 5.3 所示。

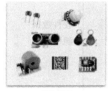   

| 传感器 | 节点 | 智能网关 | 云服务器 | 应用终端 |

图 5.3　常见的硬件模型

（1）传感器：主要用于采集物理世界中发生的物理事件和数据，包括各类物理量、标识、音频、视频等。

（2）节点：采用 CC2530 和 STM32 等微处理器，具备传感器的数据采集、传输、组网等功能，能够构建无线传感器网络。

（3）智能网关：实现无线传感器网络与互联网的数据交互，支持对 ZigBee、Wi-Fi、蓝牙等多种数据的解析，支持网络路由转发，可实现 M2M 数据交互。

（4）云服务器：负责对物联网海量数据进行处理，采用云计算、大数据技术实现对数据的存储、分析、计算、挖掘和推送，并采用统一的开放接口为上层应用提供数据服务。

（5）应用终端：运行物联网应用的移动终端，如 Android 手机、平板电脑等设备。

5．基于智云物联平台的常见物联网项目

采用智云物联平台可完成多种物联网应用项目开发，实现多种应用，详细介绍参考网页介绍（http://www.zhiyun360.com/docs/01xsrm/03.html），如表 1.5 所示。

表 5.1　基于智云物联平台的常见物联网项目

  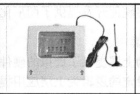 

| 智慧家居 | 智慧农业 | 远程抄表 | 智慧仓储 |

智慧医疗	水产养殖	智慧工厂	仪器预约
智慧电网	智慧交通	智慧电梯	食品溯源
家居能耗	雾霾监测	智慧小车	无线考勤

6. 开发前的准备工作

通过智云物联平台可快速开发移动互联、物联网的综合项目，在进行开发前，要求开发者具有以下基本知识和技能。

- 掌握基于 CC2530、CC2540、CC3200 和 STM32 等微处理器接口技术，以及传感器接口技术；
- 了解常见的无线传感器网络基础知识、协议栈和组网原理；
- 掌握 Java 编程和 Android 应用程序开发；
- 掌握 HTML、JavaScript、CSS、Ajax 开发。

5.1.3 开发实践：智云物联平台的物联网应用项目发布

1. 开发设计

本节介绍的开发实践，可以让学习者在不具备 Android 应用与 Web 应用的开发能力时，通过智云物联平台快速发布物联网应用项目。

智云物联平台为开发者提供一个应用项目分享的应用网站（http://www.zhiyun360.com），开发者可以通过该网站轻松地发布自己的应用项目。

智云物联平台的物联网应用项目发布流程如图 5.4 所示。

（1）登录智云物联应用网站（http://www.zhiyun360.com），注册用户信息，注册成功后登

```
注册用户
（登录智云物联应用网站）
  ↓
项目信息
（输入智云账号信息）
  ↓
设备管理
（添加传感器、执行器、摄像头等设备）
  ↓
查看项目
（完成应用项目发布，进行应用项目管理）
```

图 5.4 智云物联平台的物联网应用项目发布流程

录网站。

（2）在"项目信息"界面输入智云 ID/KEY，要求填写与项目所在网关一致的智云 ID/KEY（可通过代理商或者公司购买）。

（3）在"设备管理"界面添加传感器、执行器等设备，其中输入设备地址信息一定要同无线传感器网络中地址一致。

（4）在"查看项目"界面，可以管理操作发布的物联网应用项目。

2. 功能实现

登录智云物联应用网站（http://www.zhiyun360.com），如图 5.5 所示。

图 5.5　智云物联应用网站

1）用户注册

新用户需要对应用项目进行注册，在网站右上角单击"注册"按钮，用户注册界面如图 5.6 所示。

注册成功后即可登录进入应用项目后台，对应用项目进行配置。

2）应用项目配置

智云物联应用网站后台提供设备管理、自动控制、系统通知、项目信息、账户信息、查看项目等模块。

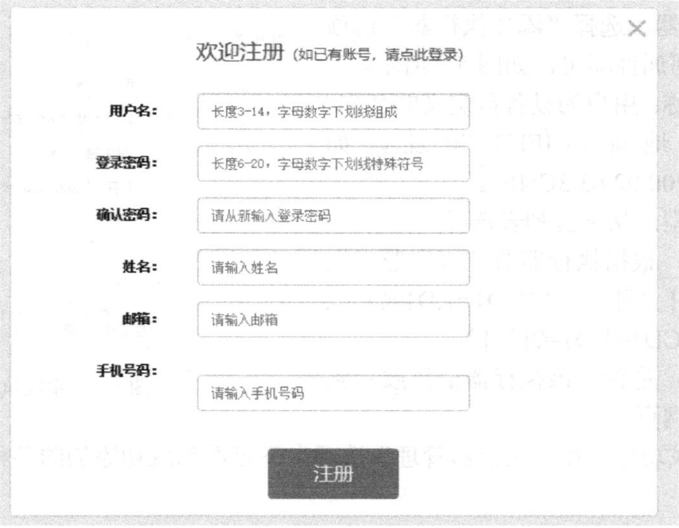

图 5.6　用户注册界面

（1）设备管理：本模块用来对底层智能传感器、执行器等设备进行添加和管理，主要的设备类型为有传感器、执行器、摄像头等。

① 添加传感器。选择“添加传感器”选项卡，按照提示填写属性即可，如图 5.7 所示。

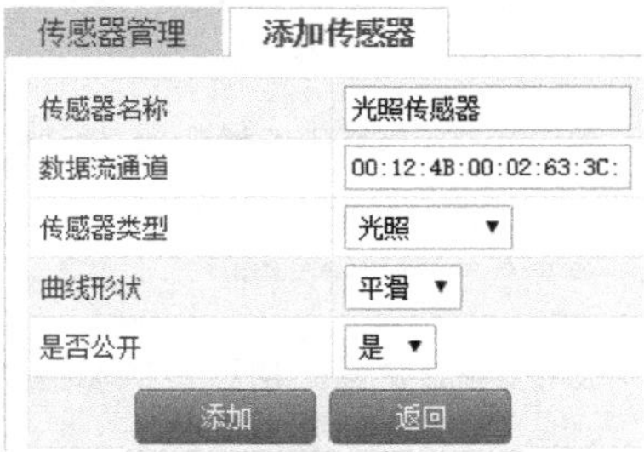

图 5.7　设备管理

- 传感器名称：用户为设备自定义的名称。
- 数据流通道：IEEE 地址_通道名，如“00:12:4B:00:02:63:3C:4F_A0”。
- 传感器类型：从下拉列表选择。
- 曲线形状：模拟传感器可选择“平滑”，数字传感器可选择“阶梯”。
- 是否公开：是否将该传感器信息展示到前端项目网页。

传感器添加成功后，在“传感器管理”选项卡下可看到成功添加的各种传感器信息，如图 5.8 所示。

传感器管理　添加传感器

通道	传感器名称	传感器类型	单位	曲线类型	是否公开	编辑	删除
00:12:4B:00:02:CB:A8:52_A0	温度传感器	温度	℃	平滑	是	编辑	删除
00:12:4B:00:02:CB:A8:52_A1	湿度传感器	湿度	%	平滑	是	编辑	删除
00:12:4B:00:02:CB:A9:C7_A0	光照传感器	光照	LF	平滑	是	编辑	删除
00:12:4B:00:02:63:3E:B5_A0	空气质量传感器	空气质量	ppm	平滑	是	编辑	删除
00:12:4B:00:02:60:FB:67_A0	湖南演示燃气	可燃气体		平滑	否	编辑	删除
00:12:4B:00:02:63:3A:FC_A0	湖南演示温度	温度	℃	平滑	否	编辑	删除
00:12:4B:00:02:63:3A:FC_A1	湖南演示湿度	湿度	%	平滑	否	编辑	删除

图 5.8　已成功添加的传感器信息

② 添加执行器。选择"添加执行器"选项卡，按照提示填写属性即可，如图5.9所示。

- 执行器名称：用户为设备自定义的名称。
- 执 行 器 地 址 ： IEEE 地 址 ， 如 "00:12:4B:00:02:63:3C:4F"。
- 执行器类型：从下拉列表选择。
- 指令内容：根据执行器节点程序逻辑设定，如"｛'开'：'｛OD1=1,D1=?｝'，'关'：'｛CD1=1,D1=?｝'｝"。
- 是否公开：是否将该执行器信息展示到前端项目网页。

图5.9　添加执行器

执行器添加成功后，在"执行器管理"选项卡下可看到成功添加的各种执行器信息，如图5.10所示。

执行器地址	执行器名称	执行类型	单位	指令内容	是否公开	编辑	删除
00:12:4B:00:02:63:3C:CF	声光报警	声光报警		｛'开'：'｛OD1=1,D1=?｝'，'关'：'｛CD1=1,D1=?｝'，'查询'：'｛D1=?｝'｝	是	编辑	删除
00:12:4B:00:02:60:E5:1E	步进电机	步进电机		｛'正转'：'｛OD1=3,D1=?｝'，'反转'：'｛CD1=2,OD1=1,D1=?｝'，'停止'：'｛CD1=1,D1=?｝'，'查询'：'｛D1=?｝'｝	是	编辑	删除
00:12:4B:00:02:60:E3:A9	风扇	风扇		｛'开'：'｛OD1=1,D1=?｝'，'关'：'｛CD1=1,D1=?｝'，'查询'：'｛D1=?｝'｝	是	编辑	删除
00:12:4B:00:02:60:E5:26	RFID	低频RFID		｛'开'：'｛OD0=1,D0=?｝'，'关'：'｛CD0=1,D0=?｝'，'查询'：'｛D0=?｝'｝	是	编辑	删除
00:12:4B:00:02:63:3C:4F	卧室灯光	继电器		｛'开'：'｛OD1=1,D1=?｝'，'关'：'｛CD1=1,D1=?｝'｝	是	编辑	删除

图5.10　已成功添加的执行器信息

③ 添加摄像头。选择"添加摄像头"选项卡，按照提示填写属性即可，如图5.11所示。

- 摄像头名称：用户为设备自定义的名称。
- 摄像头IP：可从摄像头底部的条码标签获取。
- 摄像头用户名：可根据摄像头的配置设定。
- 摄像头密码：可根据摄像头的配置设定。
- 是否公开：是否将该摄像头信息展示到前端项目网页。

摄像头添加成功后，在"摄像头管理"选项卡下可看到成功添加的各种摄像头信息，如图5.12所示。

图5.11　添加摄像头

（2）自动控制：本模块内容较为复杂，读者可参考《智云API编程手册》。自动控制界面如图5.13所示。

（3）系统通知：本模块是由网站系统管理发布的一些通知信息。

（4）项目信息：本模块用于描述用户应用项目信息，项目信息包括用项目名称、项目副标题、项目介绍等内容，上传图像是提交用户应用项目的Logo图标，智云账号和智云密钥要求填写与项目所在网关一致的智云账号（ID）和智云密钥（KEY）。地理位置可在地图界面标记自己的位置，可输入所在城市的中文名称进行搜索，然后在地图上确定地点，如图5.14和图5.15所示。

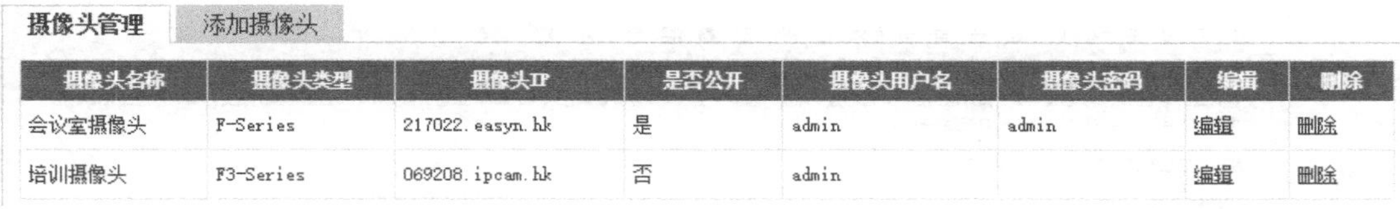

摄像头管理
添加摄像头
摄像头名称
摄像头类型
摄像头IP
是否公开
摄像头用户名
摄像头密码
编辑
删除
会议室摄像头
F-Series
217022.easyn.hk
是
admin
admin
编辑
删除
培训摄像头
F3-Series
069208.ipcam.hk
否
admin
编辑
删除

图5.12　已成功添加的摄像头信息

云物联 ZCloud
设备管理
自动控制
系统通知
项目信息
账户信息
查看项目
用户组
普通用户
菜单列表
触发器管理
控制器管理
执行任务管理
任务执行记录
触发器管理
添加触发器
ID
名称
参数
类型
创建时间
操作
95
timer_every_10_minute
{"once":true,"mac":"00:12:4B:00:01:43:17:9F","ch":"A0","value":"20","op":"=="}
sensor
2015-06-11T17:26:15Z
删除
97
per30_minute
{"week":"*","hour":"*","month":"*","second":"0","year":"*","day":"*","minute":"30"}
timer
2015-06-17T09:41:52Z
删除
总2条，当前第0-2条
首页
上一页
下一页
尾页

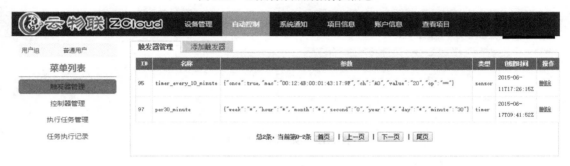

图5.13　自动控制界面

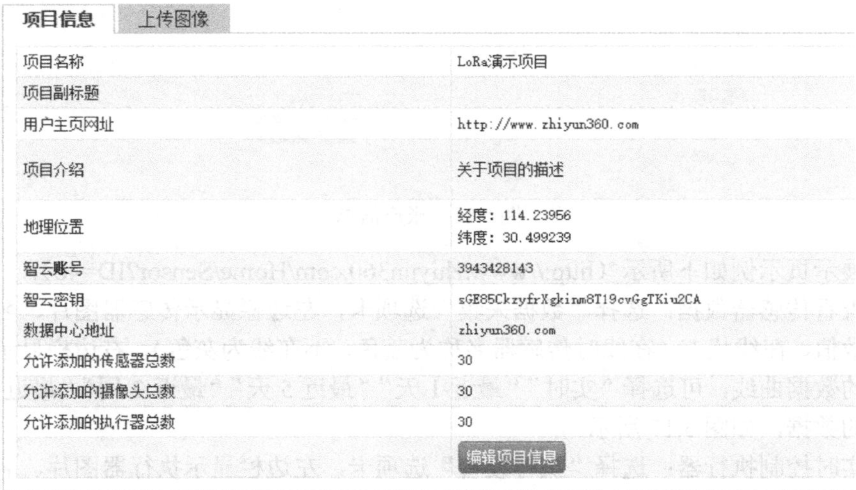

项目信息
上传图像
项目名称
LoRa演示项目
项目副标题
用户主页网址
http://www.zhiyun360.com
项目介绍
关于项目的描述
地理位置
经度：114.23956
纬度：30.499239
智云账号
3943428143
智云密钥
sGE85CkzyfrXgkinm8T19cvGgTKiu2CA
数据中心地址
zhiyun360.com
允许添加的传感器总数
30
允许添加的摄像头总数
30
允许添加的执行器总数
30
编辑项目信息

图5.14　项目信息（一）

（5）账户信息：本模块用于用户信息的填写，将在用户项目的首页底部展示，如图5.16所示。

（6）查看项目：单击“查看项目”模块可进入用户所在项目的首页。

3）应用项目发布

用户的应用项目配置好了，即完成了项目的发布。在用户项目后台可设置设备的公开权限，禁止公开的设备，普通用户是无法在项目界面浏览的。

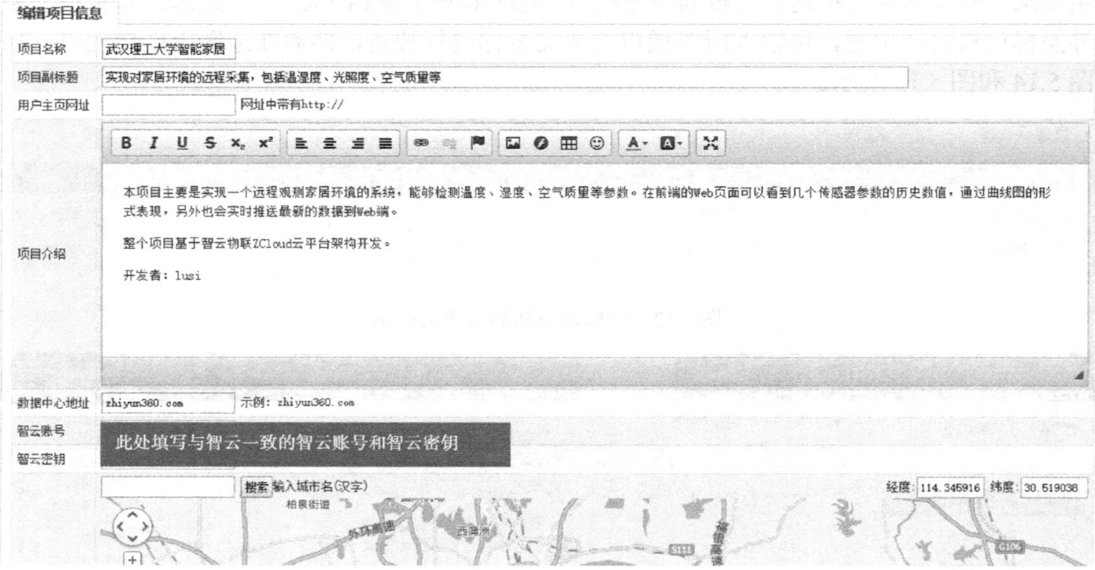

图 5.15　项目信息（二）

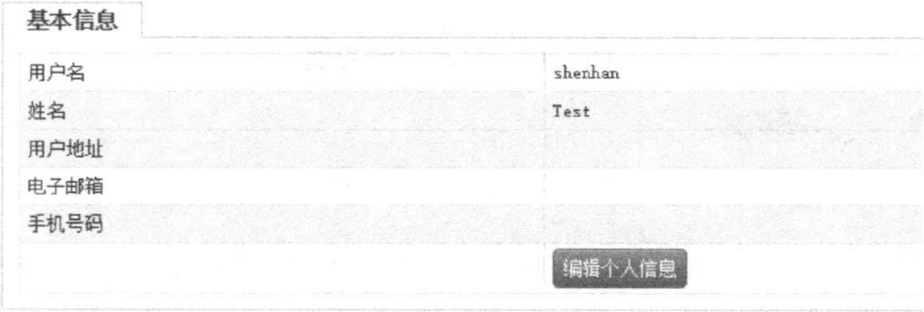

图 5.16　账户信息

项目展示页示例如下所示（http://www.zhiyun360.com/Home/Sensor?ID=46）：

（1）查看传感器数据：选择"数据采集"选项卡，左边栏显示传感器图片、名称、实时接收到的数值、在线状态（在线时传感器名称为蓝色，不在线为灰色），右边栏显示传感器一段时间内的数据曲线，可选择"实时""最近 1 天""最近 5 天""最近 2 周""最近 1 月""最近 3 月"的数据，如图 5.17 所示。

（2）实时控制执行器：选择"执行设备"选项卡，左边栏显示执行器图片、名称、在线状态（在线时传感器名称为蓝色，不在线为灰色），右边栏显示该执行器可进行的操作，单击对应按钮，可对远程设备进行控制，同时在"反馈信息"窗口可看到控制指令及反馈的消息结果，如图 5.18 所示。

（3）视频监控：选择"视频监控"选项卡，左边栏显示摄像头图片、名称、在线状态（在线时传感器名称为蓝色，不在线为灰色）、控制按钮，右边栏显示摄像头采集的图像画面，单击对应按钮，可对远程摄像头进行开关及云台转动操作，如图 5.19 所示。

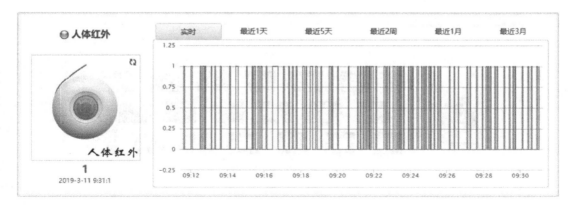

图 5.17　查看传感器数据

图 5.18　实时控制执行器

图 5.19　视频监控

（4）图片曲线：选择"图片曲线"选项卡，左边栏显示摄像头图片、名称，右边栏显示摄像头定时抓拍的图片，如图 5.20 所示。

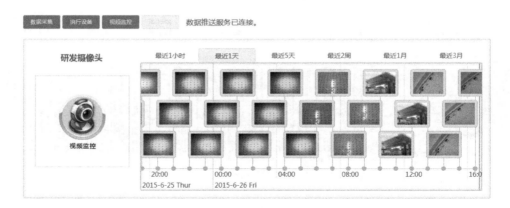

图 5.20　图片曲线

3．开发验证

应用项目可以展示节点采集的实时在线数据、查询历史数据，并且以曲线的方式进行展示；对于执行设备，可以编辑控制指令来对远程设备进行控制；同时还可以在线查阅视频、图像，并且支持控制远程摄像头云台的转动，可以通过设置自动控制逻辑来进行摄像头图片的抓拍并以曲线的形式展示。项目演示如图 5.21 所示。

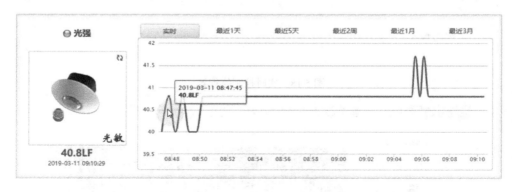

图 5.21　项目演示

5.1.4　小结

本节介绍了智云物联平台的基本框架、虚拟仿真技术、硬件模型，以及智云平台物联网应用项目的发布流程。通过项目实践，实现完整物联网项目构建，其中感知层、网络层基于前文无线通信项目组建，平台层、应用层使用智云平台项目应用发布实现。掌握了应用项目发布的传感器设备、执行器设备、自动控制、项目信息、项目查看等一系列项目配置操作。

5.1.5　思考与拓展

（1）智云物联平台框架分为几层？每一层的作用，以及同物联网技术框架的对应关系是什么？

（2）智云物联平台发布一个物联网应用项目的流程是什么？

（3）添加采集类传感器板、控制类传感器板、安防类传感器板上全部的传感器。

（4）发布一个智能灯光控制系统，当光线不足时自动打开 LED，要求通过自动控制实现。

5.2 物联网通信协议

一个完整的物联网综合系统，数据贯穿了感知层、网络层、服务层和应用层，数据在这四层之间层层传递。感知层用于产生有效数据；网络层对有效数据进行解析后向服务层发送；服务层需要对有效数据进行分解、分析、存储和调用；应用层需要从服务层获取经过分析的有效数据。整个过程中，数据都在被物联网的每个层进行分析识别，要使数据能够被每一层正确识别，就需要一套完整的通信协议。

本节主要介绍 ZXBee 通信协议，最后通过 ZXBee 通信协议实例分析，实现对 ZXBee 通信协议的学习与开发实践。

5.2.1 学习与开发目标

（1）知识目标：ZXBee 通信协议。

（2）技能目标：熟悉 ZXBee 通信协议。

（3）开发目标：掌握 ZXBee 通信协议分析与使用。

5.2.2 原理学习：ZXBee 通信协议

1. ZXBee 通信协议的特点

智云物联云平台支持无线传感器网络的接入，并定义了 ZXBee 通信协议。

ZXBee 通信协议对物联网中，从底层到上层的数据做了定义，该协议有以下特点：

● 语法简单、语义清晰、参数少而精；

● 参数命名合乎逻辑，见名知义，变量和指令分工明确；

● 参数读写权限分配合理，可以有效防止不合理的操作，能够在最大程度上保证数据的安全；

● 变量能对值进行查询，方便应用程序调试；

● 指令是对位进行操作的，能够避免内存资源的浪费。

总之，ZXBee 通信协议在无线传感器网络中值得应用和推广，开发者可以很容易在其基础上根据需求进行定制、扩展和创新。

2. 通信协议详解

1）通信协议数据格式

通信协议数据格式为"{[参数]=[值],[参数]=[值]…}"。

● 每条数据以"{"作为起始字符；

● "{}"内的多个参数以","分隔。

例如，{CD0=1,D0=?}。

2）通信协议参数说明

通信协议参数说明如下。

（1）参数名称定义如下。

● 变量：A0~A7、D0、D1、V0~V3。

● 指令：CD0、OD0、CD1、OD1。

● 特殊参数：ECHO、TYPE、PN、PANID、CHANNEL。

（2）变量可以对值进行查询，如"{A0=?}"。

（3）变量 A0~A7 在数据中心中可以保存为历史数据。

（4）指令是对位进行操作的。

具体参数解释如下。

（1）A0~A7：用于传递传感器数据及其携带的信息，只能通过"?"来进行查询当前变量的值，支持上传到物联网云数据中心存储，示例如下。

● 温湿度传感器用 A0 表示温度值，用 A1 表示湿度值，类型为浮点型，精度为 0.1。

● 火焰报警传感器用 A0 表示警报状态，类型为整型，固定为 0（未监测到火焰）或者 1（监测到火焰）。

● 高频 RFID 模块用 A0 表示卡片 ID 号，类型为字符串型。

ZXBee 通信协议的格式为"{参数=值,参数=值…}"，即用一对大括号"{}"包含每条数据，"{}"内参数如果有多个条目，则用","进行分隔，例如，{CD0=1,D0=?}。

（2）D0：D0 中的 Bit0~Bit7 分别对应 A0~A7 的状态（是否主动上传状态），只能通过"?"来查询当前变量的值，0 表示禁止上传，1 表示允许主动上传，示例如下。

● 温湿度传感器用 A0 表示温度值，用 A1 表示湿度值，D0=0 表示不上传温度值和湿度值，D0=1 表示主动上传温度值，D0=2 表示主动上传湿度值，D0=3 表示主动上传温度值和湿度值。

● 火焰报警传感器用 A0 表示警报状态，D0=0 表示不监测火焰，D0=1 表示实时监测火焰。

● 高频 RFID 模块用 A0 表示卡片 ID，D0=0 表示不上报 ID，D0=1 表示上报 ID。

（3）CD0/OD0：对 D0 的位进行操作，CD0 表示位清 0 操作，OD0 表示位置 1 操作，示例如下。

● 温湿度传感器用 A0 表示温度值，用 A1 表示湿度值，CD0=1 表示关闭温度值的主动上报。

● 火焰报警传感器用 A0 表示警报状态，OD0=1 表示开启火焰报警监测，当有火焰报警时，会主动上报 A0 的值。

（4）D1：D1 表示控制编码，只能通过"?"来查询当前变量的数值，用户可根据传感器属性来自定义功能，示例如下。

● 温湿度传感器：D1 的 Bit0 表示电源开关状态。例如，D1=0 表示电源处于关闭状态，D1=1 表示电源处于打开状态。

● 继电器：D1 的位表示各路继电器的状态。例如，D1=0 表示关闭继电器 S1 和 S2，

D1=1 表示开启继电器 S1，D1=2 表示开启继电器 S2，D1=3 表示开启继电器 S1 和 S2。

- 风扇：D1 的 Bit0 表示电源开关状态，Bit1 表示正转或反转。例如，D1=0 或者 D1=2 表示风扇停止转动（电源断开），D1=1 表示风扇处于正转状态，D1=3 表示风扇处于反转状态。

- 红外电器遥控：D1 的 Bit0 表示电源开关状态，Bit1 表示工作模式/学习模式。例如，D1=0 或者 D1=2 表示电源处于关闭状态，D1=1 表示电源处于开启状态且为工作模式，D1=3 表示电源处于开启状态且为学习模式。

（5）CD1/OD1：对 D1 的位进行操作，CD1 表示位清 0 操作，OD1 表示位置 1 操作。

（6）V0～V3：用于表示传感器的参数，用户可根据传感器属性自定义功能，权限为可读写，示例如下。

- 温湿度传感器：V0 表示主动上传数据的时间间隔。
- 风扇：V0 表示风扇转速。
- 红外电器遥控：V0 表示学习的键值。
- 语音合成传感器：V0 表示需要合成的语音字符。

（7）特殊参数：ECHO、TYPE、PN、PANID、CHANNEL。

- ECHO：用于监测节点在线的指令，将发送的值进行回显。例如，发送"{ECHO=test}"，若节点在线则回复数据"{ECHO=test}"。

- TYPE：表示节点类型，该信息包含了节点类别、节点类型、节点名称，只能通过"?"来查询当前值。TYPE 的值由 5 个字节表示（ASCII 码），例如，1 1 001，第 1 个字节表示节点类别（1 表示 ZigBee、2 表示 RF433、3 表示 Wi-Fi、4 表示 BLE、5 表示 IPv6、9 表示其他）；第 2 个字节表示节点类型（0 表示汇聚节点、1 表示路由/中继节点、2 表示终端节点）；第 3～5 个字节合起来表示节点名称（编码由开发者自定义）。

- PN（仅针对 ZigBee、IEEE 802.15.4 IPv6 节点）：表示节点的上行节点地址信息和所有邻居节点地址信息，只能通过"?"来查询当前值。PN 的值为上行节点地址和所有邻居节点地址的组合，其中每 4 个字节表示一个节点地址后 4 位，第 1 个 4 字节表示该节点上行节点后 4 位，第 2～n 个 4 字节表示其所有邻居节点地址后 4 位。

- PANID：表示节点组网的标志 ID，权限为可读写，此处 PANID 的值为十进制，而底层代码定义的 PANID 的值为十六进制，需要自行转换。例如，8200（十进制）= 0x2008（十六进制），通过指令"{PANID=8200}"可将节点的 PANID 修改为 0x2008。PANID 的取值范围为 1～16383。

- CHANNEL：表示节点组网的通信通道，权限为可读写，此处 CHANNEL 的取值范围为 11～26（十进制）。例如，通过指令"{CHANNEL=11}"可将节点的 CHANNEL 修改为 11。

3．通信协议参数定义

xLab 未来开发平台传感器的 ZXBee 通信协议参数定义如表 5.2 所示。

表 5.2 ZXBee 通信协议参数定义

传 感 器	属 性	参 数	权 限	说 明
Sensor-A （601）	温度	A0	R	温度值为浮点型：0.1 精度，−40.0～105.0，单位为℃
	湿度值	A1	R	湿度值为浮点型，精度为 0.1，范围为 0～100，单位为%
	光照度	A2	R	光照度值为浮点型，精度为 0.1，范围为 0～65535，单位为 Lux
	空气质量	A3	R	空气质量，表示空气污染程度
	气压值	A4	R	气压值为浮点型，精度为 0.1，单位为百帕
	三轴（跌倒状态）	A5	—	三轴：通过计算上报跌倒状态，1 表示跌到（主动上报）
	距离	A6	R	距离（单位为 cm），浮点型，精度为 0.1 精度，范围为 20～80 cm
	语音识别返回码	A7	—	语音识别码，整型，范围为 1～49（主动上报）
	上报状态	D0(OD0/CD0)	RW	D0 的 Bit0～Bit7 分别代表 A0～A7 的上报状态，1 表示允许上报
	继电器	D1(OD1/CD1)	RW	D1 的 Bit6～Bit7 分别代表继电器 K1、K2 的开关状态，0 表示断开，1 表示吸合
	上报间隔	V0	RW	循环上报的时间间隔
Sensor-B （602）	RGB	D1(OD1/CD1)	RW	D1 的 Bit0～Bit1 代表 RGB 三色灯的颜色状态，RGB：00（关）、01（R）、10（G）、11（B）
	步进电机	D1(OD1/CD1)	RW	D1 的 Bit2 分别代表步进电机的正反转动状态，0 表示正转（5 s 后停止），1 表示反转（5 s 后反转）
	排风扇/蜂鸣器	D1(OD1/CD1)	RW	D1 的 Bit3 代表排风扇/蜂鸣器的开关状态，0 表示关闭，1 表示打开
	LED	D1(OD1/CD1)	RW	D1 的 Bit4、Bit5 代表 LED1/LED2 的开关状态，0 表示关闭，1 表示打开
	继电器	D1(OD1/CD1)	RW	D1 的 Bit6、Bit7 分别代表继电器 K1、K2 的开关状态，0 表示断开，1 表示吸合
	上报间隔	V0	RW	循环上报时间间隔
Sensor-C （603）	人体/触摸状态	A0	R	人体红外状态值，0 或 1 变化；1 表示监测到人体/触摸
	振动状态	A1	R	振动状态值，0 或 1 变化；1 表示监测到振动
	霍尔状态	A2	R	霍尔状态值，0 或 1 变化；1 表示监测到磁场
	火焰状态	A3	R	火焰状态值，0 或 1 变化；1 表示监测到明火
	燃气状态	A4	R	燃气泄漏状态值，0 或 1 变化；1 表示燃气泄漏
	光栅（红外对射）状态	A5	R	光栅状态值，0 或 1 变化，1 表示监测到阻挡
	上报状态	D0(OD0/CD0)	RW	D0 的 Bit0～Bit5 分别表示 A0～A5 的上报状态
	继电器	D1(OD1/CD1)	RW	D1 的 Bit6～Bit7 分别代表继电器 K1、K2 的开关状态，0 表示断开，1 表示吸合
	上报间隔	V0	RW	循环上报时间间隔
	语音合成数据	V1	W	文字的 Unicode 编码

续表

传 感 器	属　　性	参　　数	权　限	说　　明
Sensor-D （604）	五向开关状态	A0	R	触发上报，状态值为：1（UP）、2（LEFT）、3（DOWN）、4（RIGHT）、5（CENTER）
	电视的开关	D1(OD1/CD1)	RW	D1 的 Bit0 代表电视开关状态，0 表示关闭，1 表示打开
	电视频道	V1	RW	电视频道，范围为 0～19
	电视音量	V2	RW	电视音量，范围为 0～99
Sensor-EL （605）	卡号	A0	—	字符串（主动上报，不可查询）
	卡类型	A1	R	整型，0 表示 125K，1 表示 13.56M
	卡余额	A2	R	整型，范围为 0～8000.00，手动查询
	设备余额	A3	R	浮点型，设备金额
	设备单次消费金额	A4	R	浮点型，本次消费扣款金额
	设备累计消费	A5	R	浮点型，设备累计扣款金额
	门锁/设备状态	D1(OD1/CD1)	RW	D1 的 Bit0～Bit1 表示门锁、设备的开关状态，0（关闭），1（打开）
	充值金额	V1	RW	返回充值状态，0 或 1，1 表示操作成功
	扣款金额	V2	RW	返回扣款状态，0 或 1，1 表示操作成功
	充值金额（设备）	V3	RW	返回充值状态，0 或 1，1 表示操作成功
	扣款金额（设备）	V4	RW	返回扣款状态，0 或 1，1 表示操作成功
Sensor-EH （606）	卡号	A0	—	字符串（主动上报，不可查询）
	卡余额	A2	R	整型，范围为 0～8000,00，手动查询
	ETC 杆开关	D1(OD1/CD1)	RW	D1 的 Bit0 表示 ETC 杆开关，0 表示关闭，1 表示抬起一次 3 s 后自动关闭，同时将 Bit0 置 0
	充值金额	V1	RW	返回充值状态，0 或 1，1 表示操作成功
	扣款金额	V2	RW	返回扣款状态，0 或 1，1 表示操作成功
Sensor-F （611）	GPS 状态	A0	R	整型，0 为不在线，1 为在线
	GPS 经纬度	A1	R	字符串型，形式为 *a&b*，*a* 表示经度，*b* 表示维度，精度为 0.000001
	九轴计步数	A2	R	整型
	九轴传感器	A3	R	加速度传感器 *x*、*y*、*z* 数据，格式为 *x&y&z*
		A4	R	陀螺仪传感器 *x*、*y*、*z* 数据，格式为 *x&y&z*
		A5	R	地磁仪传感器 *x*、*y*、*z* 数据，格式为 *x&y&z*
	上报间隔	V0	RW	传感器的循环上报时间间隔

5.2.3　开发实践：ZXBee 通信协议分析

1. 开发设计

本节以温湿度传感器、排风扇/蜂鸣器、LED 为例介绍 ZXBee 通信协议，如表 5.3 所示。

表 5.3 传感器参数定义及说明

传 感 器	属 性	参 数	权 限	说 明
Sensor-A	温度值	A0	R	温度值，浮点型，精度为 0.1，范围为—40.0～105.0，单位℃
	湿度值	A1	R	湿度值，浮点型，精度为 0.1，范围为0～100，单位为%
	上报状态	D0(OD0/CD0)	RW	D0 的 Bit0～Bit7 分别代表 A0～A7 的上报状态，1 表示允许上报
	上报间隔	V0	RW	循环上报时间间隔
Sensor-B	排风扇/蜂鸣器	D1(OD1/CD1)	RW	D1 的 Bit3 代表排风扇/蜂鸣器的开关状态，0 表示关闭，1 表示打开
	LED	D1(OD1/CD1)	RW	D1 的 Bit4、Bit5 代表 LED1 和 LED2 的开关状态，0 表示关闭，1 表示打开

2．功能实现

ZcloudTools 工具提供了通信协议测试功能，进入程序的"实时数据"模块可以测试 ZXBee 通信协议。

实时数据模块可获取指定节点上传的数据，并通过发送指令实现对节点的控制，左侧列表会依次列出网关下的组网成功的节点设备，如图 5.22 所示。

图 5.22　ZXBee 通信协议测试功能

在地址栏输入传感器的地址，通过输入指令可控制 LED1 的状态。例如，输入"{D1=?}"可查询 LED1 状态，输入"{OD1=16,D1=?}"可打开 LED1，输入"{CD1=16,D1=?}"可关闭 LED1，如图 5.23 所示。

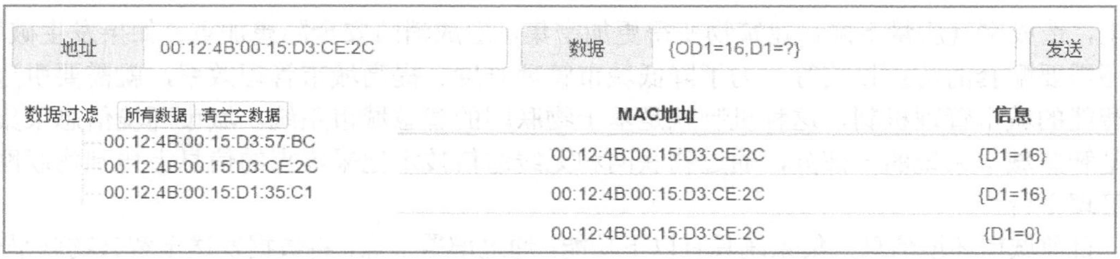

图 5.23　测试举例

3. 开发验证

实时数据分析还可以对通信协议进行测试，如图 5.24 所示。

图 5.24　通信协议的测试

5.2.4　小结

本节主要介绍 ZXBee 通信协议的格式详解与参数定义，以及通信协议在物联网系统中的重要性。一个完整的物联网综合系统，数据贯穿了感知层、网络层、服务层和应用层。通过对通信协议的分析，读者可掌握通信协议的测试手段，并对物联网项目进行调试。

5.2.5　思考与拓展

（1）ZXBee 通信协议的特点有哪些？
（2）什么是通信协议？物联网系统通信协议的作用是什么？
（3）参考完整 ZXBee 通信协议和参数定义，测试分析通信协议的指令。

5.3　智云物联应用开发接口

伴随着城市人口的增加，城市的相关问题也日益凸显。例如，车辆的增多引起更多的扬尘，造成空气质量下降；建筑物变得更加密集，造成消防安全隐患加重；如果发生破坏，则还需要配套的防护设施等。为了降低城市管理难度、提高城市管理效率，就需要引进更加智能的城市管理机制，这种机制就是基于物联网的智慧城市系统。城市环境信息采集系统是智慧城市系统的一部分，通过物联网和无线通信技术把采集点的信息上传到物联网信息管理平台。

目前城市环境信息采集系统具有以下功能：通过部署节点，将数据发送至智云物联平台，通过 APP 可以实时监测温湿度、光照度、空气质量以及气压等数据。

5.3.1　学习与开发目标

（1）知识目标：SAPI 应用程序接口、智云 Android 开发应用程序接口、智云 Web 开发应用程序接口。

（2）技能目标：掌握驱动框架与使用，熟悉物联网 Android 应用接口，了解物联网 Web 应用接口。

（3）开发目标：通过智云物联应用开发接口构建城市环境信息采集系统。

5.3.2　原理学习：物联网应用开发接口

1．SAPI 应用程序接口和智云物联平台底层应用程序接口

智云物联平台硬件层支持 ZigBee、BLE、Wi-Fi、LoRa、LTE、NB-IoT 等网络的接入，提供了硬件 HAL 层驱动框架及示例，下面以 ZigBee 网络为例来介绍。

1）SAPI 应用程序接口

ZStack 协议栈为 CC2530 节点提供基于 OSAL 操作系统的无线自组网功能。ZStack 提供了一些简单的示例程序供开发者学习，其中 SimpleApp 工程是基于 SAPI 框架进行的开发，SAPI 框架的应用程序接口实现了对应用的简单封装，开发者只需要实现部分接口函数即可完成整个节点程序的开发。

其中 SAPI 框架的应用程序接口是在 AppCommon.c 文件中实现的，主要的函数如下：

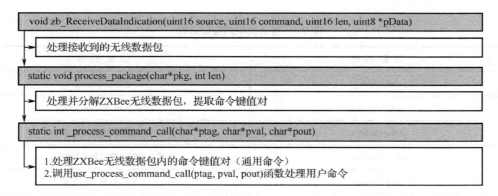

2）智云物联平台底层应用程序接口

智云框架是在智云物联平台底层应用程序接口和 SAPI 应用程序接口的基础上搭建起来的，通过合理调用这些应用程序接口，可以使 ZigBee 的开发形成一套系统的开发逻辑，如传感器初始化、控制设备的操作、传感器数据的采集、报警信息的实时响应、系统参数的配置更新等。基于 SAPI 应用程序接口的开发流程如图 5.25 所示。

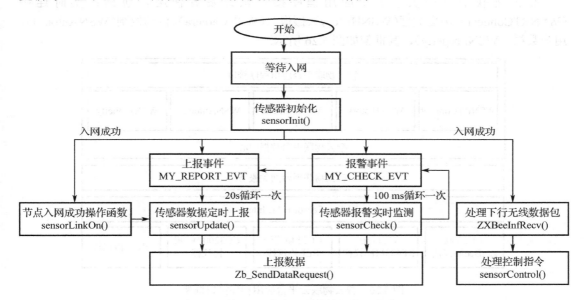

图 5.25　基于 SAPI 应用程序接口的开发流程

智云框架为 ZStack 协议栈的上层应用提供分层的软件设计结构，将传感器的操作部分封装到 sensor.c 文件中，用户任务中的处理事件和节点类型选择则在 sensor.h 文件中设置。sensor.h 文件定义了用户事件，分别是上报事件（MY_REPORT_EVT）和报警事件（MY_CHECK_EVT），上报事件用于对传感器的数据进行上报，报警事件用于对传感器监测到的危险性息进行响应。sensor.h 还定义了节点类型，可以选择将节点设置为路由节点（NODE_ROUTER）或者终端节点（NODE_ENDDEVICE），同时还声明了智云框架下的用户函数，如表 5.4 所示。

表 5.4 智云框架的接口函数

函 数 名 称	函 数 说 明
sensorInit()	传感器初始化
sensorLinkOn()	节点入网成功操作函数
sensorUpdate()	传感器数据定时上报
sensorControl()	传感器控制函数（处理控制指令）
sensorCheck()	传感器报警实时监测
ZXBeeInfRecv()	处理下行无线数据包
MyEventProcess()	自定义事件处理函数，启动上报事件 MY_REPORT_EVT

2. Android 开发应用程序接口

智云物联平台提供了五个应用程序接口供开发者使用，包括：实时连接（WSNRTConnect）、历史数据（WSNHistory）、摄像头（WSNCamera）、自动控制（WSNAutoctrl）、用户数据（WSNProperty），其框架如图 5.26 所示。

图 5.26 智云物联云平台应用程序接口框架

针对 Android 移动应用开发，智云物联平台提供了应用程序接口库 libwsnDroid2.jar，开发者只需要在编写 Android 应用程序时，先导入该接口库，然后在源代码中调用相应的方法即可。

1）实时连接接口

实时连接接口基于智云物联平台的消息推送服务，该服务是利用云端与客户端之间建立的稳定、可靠的长连接来向客户端应用推送实时消息的。智云物联平台的消息推送服务针对物联网的特征，支持多种推送类型，如传感器实时数据、执行控制指令、地理位置信息、SMS等，同时提供关于用户信息及通知消息的统计信息，方便开发者进行后续开发及运营。基于Android 的实时连接接口如表 5.5 所示。

表 5.5　基于 Android 的实时连接接口

函　　数	参 数 说 明	功　　能
new WSNRTConnect(String myZCloudID, String myZCloudKey);	myZCloudID：智云账号。 myZCloudKey：智云密钥	创建实时数据，并初始化智云账号及密钥
connect()	无	建立实时数据服务连接
disconnect()	无	断开实时数据服务连接

setRTConnectListener(){
　　onConnect()
　　onConnectLost(Throwable arg0)
　　onMessageArrive(String mac, byte[] dat)
}
	mac：传感器的 MAC 地址。
	dat：发送的消息内容
		设置监听，接收实时数据服务推送的消息：
		onConnect：连接成功操作。
		onConnectLost：连接失败操作。
		onMessageArrive：数据接收操作

sendMessage(String mac, byte[] dat)	mac：传感器的 MAC 地址。 dat：发送的消息内容	发送消息
setServerAddr(String sa)	sa：数据中心服务器地址及端口	设置/改变数据中心服务器的地址及端口号
setIdKey(String myZCloudID, String myZCloudKey);	myZCloudID：账号。 myZCloudKey：密钥	设置/改变智云账号及密钥（需要重新断开连接）

2）历史数据接口

历史数据接口是基于智云物联平台数据中心提供的智云数据库接口开发的，智云数据库采用 Hadoop 后端分布式数据库集群，并且支持多机房自动冗余备份，以及自动读写分离，开发者不需要关注后端机器及数据库的稳定性、网络问题、机房灾难、单库压力等各种风险。传感器数据可以在智云数据库中永久保存，通过提供的应用程序接口可以完成与云存储服务器的数据连接、数据访问存储、数据使用等。基于 Android 的历史数据接口如表 5.6 所示。

表 5.6　基于 Android 的历史数据接口

函　　数	参 数 说 明	功　　能
new WSNHistory(String myZCloudID, String myZCloudKey);	myZCloudID：智云账号。 myZCloudKey：智云密钥	初始化历史数据对象，并初始化智云账号及密钥
queryLast1H(String channel);	channel：传感器数据通道	查询最近 1 小时的历史数据
queryLast6H(String channel);	channel：传感器数据通道	查询最近 6 小时的历史数据
queryLast12H(String channel);	channel：传感器数据通道	查询最近 12 小时的历史数据
queryLast1D(String channel);	channel：传感器数据通道	查询最近 1 天的历史数据
queryLast5D(String channel);	channel：传感器数据通道	查询最近 5 天的历史数据
queryLast14D(String channel);	channel：传感器数据通道	查询最近 14 天的历史数据
queryLast1M(String channel);	channel：传感器数据通道	查询最近 1 个月（30 天）的历史数据
queryLast3M(String channel);	channel：传感器数据通道	查询最近 3 个月（90 天）的历史数据
queryLast6M(String channel);	channel：传感器数据通道	查询最近 6 个月（180 天）的历史数据
queryLast1Y(String channel);	channel：传感器数据通道	查询最近 1 年（365 天）的历史数据
query();	无	获取所有通道最后一次数据

函　数	参数说明	功　能
query(String channel);	channel：传感器数据通道	获取该通道中最后一次数据
query(String channel, String start, String end);	channel：传感器数据通道。 start：起始时间。 end：结束时间。 时间为 ISO 8601 格式的日期，例如：2010-05-20T11:00:00Z	通过起止时间查询指定时间段的历史数据（根据时间范围默认选择时间间隔）
query(String channel, String start, String end, String interval);	channel：传感器数据通道。 start：起始时间。 end：结束时间。 interval：采样点的时间间隔，详细见后续说明。 时间为 ISO 8601 格式的日期，例如：2010-05-20T11:00:00Z	通过起止时间查询指定时间段、指定时间间隔的历史数据
setServerAddr(String sa)	sa：数据中心服务器地址及端口	设置/改变数据中心服务器地址及端口号
setIdKey(String myZCloudID, String myZCloudKey);	myZCloudID：智云账号。 myZCloudKey：智云密钥	设置/改变智云账号及密钥

3）摄像头接口

智云物联平台提供了对摄像头进行远程控制的接口，支持远程对视频、图像进行实时采集、图像抓拍、控制云台转动等操作。基于 Android 的摄像头接口如表 5.7 所示。

表 5.7　基于 Android 的摄像头接口

函　数	参数说明	功　能
new WSNCamera(String myZCloudID, String myZCloudKey);	myZCloudID：账号。 myZCloudKey：密钥	初始化摄像头对象，并初始化智云账号及密钥
initCamera(String myCameraIP, String user, String pwd, String type);	myCameraIP：摄像头外网域名和 IP 地址。 user：摄像头用户名。 pwd：摄像头密码。 type：摄像头类型（F-Series、F3-Series、H3-Series）。 以上参数从摄像头手册获取	设置摄像头域名、用户名、密码、类型等参数
openVideo();	无	打开摄像头
closeVideo();	无	关闭摄像头
control(String cmd);	cmd：云台控制指令，参数如下： UP：向上移动一次。 DOWN：向下移动一次。 LEFT：向左移动一次。 RIGHT：向右移动一次。 HPATROL：水平巡航转动。 VPATROL：垂直巡航转动。 360PATROL：360°巡航转动	发送指令控制云台转动

续表

函　数	参　数　说　明	功　能
checkOnline();	无	监测摄像头是否在线
snapshot();	无	抓拍照片

setCameraListener(){
　　onOnline(String myCameraIP, boolean online)
　　onSnapshot(String myCameraIP, Bitmap bmp)
　　onVideoCallBack(String myCameraIP, Bitmap bmp)
}
	myCameraIP：摄像头外网域名和 IP 地址。
	online：摄像头在线状态（0 或 1）。
	bmp：图片资源
		监测摄像头返回数据：
		onOnline：摄像头在线状态返回。
		onSnapshot：返回摄像头截图。
		onVideoCallBack：返回实时的摄像头视频图像

freeCamera(String myCameraIP);	myCameraIP：摄像头外网域名和 IP 地址	释放摄像头资源
setServerAddr(String sa)	sa：数据中心服务器地址及端口	设置/改变数据中心服务器地址及端口号
setIdKey(String myZCloudID, String myZCloudKey);	myZCloudID：智云账号。 myZCloudKey：智云密钥	设置/改变智云账号及密钥

4）自动控制接口

智云物联平台内置了一个操作简单但功能强大的逻辑编辑器，可用于编辑复杂的控制逻辑，可以实现传感器数据更新、传感器状态查询、定时硬件系统控制、定时发送短消息，以及根据各种变量触发某个复杂的控制策略来实现系统复杂控制等功能。实现步骤如下：

（1）为每个传感器、执行器的关键数据和控制量创建一个变量。

（2）新建基本的控制策略，控制策略里可以运用上一步新建的变量。

（3）新建复杂的控制策略，复杂控制策略可以使用运算符，可以组合基本的控制策略。

基于 Android 的自动控制接口如表 5.8 所示。

表 5.8　基于 Android 的自动控制接口

函　数	参　数　说　明	功　能
new WSNAutoctrl(String myZCloudID, String myZCloudKey);	myZCloudID：智云账号。 myZCloudKey：智云密钥	初始化自动控制对象，并初始化智云账号及密钥
createTrigger(String name, String type, JSONObject param);	name：触发器名称。 type：触发器类型。 param：触发器内容，JSON 对象格式，创建成功后返回该触发器 ID（JSON 格式）	创建触发器
createActuator(String name,String type,JSONObject param);	name：执行器名称。 type：执行器类型。 param：执行器内容，JSON 对象格式，创建成功后返回该执行器 ID（JSON 格式）	创建执行器
createJob(String name, boolean enable, JSONObject param);	name：任务名称。 enable：true（使能任务）、false（禁止任务）。 param：任务内容，JSON 对象格式，创建成功后返回该任务 ID（JSON 格式）	创建任务

续表

函　数	参 数 说 明	功　能
deleteTrigger(String id);	id：触发器 ID	删除触发器
deleteActuator(String id);	id：执行器 ID	删除执行器
deleteJob(String id);	id：任务 ID	删除任务
setJob(String id,boolean enable);	id：任务 ID。 enable：true（使能任务）、false（禁止任务）	设置任务使能开关
deleteSchedudler(String id);	id：任务记录 ID	删除任务记录
getTrigger();	无	查询当前智云账号下的所有触发器内容
getTrigger(String id);	id：触发器 ID	查询该触发器 ID
getTrigger(String type);	type：触发器类型	查询当前智云账号下的所有该类型的触发器内容
getActuator();	无	查询当前智云账号下的所有执行器内容
getActuator(String id);	id：执行器 ID	查询该执行器 ID
getActuator(String type);	type：执行器类型	查询当前智云账号下的所有该类型的执行器内容
getJob();	无	查询当前智云账号下的所有任务内容
getJob(String id);	id：任务 ID	查询该任务 ID
getSchedudler();	无	查询当前智云账号下的所有任务记录内容
getSchedudler(String jid,String duration);	id：任务记录 ID。 duration:duration=x<year|month|day|hours|minute>　//默认返回 1 天的记录	查询该任务记录 ID 某个时间段的内容
setServerAddr(String sa)	sa：数据中心服务器地址及端口	设置/改变数据中心服务器地址及端口号
setIdKey(String myZCloudID, String myZCloudKey);	myZCloudID：智云账号。 myZCloudKey：智云密钥	设置/改变智云账号及密钥

5）用户数据接口

智云物联平台的用户数据接口提供私有的数据库使用权限，可对多客户端间共享的私有数据进行存储、查询。私有数据存储采用 Key-Value 型数据库服务，编程接口更简单高效。基于 Android 的用户数据接口如下：

表 5.9　基于 Android 的用户数据接口

函　数	参 数 说 明	功　能
new　　　　　　　　WSNProperty(String myZCloudID,String myZCloudKey);	myZCloudID：智云账号。 myZCloudKey：智云密钥	初始化用户数据对象，并初始化智云账号及密钥
put(String key,String value);	key：名称。 value：内容	创建用户应用数据

函　　数	参 数 说 明	功　　能
get();	无	获取所有的键值对
get(String key);	key：名称	获取指定 key 的 value 值
setServerAddr(String sa)	sa：数据中心服务器地址及端口	设置/改变数据中心服务器地址及端口号
setIdKey(String myZCloudID, String myZCloudKey);	myZCloudID：智云账号。myZCloudKey：智云密钥	设置/改变智云账号及密钥

3．Web 开发应用程序接口

针对 Web 应用开发，智云物联平台提供 JavaScript 接口库，开发者直接调用相应的接口即可完成简单 Web 应用的开发。

1）实时连接接口

基于 Web 的实时连接接口如表 5.10 所示。

表 5.10　基于 Web 的实时连接接口

函　　数	参 数 说 明	功　　能
new WSNRTConnect(myZCloudID, myZCloudKey);	myZCloudID：智云账号。myZCloudKey：智云密钥	创建实时数据，并初始化智云账号及密钥
connect()	无	建立实时数据服务连接
disconnect()	无	断开实时数据服务连接
onConnect()	无	监测连接智云服务成功
onConnectLost()	无	监测连接智云服务失败
onMessageArrive(mac, dat)	mac：传感器的 MAC 地址。dat：发送的消息内容	监测收到的数据
sendMessage(mac, dat)	mac：传感器的 MAC 地址。dat：发送的消息内容	发送消息
setServerAddr(sa)	sa：数据中心服务器地址及端口	设置/改变数据中心服务器地址及端口号
setIdKey(myZCloudID, myZCloudKey);	myZCloudID：智云账号。myZCloudKey：智云密钥	设置/改变智云账号及密钥（需要重新断开连接）

2）历史数据接口

基于 Web 的历史数据接口如表 5.11 所示。

表 5.11　基于 Web 的历史数据接口

函　　数	参 数 说 明	功　　能
new WSNHistory(myZCloudID, myZCloudKey);	myZCloudID：智云账号。myZCloudKey：智云密钥	初始化历史数据对象，并初始化智云账号及密钥
queryLast1H(channel, cal);	channel：传感器数据通道。cal：回调函数（处理历史数据）	查询最近 1 小时的历史数据

续表

函　　数	参　数　说　明	功　　能
queryLast6H(channel, cal);	channel：传感器数据通道。 cal：回调函数（处理历史数据）	查询最近 6 小时的历史数据
queryLast12H(channel, cal);	channel：传感器数据通道。 cal：回调函数（处理历史数据）	查询最近 12 小时的历史数据
queryLast1D(channel, cal);	channel：传感器数据通道。 cal：回调函数（处理历史数据）	查询最近 1 天的历史数据
queryLast5D(channel, cal);	channel：传感器数据通道。 cal：回调函数（处理历史数据）	查询最近 5 天的历史数据
queryLast14D(channel, cal);	channel：传感器数据通道。 cal：回调函数（处理历史数据）	查询最近 14 天的历史数据
queryLast1M(channel, cal);	channel：传感器数据通道。 cal：回调函数（处理历史数据）	查询最近 1 个月（30 天）的历史数据
queryLast3M(channel, cal);	channel：传感器数据通道。 cal：回调函数（处理历史数据）	查询最近 3 个月（90 天）的历史数据
queryLast6M(channel, cal);	channel：传感器数据通道。 cal：回调函数（处理历史数据）	查询最近 6 个月（180 天）的历史数据
queryLast1Y(channel, cal);	channel：传感器数据通道。 cal：回调函数（处理历史数据）	查询最近 1 年（365 天）的历史数据
query(cal);	cal：回调函数（处理历史数据）	获取所有通道最后一次数据
query(channel, cal);	channel：传感器数据通道。 cal：回调函数（处理历史数据）	获取该通道下最后一次数据
query(channel, start, end, cal);	channel：传感器数据通道。 cal：回调函数（处理历史数据）。 start：起始时间。 end：结束时间。 时间为 ISO 8601 格式的日期，例如： 2010-05-20T11:00:00Z	通过起止时间查询指定时间段的历史数据
query(channel, start, end, interval, cal);	channel：传感器数据通道。 cal：回调函数（处理历史数据）。 start：起始时间。 end：结束时间。 interval：采样点的时间间隔，详细见后续说明。 时间为 ISO 8601 格式的日期，例如： 2010-05-20T11:00:00Z	通过起止时间查询指定时间段、指定时间间隔的历史数据
setServerAddr(sa)	sa：数据中心服务器地址及端口	设置/改变数据中心服务器地址及端口号
setIdKey(myZCloudID, myZCloudKey);	myZCloudID：智云账号。 myZCloudKey：智云密钥	设置/改变智云账号及密钥

3）摄像头接口

基于 Web 的摄像头接口如表 5.12 所示。

表 5.12　基于 Web 的摄像头接口

函　数	参 数 说 明	功　能
new WSNCamera(myZCloudID, myZCloudKey);	myZCloudID：智云账号。 myZCloudKey：智云密钥	初始化摄像头对象，并初始化智云账号及密钥
initCamera(myCameraIP, user, pwd, type);	myCameraIP：摄像头外网域名和 IP 地址。 user：摄像头用户名。 pwd：摄像头密码。 type：摄像头类型（F-Series、F3-Series、H3-Series）。 以上参数从摄像头手册获取	设置摄像头域名、用户名、密码、类型等参数
openVideo();	无	打开摄像头
closeVideo();	无	关闭摄像头
control(cmd);	cmd：云台控制指令，参数如下： UP：　向上移动一次。 DOWN：　向下移动一次。 LEFT：　向左移动一次。 RIGHT：　向右移动一次。 HPATROL：　水平巡航转动。 VPATROL：　垂直巡航转动。 360PATROL：　360°巡航转动	发送指令控制云台转动
checkOnline(cal);	cal：回调函数（处理检查结果）	检测摄像头是否在线
snapshot();	无	抓拍照片
setDiv(divID);	divID：网页标签	设置展示摄像头视频、图像的标签
freeCamera(myCameraIP);	myCameraIP：摄像头外网域名/IP 地址	释放摄像头资源
setServerAddr(sa)	sa：数据中心服务器地址及端口	设置/改变数据中心服务器地址及端口号
setIdKey(myZCloudID, myZCloudKey);	myZCloudID：智云账号 myZCloudKey：智云密钥	设置/改变智云账号及密钥

4）自动控制接口

基于 Web 自动控制接口如表 5.13 所示。

表 5.13　基于 Web 自动控制接口

函　数	参 数 说 明	功　能
new WSNAutoctrl(myZCloudID, myZCloudKey);	myZCloudID：智云账号。 myZCloudKey：智云密钥	初始化自动控制对象，并初始化智云账号及密钥
createTrigger(name, type, param, cal);	name：触发器名称。 type：触发器类型。 param：触发器内容，JSON 对象格式。 创建成功后返回该触发器 ID（JSON 格式）。 cal：回调函数	创建触发器

续表

函　　数	参 数 说 明	功　　能
createActuator(name, type, param, cal);	name：执行器名称。 type：执行器类型。 param：执行器内容，JSON 对象格式。 创建成功后返回该执行器 ID（JSON 格式）。 cal：回调函数	创建执行器
createJob(name, enable, param, cal);	name：任务名称。 enable：true（使能任务）、false（禁止任务）。 param：任务内容，JSON 对象格式。 创建成功后返回该任务 ID（JSON 格式）。 cal：回调函数	创建任务
deleteTrigger(id, cal);	id：触发器 ID。 cal：回调函数	删除触发器
deleteActuator(id, cal);	id：执行器 ID。 cal：回调函数	删除执行器
deleteJob(id, cal);	id：任务 ID。 cal：回调函数	删除任务
setJob(id, enable, cal);	id：任务 ID。 enable：true（使能任务）、false（禁止任务）。 cal：回调函数	设置任务使能开关
deleteSchedudler(id, cal);	id：任务记录 ID。 cal：回调函数	删除任务记录
getTrigger(cal);	cal：回调函数	查询当前智云账号下的所有触发器内容
getTrigger(id, cal);	id：触发器 ID。 cal：回调函数	查询该触发器账号内容
getTrigger(type, cal);	type：触发器类型。 cal：回调函数	查询当前智云账号下的所有该类型的触发器内容
getActuator(cal);	cal：回调函数	查询当前智云账号下的所有执行器内容
getActuator(id, cal);	id：执行器 ID。 cal：回调函数	查询该执行器 ID
getActuator(type, cal);	type：执行器类型。 cal：回调函数	查询当前智云账号下的所有该类型的执行器内容
getJob(cal);	cal：回调函数	查询当前智云账号下的所有任务内容
getJob(id, cal);	id：任务 ID 。 cal：回调函数	查询该任务 ID
getSchedudler(cal);	cal：回调函数	查询当前智云账号下的所有任务记录内容
getSchedudler(jid, duration, cal);	id：任务记录 ID。 duration:duration=x<year|month|day|hours|minute> //默认返回 1 天的记录 cal：回调函数	查询该任务记录账号某个时间段的内容

续表

函　数	参数说明	功　能
setServerAddr(sa)	sa: 数据中心服务器地址及端口	设置/改变数据中心服务器地址及端口号
setIdKey(myZCloudID, myZCloudKey);	myZCloudID: 智云账号。 myZCloudKey: 智云密钥	设置/改变智云账号及密钥

5）用户数据接口

基于 Web 的用户数据接口如表 5.14 所示。

表 5.14　基于 Web 的用户数据接口

函　数	参数说明	功　能
new　　　　WSNProperty(myZCloudID, myZCloudKey);	myZCloudID: 智云账号。 myZCloudKey: 智云密钥	初始化用户数据对象，并初始化智云账号及密钥
put(key, value, cal);	key: 名称。 value: 内容。 cal: 回调函数	创建用户应用数据
get(cal);	cal: 回调函数	获取所有的键值对
get(key, cal);	key: 名称。 cal: 回调函数	获取指定 key 的 value 值
setServerAddr(sa)	sa: 数据中心服务器地址及端口	设置/改变数据中心服务器地址及端口号
setIdKey(myZCloudID, myZCloudKey);	myZCloudID: 智云账号。 myZCloudKey: 智云密钥	设置/改变智云账号及密钥

4．开发调试工具

为了方便开发者快速使用智云物联平台，该平台提供了开发调试工具，能够跟踪无线数据包及学习 API 的运用，该工具采用 Web 静态页面方式提供，主要包含以下内容：

1）实时数据推送工具

通过消息推送接口，实时数据推送工具能够实时抓取节点的上/下行数据，支持通过指令对节点进行操作、获取节点实时信息、控制节点状态等。实时数据推送演示如图 5.27 所示。

2）历史数据展示工具

历史数据展示测试工具能够接入数据中心获取任意时间段历史数据，支持数值型数据的曲线图展示、JSON 数据格式展示，同时可将摄像头抓拍的照片按时间轴进行展示，如图 5.28 所示。

3）网络拓扑测试工具

网络拓扑测试工具能够实时接收并解析 ZigBee 网络数据，将接收到的网络数据通过拓扑图的形式展示出来，通过不同的颜色对节点进行区分，显示节点的 IEEE 地址，如图 5.29 所示。

图 5.27　实时数据推送演示

图 5.28　历史数据展示演示

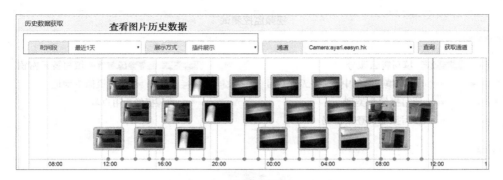

图 5.28　历史数据展示演示（续）

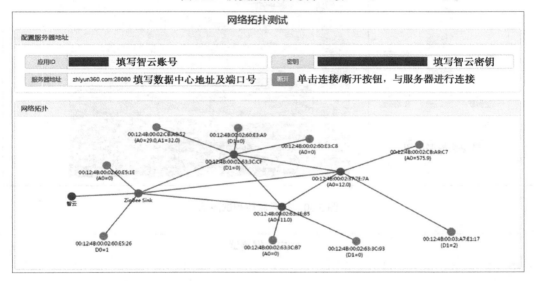

图 5.29　网络拓扑测试演示

4）视频监控测试工具

视频监控测试工具可对摄像头进行管理，能够实时获取摄像头采集的画面，并可对云台进行控制，支持上、下、左、右、水平、垂直、巡航等，同时支持截屏操作，如图 5.30 所示。

5）用户数据测试工具

通过用户数据库接口，用户数据测试工具可获取用户数据，以 Key-Value（键值对）的形式保存在数据中心中，同时支持通过 Key 获取到其对应的 Value 数值，可对用户数据库进行查询、存储等操作，如图 5.31 所示。

6）自动控制测试工具

自动控制测试工具通过内置的逻辑编辑器可实现复杂的自动控制逻辑，包括触发器（传感器类型、定时器类型），执行器（传感器类型、短信类型、摄像头类型、任务类型），执行任务，执行记录四大模块，每个模块都具有查询、创建、删除功能，如图 5.32 所示。

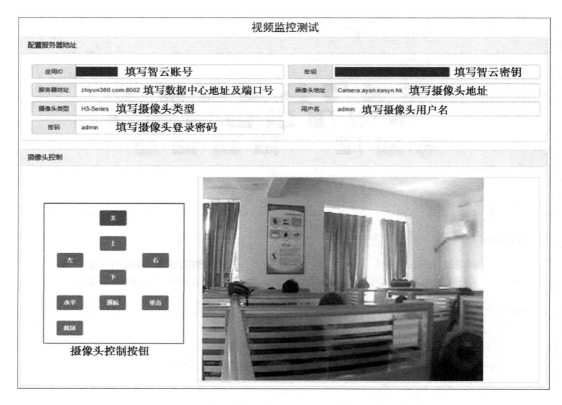

图 5.30　视频监控测试演示

图 5.31　用户数据测试演示

图 5.32　自动控制测试演示

5.3.3　开发实践：城市环境信息采集系统

1．开发设计

城市环境信息采集系统采用智云框架进行开发，下面根据物联网的四层架构模型进行说明。

感知层：通过采集类传感器实现温湿度、光照度、空气质量以及大气压的采集。

网络层：将感知层采集的数据发送至智云物联平台。

服务层：主要是智云物联平台提供的数据存储、交换、分析功能。

应用层：主要是物联网系统的人机交互接口，提供界面友好、操作交互性强的应用。

2．功能实现

1）驱动程序开发

在智云框架下实现远程设备采集程序较为方便，下面的程序中省略了节点组网和用户任务创建的过程，直接调用 sensorInit() 函数实现传感器的初始化。

在 sensorInit() 函数内添加传感器初始化的源代码。

```
void sensorInit(void)
{
    //初始化传感器的源代码
    htu21d_init();        //温湿度传感器初始化
    bh1750_init();        //光照度传感器初始化
    airgas_init();        //空气质量传感器初始化
    fbm320_init();        //气压海拔传感器初始化
}
```

htu21d_init() 函数是通过 IIC 总线写寄存器地址来初始化温湿度传感器的。

```
void htu21d_init(void)
```

```
{
    iic_init();                                //IIC 总线初始化
    iic_start();                               //启动 IIC 总线
    iic_write_byte(HTU21DADDR&0xfe);           //写 HTU21D 的 IIC 总线地址
    iic_write_byte(0xfe);
    iic_stop();                                //停止 IIC 总线
    delay(600);                                //短延时
}
```

bh1750_init()函数是通过初始化 IIC 总线引脚来初始化光照度传感器的。

```
void bh1750_init()
{
    iic_init();
}
```

对于空气质量传感器初始化函数 airgas_init()，通过 ADC 将模拟信号转化为数字信号。

```
void airgas_init(void)
{
    ADC_InitTypeDef ADC_InitStructure;
    GPIO_InitTypeDef GPIO_InitStructure;
    RCC_APB2PeriphClockCmd(RCC_APB2Periph_GPIOA |RCC_APB2Periph_ADC1, ENABLE );
                                               //使能 ADC1 通道时钟
    RCC_ADCCLKConfig(RCC_PCLK2_Div6);
                                               //设置 ADC 分频因子为 6

    //PA1 作为模拟通道输入引脚
    GPIO_InitStructure.GPIO_Pin = GPIO_Pin_6;
    GPIO_InitStructure.GPIO_Mode = GPIO_Mode_AIN;       //模拟输入引脚
    GPIO_Init(GPIOA, &GPIO_InitStructure);
    ADC_DeInit(ADC1);                          //复位 ADC1
    ADC_InitStructure.ADC_Mode = ADC_Mode_Independent;
                                               //ADC 工作模式：ADC1 和 ADC2 工作在独立模式
    ADC_InitStructure.ADC_ScanConvMode = DISABLE;       //模/数转换工作在单通道模式
    ADC_InitStructure.ADC_ContinuousConvMode = DISABLE; //模/数转换工作在单次转换模式
    ADC_InitStructure.ADC_ExternalTrigConv = ADC_ExternalTrigConv_None;
                                               //转换是由软件启动的
    ADC_InitStructure.ADC_DataAlign = ADC_DataAlign_Right;  //ADC 数据右对齐
    ADC_InitStructure.ADC_NbrOfChannel = 1;             //顺序进行规则转换的 ADC 通道的数目
    ADC_Init(ADC1, &ADC_InitStructure);
                                               //根据 ADC_InitStruct 中指定的参数初始化 ADCx 的寄存器
    ADC_Cmd(ADC1, ENABLE);                     //使能指定的 ADC1
    ADC_ResetCalibration(ADC1);                //使能复位校准
    while(ADC_GetResetCalibrationStatus(ADC1));         //等待复位校准结束
    ADC_StartCalibration(ADC1);                //开启 A/D 校准
    while(ADC_GetCalibrationStatus(ADC1));              //等待校准结束
}
```

airgas_init()函数是通过 IIC 总线读取 ID 来判断气压海拔传感器的初始化是否成功的。

```
unsigned char fbm320_init(void)
{
    iic_init();                                        //IIC 总线初始化
    if(fbm320_read_id() == 0)                          //判读初始化是否成功
        return 0;
    return 1;
}
```

relay_init()函数是通过将对应 GPIO 引脚配置为输出引脚来初始化继电器的。

```
void relay_init(void)
{
    GPIO_InitTypeDef    GPIO_InitStructure;
    RCC_APB2PeriphClockCmd(RCC_APB2Periph_GPIOA, ENABLE);
    GPIO_InitStructure.GPIO_Pin =    GPIO_Pin_5 | GPIO_Pin_4;
    GPIO_InitStructure.GPIO_Mode = GPIO_Mode_Out_PP;
    GPIO_InitStructure.GPIO_Speed = GPIO_Speed_2MHz;
    GPIO_Init(GPIOA, &GPIO_InitStructure);
    relay_control(0x00);
}
```

2）智云 Android 应用程序接口的调用

要实现传感器实时数据的发送，调用基于 Android 的实时连接接口（WSNRTConnect）即可，详细的步骤如下：

（1）连接服务器地址。服务器地址及端口默认为"zhiyun360.com:28081"，如果用户需要修改，则可调用方法 setServerAddr(sa)进行设置。

```
wRTConnect.setServerAddr(zhiyun360.com:28081);        //设置服务器地址及端口
```

（2）初始化智云账号及密钥。先定义账号和密钥，然后初始化，本示例中在 DemoActivity 中设置账号和密钥，并在每个 Activity 中直接调用即可，后续不在陈述。

```
String myZCloudID = "12345678";                       //账号
String myZCloudKey = "12345678";                      //密钥
wRTConnect = new WSNRTConnect(DemoActivity.myZCloudID,DemoActivity.myZCloudKey);
```

（3）建立数据推送服务连接。

```
wRTConnect.connect();                                 //调用 connect 方法
```

（4）注册数据推送服务监听器，接收实时数据服务推送过来的消息。

```
wRTConnect.setRTConnectListener(new WSNRTConnectListener() {
    @Override
    public void onConnect() {                          //连接服务器成功
    //TODO Auto-generated method stub
    }
    @Override
```

```
public void onConnectLost(Throwable arg0) {                    //连接服务器失败
    //TODO Auto-generated method stub
}
@Override
public void onMessageArrive(String arg0, byte[] arg1) {        //数据到达
    //TODO Auto-generated method stub
}
});
```

（5）实现消息发送。调用 sendMessage 向指定的传感器发送消息。

```
String mac = "00:12:4B:00:03:A7:E1:17";                        //目的地址
String dat = "{OD1=1,D1=?}"                                    //数据指令格式
wRTConnect.sendMessage(mac, dat.getBytes());                   //发送消息
```

（6）断开数据推送服务。

```
wRTConnect.disconnect();
```

部分源代码如下：

```
public class MainActivity extends MyBaseFragmentActivity implements IOnWSNDataListener{
    private RadioGroup rgBottomTag;
    private int position = 0;
    //装载多个 Fragment 的实例集合
    private ArrayList<BaseFragment> fragments;
    //缓存的 Fragemnt 或者上次显示的 Fragment
    private Fragment tempFragemnt;
    //LCApplication 实例
    private LCApplication lcApplication;
    //声明 SharedPreferences 实例，用于存储数据
    private SharedPreferences preferences;
    //声明 WSNRTConnect 实例，负责与服务器连接以便获取数据
    private WSNRTConnect wsnrtConnect;
    //Config 对象，用于存储和修改用户的配置信息
    private Config config;
        //当 MainActivity 初始化时调用该方法，将 ButterKnife 和 MainActivity 绑定，在该方法里做一
些视图控件的初始化工作
    //@param savedInstanceState
    @Override
    protected void onCreate(Bundle savedInstanceState) {
        super.onCreate(savedInstanceState);
        //去除 title
        this.requestWindowFeature(Window.FEATURE_NO_TITLE);
        //去掉 Activity 上面的状态栏
        this.getWindow().setFlags(WindowManager.LayoutParams.        FLAG_FULLSCREEN        ,
WindowManager.LayoutParams. FLAG_FULLSCREEN);
```

```
setContentView(R.layout.activity_main);
if(Build.VERSION.SDK_INT > 9) {
    StrictMode.ThreadPolicy policy = new StrictMode.ThreadPolicy. Builder().permitAll().build();
    StrictMode.setThreadPolicy(policy);
}
rgBottomTag = (RadioGroup) findViewById(R.id.rg_bottom_tag);
config = Config.getConfig();
preferences = getSharedPreferences("user_info",MODE_PRIVATE);
lcApplication = (LCApplication) getApplication();
lcApplication.registerOnWSNDataListener(this);
wsnrtConnect = lcApplication.getWSNRConnect();
initSetting();
//初始化 Fragment
initFragment();
//设置 RadioGroup 的监听
initListener();
View decorView = getWindow().getDecorView();
}
}
```

3）智云 Web 应用程序接口的调用

调用流程为：创建数据服务对象→云服务初始化→发送指令数据→接收底层上传的数据→解析接收到的数据→数据显示。在 Web 项目中添加如下 js 代码：

```javascript
var myZCloudID = "123";                                        //账号
var myZCloudKey = "123";                                       //密钥
var mySensorMac = "00:12:4B:00:02:CB:A8:52";                   //传感器的 MAC 地址
var rtc = new WSNRTConnect(myZCloudID,myZCloudKey);            //创建数据连接服务对象
rtc.connect();                                                 //数据推送服务连接
rtc.onConnect = function(){                                    //连接成功回调函数
    $("#state").text("数据服务连接成功！");
};
rtc.onConnectLost = function(){                                //数据服务掉线回调函数
    $("#state").text("数据服务掉线！");
};
rtc.onmessageArrive = function(mac, dat) {                     //消息处理回调函数
    if((mac ==mySensorMac)&&(dat.indexOf(",")== -1)){         //接收数据过滤
        var recvMessage = mac+" 发来消息："+dat;
        //给表盘赋值
        dat = dat.substring(dat.indexOf("=")+1,dat.indexOf("}"));   //将原始数据的数字部分分离出来
        setDialData('#dial',parseFloat(dat));                  //在表盘上显示数据
        $("#showMessage").text(recvMessage);                   //显示接收到的原始数据
    }
```

```
};
    $("#sendBt").click(function(){                          //发送按钮单击事件
        var message = $("#sendMessage").val();
        rtc.sendMessage(mySensorMac, message);             //向传感器发送数据
});
```

script.js 文件的部分源代码如下：

```
var cur_scan_id;
var BJ_data = 123, SH_data = 32, SZ_data = 87, WH_data = 322;
var checkDom = function() {
    //获取当前 URL 字符串中#号后面字符串
    var pageid = window.location.hash.slice(2);
    var parentPage = pageid.split("/")[0];
    console.log("pageid="+pageid+"------parentPage="+parentPage);
    //隐藏所有右侧 content，并显示当前 content
    $(".content").hide().filter("#"+parentPage).show();
    //隐藏所有主内容区 box-shell ，并显示当前 box-shell
    $(".main").hide().filter("#"+pageid.replace(/\//g, '\\/')).show();
    //隐藏所有主内容区 UL，并显示当前 UL
    $(".aside-nav").hide().filter("#"+parentPage + "UL").show();
    //每次切换标签页时，把当前二级界面的 href 保存到一级导航的 href 中
    $("#"+parentPage + "Li").find("a").attr("href", "#/"+pageid);
    //导航 Li 高亮
    activeTopLi(parentPage);
    activeTopLi(pageid.split("/")[1]);
}
function activeTopLi(page){
    $("#"+page+"Li").addClass("active").siblings("li").removeClass("active");
}
var home = function() {}
var loadMap = function() {
    console.log("%c 111=", "color:red");
    if(!loadMap.init){
        console.log("%c 222=", "color:red");
        loadMap.init = 1;
        setTimeout(function() {
            map("PM_Map","#5cadba",BJ_data,SH_data,SZ_data,WH_data);
        },0)
    }
}
```

其他源代码请看本书配套中资源的开发工程。

3. 开发验证

在 Chrome 浏览器中打开本项目的 index.html 文件，主界面显示如图 5.33 所示。

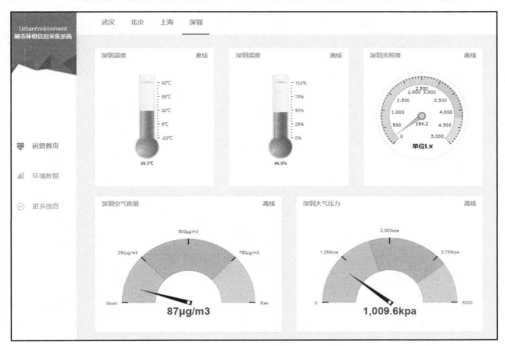

图 5.33　主界面显示

5.3.4　小结

本节先介绍了 SAPI 应用程序接口和智云物联平台底层应用程序接口，然后介绍了智云 Android 与 Web 开发应用程序接口，接着介绍了智云平台开发调试工具使用，最后实现了城市环境信息采集系统设计。

5.3.5　思考与拓展

（1）智云物联平台底层应用程序接口 SensorHAL 层的作用是什么？

（2）智云物联平台提供的 Android 开发应用程序接口有哪些？各自的功能是什么？

（3）分析项目中使用的智云物联平台底层应用程序接口，画出关系图。

参 考 文 献

[1] 刘云山. 物联网导论. 北京：科学出版社，2010.

[2] 廖建尚. 物联网平台开发及应用——基于 CC2530 和 ZigBee [M]. 北京：电子工业出版社，2016.

[3] 工业和信息化部. 信息化和工业化深度融合专项行动计划（2013—2018）. 工信部信〔2013〕317 号.

[4] 国家发展和改革委员会,工业和信息化部等 10 个部门. 物联网发展专项行动计划. 发改高技[2013]1718 号

[5] 工业和信息化部. 物联网"十二五"发展规划.

[6] 刘艳来. 物联网技术发展现状及策略分析[J]. 中国集体经济，2013，(09)：154-156.

[7] 国务院关于积极推进"互联网+"行动的指导意见. 中华人民共和国国务院公报，2015(20)：20-22.

[8] 李新. 无线传感器网络中节点定位算法的研究[D]. 中国科学技术大学，2008.

[9] 李振中. 一种新型的无线传感器网络节点的设计与实现[D]. 北京工业大学，2014.

[10] 王洪亮. 基于无线传感器网络的家居安防系统研究[D]. 河北科技大学，2012.

[11] 廖建尚. 基于 Cortex-M3 和 IPv6 的物联网技术开发与应用. 北京：清华大学出版社，2017.

[12] 意法半导体公司. STM32F4xx 中文参考手册.

[13] 意法半导体公司. STM32F3xx/F4xxx Cortex-M4 编程手册.

[14] 意法半导体公司. STM32F40x 和 STM32F41x 数据手册.

[15] 秉火 STM32. http://www.cnblogs.com/firege/.

[16] 刘垣. 基于 Contiki OS 的无线传感器网络设计与实现[D]. 华东师范大学，2016.

[17] 李凤国. 基于 6LoWPAN 的无线传感器网络研究与实现[D]. 南京邮电大学，2013.

[18] 盛李立. 基于 Contiki 操作系统的无线传感器网络节点的设计与实现[D]. 武汉工程大学，2012.

[19] 蒋文栋. 数字集成电路低功耗优化设计研究[D]. 北京交通大学，2008.

[20] 李勇军. 基于 Contiki 的远程家电监控系统的设计与实现[D]. 电子科技大学，2012.

[21] Contiki：Protothread 切换机制理解. http://blog.csdn .net/tietao/article/details/8459964.

[22] Contiki 学习笔记：主要数据结构之事件. http://blog.chinaunix.net/uid-9112803-id-2976348.html.

[23] Contiki 学习笔记：主要数据结构之 etimer. http://blog.chinaunix.net/uid-9112803-id-2976929.html.

[24] hurry_liu. http://blog.csdn.net/hurry_liu/article/category/1649465.

[25] 王廷. 基于 STM32W108 的油田无线传感器节点设计[D]. 燕山大学，2011.

[26] goluck. STM32 外部中断的使用. http://blog.csdn.net/goluck/article/details/41775749.

[27] 韩祺. 无线点菜系统基站及上位机软硬件研究与实现[D]. 天津大学，2008.

[28] 聂涛，许世宏. 基于 FPGA 的 UART 设计[J]. 现代电子技术，2006, 29(02)：127-129.

[29] 叶涵. LCD 显示缺陷自动光学检测关键技术研究[D]. 电子科技大学，2013.

[30] ST7735S-132RGB x 162dot 262K Color with Frame Memory Single-Chip TFT Controller/Driver. datasheet.

[31] STM32 学习笔记. http://www.cnblogs.com/dustinzhu/p/4150296.html.

[32] 杨欢欢. 基于 STM32 的温室远程控制系统的设计[D]. 杭州电子科技大学，2015.

[33] Anazel. 窗口看门狗实验 http://blog.sina.com.cn/s/blog_49677f890102w3zp.html.

[34] 陈钇安. 基于 LoRa 全无线智能水表抄表应用的研究[D]. 湖南大学，2018.

[35] 陈伦斌. 无线 LoRa 在输电线路监测中的组网设计与实现[D]. 西安理工大学，2017.

[36] LoRa 技术特点和系统架构. https://www.eefocus.com/communication/392976/r0.

[37] LoRa 技术用语解析. https://blog.csdn.net/qq_33658067/article/details/78059774.

[38] SX1276/77/78 datasheet. Semtech.2013.

[39] 谭晓星. 基于光电传感器的船舶轴功率测量仪的研制[D]. 武汉理工大学，2012.

[40] 叶学民，李鹏敏，李春曦. 叶顶开槽对轴流风机性能影响的数值研究[J]. 中国电机工程学报，2015，35(03)：652-659.

[41] 黄志宏. 基于 NB-IoT 的城市公共自行车系统调度预测研究[D]. 安徽理工大学，2018.

[42] 曾丽丽. 基于 NB-IoT 数据传输的研究与应用[D]. 安徽理工大学，2018.

[43] 常雲果. 基于 NB-IoT 的飞行动物远程监测系统[D]. 郑州大学，2018.

[44] NB-IoT 网络架构. https://blog.csdn.net/simon_csx/article/details/79106789

[45] 黄琦敏. LTE 系统中多播业务的吞吐量和公平性研究[D]. 南京邮电大学，2018.

[46] 马晓慧. LTE 下行链路关键技术的研究与实现[D]. 西安电子科技大学，2009.

[47] 上海移远通信技术股份有限公司. EC20 R2.1 Mini PCIe 硬件设计手册. 2017.12

[48] 上海稳恒电子科技有限公司. WH-NB71 AT 指令集.

[49] 上海稳恒电子科技有限公司. WH-NB71 说明书.

[50] 田晓凤. 基于振动传感器的周界围栏报警监控系统设计[D]. 沈阳航空航天大学，2013.